住房和城乡建设部"十四五"规划教材

高等学校土木工程学科专业指导委员会规划教材

（按高等学校土木工程本科专业指南编写）

同济大学"十四五"规划教材

同济大学本科教材出版基金资助

地下工程施工技术（第二版）

许建聪　主　编

张利军　副主编

任少强　靳玉东　潘建立　编　写

中国建筑工业出版社

图书在版编目（CIP）数据

地下工程施工技术 / 许建聪主编；张利军副主编；
任少强，靳玉东，潘建立编写 . — 2 版 . — 北京：中国
建筑工业出版社，2023.10
住房和城乡建设部"十四五"规划教材　高等学校土
木工程学科专业指导委员会规划教材
（按高等学校土木工程本科专业指南编写）　同济大学"十
四五"规划教材
ISBN 978-7-112-28649-2

Ⅰ. ①地… Ⅱ. ①许… ②张… ③任… ④靳… ⑤潘
… Ⅲ. ①地下工程－工程施工－高等学校－教材 Ⅳ.
① TU94

中国国家版本馆 CIP 数据核字 (2023) 第 069245 号

本书为住房和城乡建设部"十四五"规划教材，是在第一版的基础上，根据新颁布实施的《公路隧道施工技术规范》
JTG/T 3660—2020、《超深竖井施工安全技术规范》AQ 2062—2018 等修订而成的。主要内容有绪论、施工组织与管理、
软弱围岩隧道暗挖施工、硬岩隧道钻爆法施工、竖井井筒施工、斜井施工、盾构法施工、岩石隧道掘进机施工、顶管
法施工、沉管法施工、施工辅助工法、基坑工程施工、施工辅助工作和高地应力隧道（含深部地下空间）施工。本教
材反映了地下工程主要的施工技术和施工方案，内容言简意赅，重点突出，通俗易懂，可读性强。
　　本书可作为土木工程专业本科生的教材，也可供从事有关土木工程设计、施工、监理和监测等工作的工程技术人
员参考。
　　为了更好地支持相应课程的教学，我们向采用本书作为教材的教师提供课件，有需要者可与出版社联系。建工书院：
https://edu.cabplink.com，邮箱：jckj@cabp.com.cn，电话：(010) 58337285。

责任编辑：聂　伟　吉万旺　王　跃
文字编辑：卜　煜
责任校对：张　颖

住房和城乡建设部"十四五"规划教材
高等学校土木工程学科专业指导委员会规划教材
（按高等学校土木工程本科专业指南编写）
同济大学"十四五"规划教材
地下工程施工技术（第二版）
许建聪　主　编
张利军　副主编
任少强　靳玉东　潘建立　编　写
＊
中国建筑工业出版社出版、发行（北京海淀三里河路 9 号）
各地新华书店、建筑书店经销
北京海视强森文化传媒有限公司制版
北京同文印刷有限责任公司印刷
＊
开本：787 毫米 × 1092 毫米　1/16　印张：18　字数：362 千字
2023 年 12 月第二版　2023 年 12 月第一次印刷
定价：54.00 元（赠教师课件）
ISBN 978-7-112-28649-2
　　　（40926）

出版说明

党和国家高度重视教材建设。2016 年，中办国办印发了《关于加强和改进新形势下大中小学教材建设的意见》，提出要健全国家教材制度。2019 年12 月，教育部牵头制定了《普通高等学校教材管理办法》和《职业院校教材管理办法》，旨在全面加强党的领导，切实提高教材建设的科学化水平，打造精品教材。住房和城乡建设部历来重视土建类学科专业教材建设，从"九五"开始组织部级规划教材立项工作，经过近 30 年的不断建设，规划教材提升了住房和城乡建设行业教材质量和认可度，出版了一系列精品教材，有效促进了行业部门引导专业教育，推动了行业高质量发展。

为进一步加强高等教育、职业教育住房和城乡建设领域学科专业教材建设工作，提高住房和城乡建设行业人才培养质量，2020 年 12 月，住房和城乡建设部办公厅印发《关于申报高等教育职业教育住房和城乡建设领域学科专业"十四五"规划教材的通知》（建办人函〔2020〕656 号），开展了住房和城乡建设部"十四五"规划教材选题的申报工作。经过专家评审和部人事司审核，512 项选题列入住房和城乡建设领域学科专业"十四五"规划教材（简称规划教材）。2021 年 9 月，住房和城乡建设部印发了《高等教育职业教育住房和城乡建设领域学科专业"十四五"规划教材选题的通知》（建人函〔2021〕36 号）。为做好"十四五"规划教材的编写、审核、出版等工作，《通知》要求：（1）规划教材的编著者应依据《住房和城乡建设领域学科专业"十四五"规划教材申请书》（简称《申请书》）中的立项目标、申报依据、工作安排及进度，按时编写出高质量的教材；（2）规划教材编著者所在单位应履行《申请书》中的学校保证计划实施的主要条件，支持编著者按计划完成书稿编写工作；（3）高等学校土建类专业课程教材与教学资源专家委员会、全国住房和城乡建设职业教育教学指导委员会、住房和城乡建设部中等职业教育专业指导委员会应做好规划教材的指导、协调和审稿等工作，保证编写质量；

（4）规划教材出版单位应积极配合，做好编辑、出版、发行等工作；

（5）规划教材封面和书脊应标注"住房和城乡建设部'十四五'规划教材"字样和统一标识；（6）规划教材应在"十四五"期间完成出版，逾期不能完成的，不再作为《住房和城乡建设领域学科专业"十四五"规划教材》。

住房和城乡建设领域学科专业"十四五"规划教材的特点：一是重点以修订教育部、住房和城乡建设部"十二五""十三五"规划教材为主；二是严格按照专业标准规范要求编写，体现新发展理念；三是系列教材具有明显特点，满足不同层次和类型的学校专业教学要求；四是配备了数字资源，适应现代化教学的要求。规划教材的出版凝聚了作者、主审及编辑的心血，得到了有关院校、出版单位的大力支持，教材建设管理过程有严格保障。希望广大院校及各专业师生在选用、使用过程中，对规划教材的编写、出版质量进行反馈，以促进规划教材建设质量不断提高。

住房和城乡建设部"十四五"规划教材办公室

2021 年 11 月

序

　　近年来，我国高等学校土木工程专业教学模式不断创新，学生就业岗位发生明显变化，多样化人才需求愈加明显。为发挥高等学校土木工程学科专业指导委员会"研究、指导、咨询、服务"的作用，高等学校土木工程学科专业指导委员会制定并颁布了《高等学校土木工程本科指导性专业规范》（以下简称《专业规范》）。为更好地宣传贯彻《专业规范》精神，规范各学校土木工程专业办学条件，提高我国高校土木工程专业人才培养质量，高等学校土木工程学科专业指导委员会和中国建筑工业出版社组织参与《专业规范》研制的专家及相关教师编写了本系列教材。本系列教材均为专业基础课教材，共20本。此外，我们还依据《专业规范》策划出版了建筑工程、道路与桥梁工程、地下工程、铁道工程四个专业方向的专业课系列教材。

　　经过多年的教学实践，本系列教材获得了国内众多高校土木工程专业师生的肯定，同时也收到了不少好的意见和建议。2021年，本系列教材整体入选《住房和城乡建设部 "十四五"规划教材》，为打造精品，也为了更好地与四个专业方向专业课教材衔接，使教材适应当前教育教学改革的需求，我们决定对本系列教材进行修订。本次修订，将继续坚持本系列规划教材的定位和编写原则，即：规划教材的内容满足建筑工程、道路与桥梁工程、地下工程和铁道工程四个主要方向的需要；满足应用型人才培养要求，注重工程背景和工程案例的引入；编写方式具有时代特征，以学生为主体，注意新时期大学生的思维习惯、学习方式和特点；注意系列教材之间尽量不出现不必要的重复；注重教学课件和数字资源与纸质教材的配套，满足学生不同学习习惯的需求等。为保证教材质量,系列教材编审委员会继续邀请本领域知名教授对每本教材进行审稿,对教材是否符合《专业规范》思想,定位是否准确,是否采用新规范、新技术、新材料,以及内容安排、文字叙述等是否合理进行全方位审读。

　　本系列规划教材是实施《专业规范》要求、推动教学内容和课程体系改革的最好实践,具有很好的社会效益和影响。在本系列规划教材的编写过程中得到了住房和城乡建设部人事司及主编所在学校和学院的大力支持,在此一并表示感谢。希望使用本系列规划教材的广大读者继续提出宝贵意见和建议,以便我们在本系列规划教材的修订和再版中得以改进和完善,不断提高教材质量。

高等学校土木工程学科专业指导委员会

中国建筑工业出版社

第二版前言

　　地下工程施工技术是土木工程专业本科生的专业课。本教材适用于土木工程专业地下工程方向的本科生。依据《高等学校土木工程本科专业指南》TML-TMGC-081001—2023、《公路隧道施工技术规范》JTG/T 3660—2020、《超深竖井施工安全技术规范》AQ 2062—2018、《水工建筑物地下工程开挖施工技术规范》DL/T 5099—2011、《岩土锚杆与喷射混凝土支护工程技术规范》GB 50086—2015 和《地下工程防水技术规范》GB 50108—2008 等进行编写。内容基本涵盖《高等学校土木工程本科专业指南》TML-TMGC-081001—2023 地下工程方向中有关地下工程施工技术的所有知识单元。

　　在学生已经掌握了土木工程材料、混凝土结构基本原理、工程地质、土力学、岩体力学和地下建筑结构的基础上，通过本课程的学习，能够系统地掌握地下工程的主要施工方法和施工工艺；能合理地制定一般地下工程项目的施工方案，具有编制施工组织设计、组织单位地下工程项目实施的初步能力；能够分析影响地下工程施工进度的因素，并提出动态调整的初步方案；能够正确分析地下工程施工过程中的安全隐患，提出有效防患措施，并针对不同地下工程施工灾害，提出有效的处置对策。

　　本教材在编写过程中，不仅适当地反映了软件在施工方案设计和灾害预测等地下工程施工中的应用，也反映了新材料、新施工机械设备、新技术、新工艺和先进的管理理念在地下工程施工中的应用。本教材内容的编排已尽可能做到由浅入深、先整体、后局部。

　　本教材从第 2 章至第 12 章，每一章都介绍了一种地下工程施工技术，各章在形式和内容上都注意应用性和一致性。各章均包含以下内容：

①本章知识点，包括主要内容、基本要求、重点和难点；

②地下工程施工的技术要点和基本方法（每一章内容的编排符合施工程序和规律）。

本教材的主要内容包括绪论、施工组织与管理、软弱围岩隧道暗挖施工、硬岩隧道钻爆法施工、竖井井筒施工、斜井施工、盾构法施工、岩石隧道掘进机施工、顶管法施工、沉管法施工、施工辅助工法、基坑工程施工、施工辅助工作和高地应力隧道（含深部地下空间）施工。

为了更好地服务于"一带一路"倡议、国家西部开发（如川藏铁路、滇藏、新藏等铁路及西部水电开发）和深部地下空间开拓的需要，在第二版教材中增加了第14章"高地应力隧道（含深部地下空间）施工"，并在第3章"软弱围岩隧道暗挖施工"中增加了"新意法施工"。

本教材由许建聪担任主编。全书共分14章。具体编写分工如下：第1章、第2章、第8章、第10章和第11章由许建聪编写；第3章、第4章和第6章由许建聪、张利军编写；第5章和第9章由许建聪、任少强编写；第7章由许建聪、张利军、胡新朋编写；第12章和第13章由许建聪、潘建立、靳玉东编写；第14章由靳玉东、任少强、许建聪、潘建立编写。本教材编写过程中，中铁隧道局集团有限公司、中铁二十局集团有限公司、中铁十八局集团有限公司、中铁十七局集团有限公司和浙江交通工程建设集团有限公司提供了部分具体工程资料，在制图、编校方面还得到了周泉吉、胡源、金彩虹、薛辉豪、李怀宇、杨成斌等研究生的大力支持，第一版教材的参编者许建聪、朱汉华、林作雷和李宁付出了巨大的贡献，在此一并表示衷心的感谢！

限于编者水平，本教材难免会存在不足和缺陷，敬请读者们多加批评指正。

编者

2023 年 7 月

第一版前言

地下工程施工技术是土木工程专业本科生的专业课。本教材主要满足应用型人才培养的需求，适用于土木工程专业地下建筑与隧道工程方向的本科生。依据《高等学校土木工程本科指导性专业规范》《公路隧道施工技术规范》JTG F60—2009《水工建筑物地下开挖工程施工技术规范》DL/T 5099—2011和《地下工程防水技术规范》GB 50108—2008等进行编写。内容基本涵盖《高等学校土木工程本科指导性专业规范》地下建筑与隧道工程方向中有关地下工程施工技术的所有知识单元。

在学生已经掌握了土木工程材料、混凝土结构基本原理、工程地质、土力学、岩体力学和地下建筑结构的基础上，使学生通过本课程的学习，能够系统地掌握地下工程的主要施工方法和施工工艺，能合理制定一般地下工程项目的施工方案，具有编制施工组织设计、组织单位地下工程项目实施的初步能力；能够分析影响地下工程施工进度的因素，并提出动态调整的初步方案；能够正确分析地下工程施工过程中的安全隐患，提出有效防患措施，并针对不同地下工程施工灾害，提出有效的处置对策。

本教材在编写过程中，不仅适当地反映了软件在施工方案设计和灾害预测等地下工程施工中的应用，也反映了新材料、新施工机械设备、新技术、新工艺和先进的管理理念在地下工程施工中的应用。本教材内容的编排已尽可能做到由浅入深、先整体后局部。

本教材从第2章至第12章每一章基本上介绍一种地下工程施工技术，各章在形式和内容上都注意应用性和一致性；各章均有以下内容：

①本章知识点，包含主要内容、基本要求、重点和难点；

②地下工程施工的技术要点和基本方法（每一章内容的编排符合施工程序和规律）。

本教材的主要内容包括地下工程概述、施工组织与管理、软弱围岩隧道暗挖施工、硬岩隧道钻爆法施工、竖井井筒施工、斜井施工、盾构法施工、岩质隧道掘进机施工、顶管法施工、沉管法施工、施工辅助工法、基坑工程施工和施工辅助工作等。

本教材由许建聪担任主编。全书共分13章，具体编写分工如下：第1章、第2章、第4章、第8章、第10章和第11章由许建聪编写；第3章和第6章由许建聪、林作雷编写；第5章和第9章由许建聪、李宁编写；第7章由朱汉华、许建聪编写；第12章和第13章由林作雷、朱汉华编写。本教材编写过程中，中铁十七局集团第六工程有限公司和浙江交通工程建设集团第二分公司提供了部分具体工程资料，在制图、编校方面还得到周泉吉、胡源、金彩虹和薛辉豪等研究生的大力支持，在此一并表示衷心的感谢！

限于编者水平，本教材存在的不足和缺陷在所难免，敬请读者们多加批评指正。

编者

2015年3月

目录

第 **1** 章

绪论

本章知识点

【主要内容】地下工程定义和分类、地下工程施工技术及新技术应用范围。

【基本要求】掌握地下工程定义以及主要施工方法和主要施工技术的种类，
了解地下工程分类和我国地下工程施工技术的重大进步。

【重　　点】地下工程主要施工方法的种类。

【难　　点】地下工程主要施工技术的种类。

1.1 地下工程定义、分类

1.1.1 地下工程定义

地下工程是指深入地面以下为开拓、利用地下空间资源所建造的地下土木工程，也泛指修建在地表以下土层或岩层中的各种工程与设施，主要有地下厂房、地铁、公路隧道、铁路隧道、地下人防工程及设施、水下隧道、地下商业街、过街地下通道、地下停车场和各种地下管道等。

1.1.2 地下工程分类

地下工程常见的分类方法有 5 种。

1. 按埋深分类

（1）当 $h/b < k$ 时，为浅埋隧道；

（2）当 $h/b \geq k$ 时，为深埋隧道。

其中，h 为毛洞的埋深；b 为毛洞的跨度；k 的取值与岩性有关，若为土层时，取为 2.5；若为坚硬岩石时，建议值为 1~2，但同时满足 $h \geq (2\sim2.5)h_0$；h_0 为压力拱的计算高度。

2. 按使用功能和用途分类

（1）军用地下工程，如地下导弹发射井、核潜艇洞库、地下飞机库、地下指挥所等；

（2）交通地下工程，如公路隧道、铁路隧道、水底铁道、城市地铁和地下人行通道等；

（3）市政地下工程，如地下水库、城市地下自来水厂、地下污水处理厂、污水隧道、给水排水管道、地下电力管道等；

（4）水工地下工程，如引水隧道、导流隧道和地下发电厂房等；

（5）地下民用设施，如地下商场、地下旅馆、地下医院、地下住宅和地下游乐场等；

（6）地下仓储设施，如地下水封油库、地下油库、地下储气库、地下储粮库、地下冷库、地下核废料库和地下储热库等；

（7）工业地下建筑，如地下工厂和车间等。

3. 按地下工程横断面面积的大小分类

（1）极小断面地下工程：断面面积 $2\sim3m^2$；

（2）小断面地下工程：断面面积 $3\sim10m^2$；

（3）中等断面地下工程：断面面积 $10\sim50m^2$；

（4）大断面地下工程：断面面积 $50\sim100m^2$；

（5）特大断面地下工程：断面面积大于 $100m^2$。

4. 按空间位置分类

（1）水平式，如高铁隧道、地铁隧道等；

（2）倾斜式，如输水斜洞、矿山斜井等；

（3）垂直式，如通风竖井、调压井等。

5. 按所处的地质条件分类

其可分为岩质地下洞室和土体地下洞室。当洞室上部为土体，下部为岩体时，根据其周围应力特征和防排水要求，也宜归为土质地下洞室进行设计。

1.2 地下工程施工技术

1.2.1 地下工程主要施工方法

地下工程主要施工方法，包括钻爆法开挖施工方法、浅埋暗挖法、盖挖法、盾构法、隧道掘进机法、顶管法、沉管法、冻结法和注浆法等。

1.2.2 地下工程主要施工技术

地下工程主要施工技术，包括软弱围岩隧道暗挖施工技术、硬岩隧道钻爆法施工技术、竖井施工技术、斜井施工技术、盾构法施工技术、隧道掘进机施工技术、顶管法施工技术、沉管法施工技术、冻结法施工技术、注浆法施工技术和基坑工程施工技术等。

1.3 地下工程施工技术新进展

进入 21 世纪以来，随着科学技术的进步，特别是先进施工机械的开发与应用和计算机技术的高度发展，地下工程的施工技术水平有了明显的提升。地下工程施工技术的新进展主要体现在以下六个方面。

（1）地下工程施工机械的自动化水平不断提高。盾构机和掘进机等高自动化的大型施工机械设备得到普遍使用。这些设备的使用极大地提高了地下工程施工的生产率，降低了工人的劳动强度，使得施工速度不断提高，施工质量不断改善。

（2）地下工程施工中新的工法不断出现，提高了地下工程施工的水平。如浅埋暗挖法施工，由于具有造价低、拆迁少、灵活多变、无需太多专用设备及较少干扰地面交通和周围环境等特点，该工法已在复杂条件下（如富水和高水压的软弱破碎围岩隧道）的海底隧道、城市地铁车站及区间隧道施工中得到广泛应用；盾构法施工具有地层扰动小、地面沉降小和对地表建（构）筑物影响小等特点，目前已在软土地区的地铁区间隧道工程施工中得到广泛应用。

（3）地下工程信息化施工技术水平不断提高。由于地下工程施工条件的复杂性，为保证施工质量和安全，监控量测信息反馈指导地下工程施工已得到广泛的应用，如富水和高水压的软弱破碎围岩海底隧道工程施工监测、深基坑工程的施工监测和地铁工程施工监测等。

（4）以锚杆、锚索联合钢架和注浆支护技术为代表的主动支护方法的理论和实践水平不断提高，该技术已在地下工程一次支护中得到了广泛的应用。先进支护技术的应用极大地提高了地下工程施工的速度。

（5）人工冻结加固岩土技术更加成熟并得到推广应用。人工冻结是处理软土地下工程问题的一项有效手段，而且对控制地下工程施工影响和施工环境保护有重要的意义。冻结法过去主要应用于煤炭矿山巷道，现已成功应用于城市地铁隧道、深基坑围护以及桥墩基础等工程。

（6）地下工程施工的项目管理理论和实践不断完善和发展，进度、质量、安全和成本四大控制在地下工程项目管理方面得到了普遍的应用，极大地提高了地下工程的施工管理水平。

1.4 我国地下工程施工技术的重大进步

近半个多世纪以来，我国在地下工程施工的技术和理论上已取得重大进步，许多方面开始或已经步入国际先进行列。

近四十年来，随着复杂条件和高、深、大、长的隧道工程的日益增多和相关科学技术的发展，隧道施工技术已取得了重大进步，主要体现在以下五个方面。

（1）大型全断面岩石隧道掘进机（TBM）的研究和应用。掘进直径可达 10m 以上，破岩的硬度甚至达到数百兆帕，实现了整个隧道施工作业的连续化，大大地提高了隧道施工的现代化程度。在大型全断面岩石隧道掘进机的研制方面，过去主要靠进口，现已能自行制造，并将逐步实现国产化。

（2）盾构施工技术的完善和广泛应用。以往盾构施工只能用于极其松软的土层，现在可在任何软土地层中使用，而且已有既可掘进土质地层又可开挖岩石地层的混合盾构机。原则上，利用盾构机可施工任何断面形状的隧道工程。我国从 20 世纪 50 年代起开始研制软土隧道盾构施工设备，1971 年上海黄浦江打浦路隧道建成通车，标志着我国隧道盾构施工技术的成功应用。已建成的上海长江隧道，全长 8.95km，开挖直径 15m，盾构直径 15.43m，是目前世界上最大的超大、特长越江隧道工程，在若干单项技术上达到国际领先水平。水利建设更是大量使用盾构机或隧道掘进机修建地下工程，如南水北调穿黄引水工程、上海青草沙原水过江盾构隧道工程和锦屏水力发电地下引水洞等均采用此类技术进行修建。

（3）水下隧道沉管法的应用促进了海底隧道、越江隧道的发展。国内首座于外海建设的超大型海洋工程项目——港珠澳桥隧工程中的沉管隧道长 5770m，宽 38m，高 11.4m，沉放处最大水深 45m，隧道最大埋深 23m，双向六车道高速公路，设计寿命 120 年，标志着我国高速公路的沉管隧道施工水平处于国际领先水平。

（4）修建长大交通隧道施工技术。近十多年来修建的交通隧道越来越长，跨度越来越大，修建长度超过 20km 的大跨隧道技术已十分成熟，如世界高海拔第一长隧和国内已建成最长的铁路隧道——关角隧道全长 32.645km、乌鞘岭铁路隧道长 20.05km 和秦岭终南山公路隧道长 18.004km，目前国内在建的最长铁路隧道——易贡隧道全长 42.5km。

（5）不良地质条件下修建地下工程施工技术。我国已经在不良地质条件下修建地下工程施工技术方面积累了丰富的工程经验和科技成果，如在青藏铁路的修建中，解决了在海拔 4000m、-40℃的高寒地区修建隧道的问题；1996 年建成的南昆铁路家竹箐隧道，克服了高瓦斯、大涌水和高地应力的困难；在修建宜万铁路中，解决了复杂岩溶地质条件下修建铁路隧道的大涌水、大溶腔、大溶洞和大暗河等问题。

另外，由于岩土参数存在很大的不确定性和随机性、在我国的地下工程中已普遍进行严格的监控量测，从而反馈指导施工并实现动态设计信息化施工。

 思考题

1-1 地下工程的定义是什么？

1-2 地下工程的主要分类有哪些？

1-3 地下工程主要施工方法有哪些？

1-4 地下工程主要施工技术有哪些？

1-5 地下工程施工技术新进展体现在哪几方面？

第 2 章

施工组织与管理

本章知识点

【主要内容】施工组织设计，施工方案的内容及编制，施工进度安排，施工场地布置，施工技术、安全和质量的管理。

【基本要求】熟悉施工方案的技术经济评价、施工场地布置原则、主要施工设施布置要求；掌握施工方法和施工机械设备的选择、施工顺序安排、施工场地布置平面图的绘制、施工进度计划编制、施工质量控制体系制定、现场施工技术管理。

【重　　点】施工方法和施工机械设备的选择、施工顺序安排、施工进度计划编制、施工质量控制体系制定。

【难　　点】施工方法的选择、施工顺序安排、施工进度计划编制。

2.1 概述

施工组织与管理是指施工单位确定施工任务之后，如何组织力量，实现工程项目建设目标等的管理，贯穿于施工全过程，是工程施工业务活动的有机组成部分。

施工组织与管理的基本内容包括：正确选择施工方案与方法，合理安排施工工序，有效地利用机械设备，细致地布置施工现场，均衡地组织地下和地面的各项施工任务，严格地进行技术、质量和安全的管理，把人力、物力和资金科学地组织起来，以有序的施工组织和科学的管理手段取得最大的经济效益。

2.2 施工组织设计

2.2.1 施工组织设计编制内容

施工组织设计编制的主要内容包括：编制的依据和原则，建设项目工程概况，自然地理、施工条件、工程地质条件和水文条件以及工程所处的交通位置、气象条件等，施工准备工作，整个工程的施工方案和施工方法的选择，施工总进度计划和阶段计划，主要施工技术措施，施工场地的布置，施工安全和质量等组织技术措施，建筑材料、设备、水、电、气和人员等需要量计划，各项技术经济指标，各类施工组织设计图。

1）编制的依据和原则

在编制施工组织设计时，其基础资料有：

（1）工程勘察资料和施工设计文件，包括地下工程设计图纸和说明书、测量资料、工程地质勘察报告和图纸；

（2）施工企业的施工力量、技术装备、技术水平，以及工程平均进度目标和施工机械化程度等；

（3）国家和行业部门颁发的设计、施工及验收的规范、预算定额、安全规程、劳动保护及环境保护等文件；

（4）施工设备、工具、材料的规格、性能、价格、产地和供求情况；

（5）工程拟实施的新施工技术、新施工方法和新施工工艺等；

（6）与有关单位签订的供电、供水、物资供应和交通运输等合同或协议；

（7）类似工程或邻近工程的施工技术资料及所遇到的各种问题和处理办法。

2）建设项目工程概况：本工程的资金来源、投资概算与预算、工程量、工期、工程质量、环保要求、工程性质和目的等。

3）自然地理、施工条件、工程地质条件和水文条件以及工程所处的交通位置、气象条件等；调查工程所在地区的自然条件，包括：调查地形、地质、水文、气象和地下障碍物等自然条件。

4）施工准备工作

施工准备是整个工程建设的开始，也是整个工程按期开工和顺利建设的重要保证。地下工程施工准备工作包括物资供应、技术准备、施工现场准备、施工场地准备和劳动组织准备等。

5）施工场地的布置：包括风、水、电的供应系统、仓库、施工运输、附属工厂、临时生活设施以及施工临时建筑等的布置。

6）各类施工组织设计图，包括：工程穿越的地层地质剖面图，工程布置图及交通位置图，施工平面图（洞室、斜井、竖井的平面图、断面图等），施工网络图、施工进度图、施工工序图、并挖作业循坏图和衬砌作业流程图，施工场地布置图（管线、永久和临时建筑、仓库、材料堆放场、弃渣场、料场、混凝土拌合站、轧石系统和风、水、电的设施等），钻爆图，主要技术经济指标汇总表，各分项工程工作量合计表，主要材料、施工设备、工具和仪表的需用量计划表，人员组织结构图、劳动力的组织循环图及其需求表。

2.2.2 施工组织设计编制

施工组织设计由负责该工程施工的单位编制，必须以合同工期的要求和相关规定为基础进行编制。对条件差、结构复杂、施工难度大或采用新技术、新工艺的项目，要进行专业性研究，通过专家评审确定，最后上报业主审批后采用。

施工组织设计可按项目概述、项目施工总体目标步骤和施工方案、方法及工艺等进行编制。

1. 项目概述

（1）工程概况：项目简介，地形地貌，水文、地质条件（主要包括地表水、地下水和不良地质的洞段），气象、气候条件；

（2）技术标准及技术指标；

（3）主要工程数量；

（4）工程重点、难点及采取的对策。

2. 项目施工总体目标

（1）工期目标；

（2）工程质量目标；

（3）安全目标；

（4）文明施工目标；

（5）环境保护目标。

3. 施工方案、方法及工艺

（1）总体安排：施工计划、主要生产线及资源配置、施工方法选择；

（2）隧道开挖与初期衬砌支护；

（3）二次衬砌施工：衬砌台车布置，二次衬砌混凝土的施工时机、施工步骤、边墙及拱部二次衬砌施工，混凝土浇筑与养护；

（4）超前地质预报：地质预报的目的、地质预报的重点、具体预报方法（地质素描、数码摄影、TSP203超前地质探测、地质雷达、红外探水、超前水平地质钻孔等）；

（5）监控量测：监控量测与信息反馈流程、监测项目及频率、监控量测数据的处理；

（6）通风与排水：施工通风、施工排水；

（7）供水与供电：施工供水、施工供电（高压电进洞方案及布置、备用电源）；

（8）洞口工程、洞身开挖、初期支护、超前支护、仰拱与铺底、隧道防水和排水、施工防排水、二次衬砌施工和辅助施工等的施工方法及工艺措施。

2.3 施工方案

施工方案是完成单位工程或分部分项工程所需的人工、材料、机械、资金、方法和工艺等可变因素的合理组合及其合理安排。

地下工程施工方案是指地下工程施工过程中开挖（挖掘、钻爆、装运岩土等）、支护（临时支护、永久支护和衬砌等）和安装三项工作在时间和位置上的安排关系或安排计划。施工方案在地下工程施工中起着行动指南的作用。

2.3.1 确定施工方案的依据

确定施工方案，主要应考虑施工条件（包括水文条件和工程地质条件）、工程类型、施工要求（包括工程费用、工期或进度和工程质量）等方面的因素。确定施工方案的依据包括施工条件，工程类型与用途，工程规模与掘进断面，施工能力，工程工期、质量要求和造价情况等。

1. 施工条件

（1）地形地理条件：如工程位置和交通情况是否有利于设备的使用、进出以及材料的运输，洞口、井口的出渣条件、取材条件是否方便，供水、通风和生活及办公条件能否满足要求。

（2）水文条件和工程地质条件

在选择施工方案前应进行补充地质勘察，查明水文情况、表土和岩土层性质，并结合其他条件来确定施工方案。在施工过程中，必须根据水文条件和工程地质条件的变化对施工方案进行适当调整。

2. 工程类型与用途

不同类型、不同用途的地下工程，即使地质条件相同，也需要选择不同的施工方案。反映在施工方案上的差异主要是支护衬砌方案的不同。

3. 工程规模与掘进断面

工程规模越大，投入的机械设备也越多，机械化程度就越高，技术性相应就越强。工程规模大小不但指的是隧道、竖井、斜井的数量和工程量多少，而且指的是隧道、竖井、斜井的长短或深浅（独头）。后者对地下工程施工方法和施工方案的选择具有很大的影响。

不同的掘进断面，其开挖方法、支护方法及选用设备也不尽相同，施工组织设计也有不同程度的差异。

4. 施工能力

确定施工方案时，应以施工能力为基础，充分考虑施工单位的特点、技术能力、装备状况、施工经历等。

5. 工程工期、质量要求和造价情况

确定施工方案首先要满足工期和质量要求。由工期和质量来确定进度指标，进而来选用设备和材料并确定施工方法。

工程造价对选择施工方案和施工方法有一定影响。当工程造价过低时，就可能要通过精简施工人员或施工设备、加快施工进度以及采用先进工艺和设备等方式，以便提高施工企业的工程利润。

2.3.2 选择施工方案的原则

选择施工方案的总原则：施工方案应符合优质、安全、经济、快速及均衡生产的要求。

1. 优质原则

工程施工质量必须满足合格标准，并尽可能地达到优质标准，这是制定施工方案的基本要求。

2. 安全原则

施工方案必须保证施工安全，特别是在选用爆破方法、爆破器材、通风设备、通风时间、设计支护方法与支护时机时，要充分满足安全要求。

3. 经济原则

确定科学、合理的施工方案和施工方法非常重要。施工企业不但要以较低投标价维持施工，而且还要获得一定比例的利润。

4. 快速原则

尽快完成施工任务是每一项工程的基本要求之一。在物力、人力等条件允许的情况下，按期或提前完成施工任务是选择并确定施工方案和保证良好经济效益的前提之一。

2.3.3 施工方案的主要内容

地下工程施工方案的主要内容，一般包括施工方法的选择、施工顺序、施工工序的组织、施工方案的技术和经济的评价以及施工机械设备的选择。

1. 施工方法的选择

施工方法的选择应遵循以下原则：

（1）满足施工技术的要求；

（2）主要考虑主导施工过程的施工方法；

（3）与水文及地形条件和工程地质等相匹配；

（4）提高机械化施工程度；

（5）充分考虑安全、合理、先进、经济和可行等因素。

2. 施工顺序

地下工程的施工顺序依据工期要求、地下结构的特点等情况确定，并且要做到在施工组织和施工工艺上可行，符合施工方法的技术要求，同时满足工程质量、安全，考虑工程所在地的气候、地质和环境的影响等。

3. 施工工序的组织

一般地，依据工程特点、性质和施工条件确定施工工序，主要解决流水段的划分和流水施工工序的组织方式两个方面的问题。

4. 施工方案的技术和经济的评价

一般从技术和经济的角度，对施工方案进行技术和经济的定性和定量分析，评价施工方案的优劣，从而选取技术先进可行、质量可靠和经济合理的最佳方案。

5. 施工机械设备的选择

应根据实施性施工组织设计要求，配备污染小、能耗低和效率高的施工机械和机具设备。

2.4 施工进度计划编制

2.4.1 施工作业方式

地下工程的施工进度计划是以施工作业方式为基础进行编制的。

在地下工程中，主要的施工作业方式有平行作业、顺序作业和流水作业。

（1）平行作业：对于施工工艺和工序相同的地下工程，同时开拓多个工作面，按同样的施工工序进行同时平行作业，可以缩短工期，但需配备更多的施工人员和设备。

（2）顺序作业：施工顺序作业受施工方案的制约。一旦施工方案确定了，施工顺序也就确定了。如岩质隧道的施工顺序：放样→钻孔、打眼→装药→爆破→排烟、通风→处理危石→出渣→支护，为一个循环，顺序作业按此来组织。

（3）流水作业：流水作业是指将整个建造过程分解为若干施工工序，每个施工工序分别由固定的施工队伍负责完成，把施工对象尽可能地划分为劳动量大致相等的施工段，并确定各施工队伍在各施工段上的工作持续时间（称为流水节拍），然后各施工队伍按一定的施工工艺，配备相应的机具，依次连续地由一个施工段转移到另一个施工段，反复地完成同类工作。组织流水作业有等节奏流水、异节奏流水和无节奏流水三种基本方式。

2.4.2 施工工期计划横道图

施工工期计划横道图是一种最直观的工期计划方法，又被称为甘特图，如图 2-1 所示。它以横向表示时间，纵向表示工程项目活动，并将其在图的左侧排列，用横向线段表示活动时间的延续，横向线段的起点为活动的开始时间，横向线段的终点为活动的结束时间。它是工程施工中广泛采用的流水作业图表，其编制过程如下。

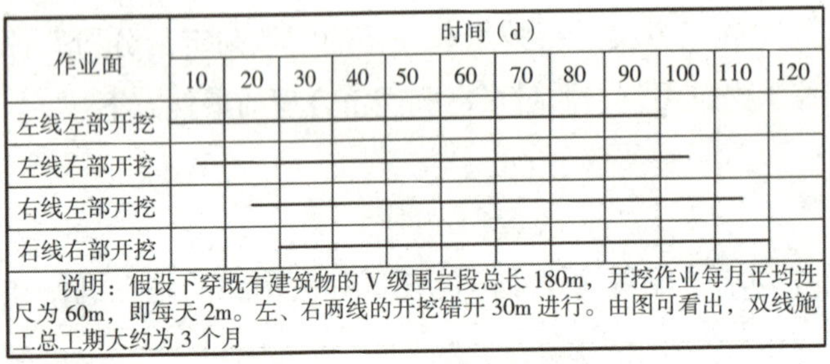

作业面	时间（d）											
	10	20	30	40	50	60	70	80	90	100	110	120
左线左部开挖												
左线右部开挖												
右线左部开挖												
右线右部开挖												

说明：假设下穿既有建筑物的 V 级围岩段总长 180m，开挖作业每月平均进尺为 60m，即每天 2m。左、右两线的开挖错开 30m 进行。由图可看出，双线施工总工期大约为 3 个月

图 2-1 某下穿建筑物 V 级围岩段支护进度计划横道图

（1）确定施工过程中的分部工程项目。

（2）计算工程量。

（3）确定劳动量和施工机械台班数量。

（4）确定各施工过程的持续时间。

根据工期要求、工程性质和特点以及施工条件，确定每天的工作班数，计算施工过程的持续时间。施工人数和机械台数，一般根据本单位现有的职工人数和可使用的机械台数采用式（2-1）进行计算。

$$t=L/(m×n) \qquad (2-1)$$

式中　t——施工过程的持续时间；

　L——完成该施工过程的总劳动量或机械台班数；

　m——每天的工作班数；

　n——每班完成的劳动量或机械台数。

（5）绘制施工进度表和确定施工工期。

（6）调整进度计划：需要调整计划时，可适当地增加或缩短某些施工过程的持续时间，或适当地提前或推后某些施工过程的开工时间。

2.4.3 竖向图表

地下工程施工的竖向图表是以各个单项作业的循环作业图表为基础编制的，图表的水平轴表示洞室长度，竖直轴表示地下工程的施工时间或日期。各单项作业以不同图例形式的线条表示。

地下工程施工的竖向图表的编制方法：首先找出决定工程进度的主要工序；然后根据主导施工工序循环作业图表确定作业持续时间，并在工程进度表上画出该工序的作业线条；根据在施工中使各项作业按一定的间隔均衡地向前推进的原则，图表上其他各作业线，可按一定间隔大致保持平衡。

2.4.4 网络图

网络图又称流线图，是一种用统筹方法编制的施工进度计划，如图 2-2 所示。详细的网络计划技术可以参照同济大学徐伟、吴水根主编的《土木工程施工基本原

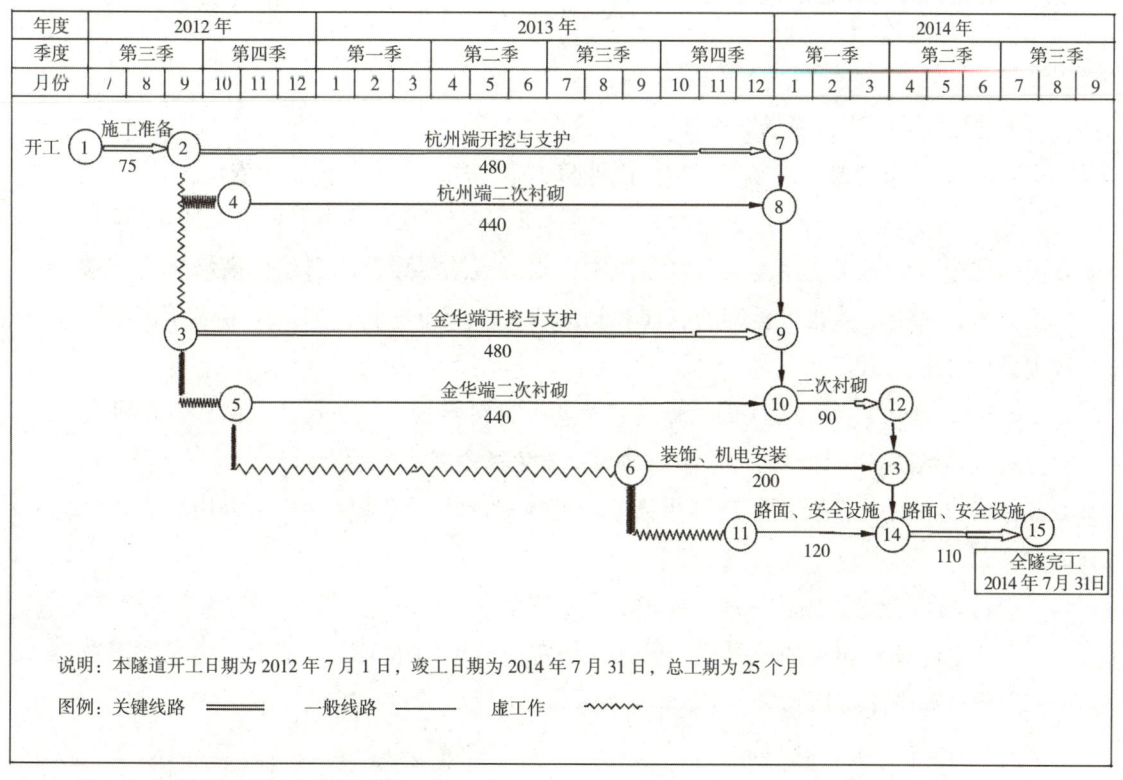

图 2-2 某隧道施工进度计划总网络图

理》的第 12 章，在此不再赘述。

地下工程施工网络计划的编制要点：弄清逻辑关系，讲究排列方法，计算必须准确，关键线路突出，仔细研究进行调整。地下工程施工的网络图是由若干个代表工程计划中各项工作的箭线和连接箭线的节点所构成的网状图形。它用一个箭线表示一个施工过程，施工过程的名称写在箭线上面，施工持续时间写在箭线下面，箭尾表示施工过程的开始，箭头表示施工过程的结束。

2.4.5 主要材料、机具、劳动力需用量计划

（1）施工工料的分析：地下工程施工工料分析是根据施工图纸和施工定额来编制的。其编制步骤如下：列出施工过程项目，计算工程量，套用定额计算各施工过程的用工、材料数量和机械台班数量，然后列出工料分析表。

（2）主要材料、机具、劳动力需用量计划的编制；根据工料分析的结果和地下工程施工进度计划编制主要材料、机具、劳动力的需用量计划。

2.5 地下工程施工场地的设计

在进行地下工程施工场地设计时，应遵循以下原则。

（1）平面布置要力求紧凑，尽可能地减少施工用地，不占或少占农田。

（2）尽量减少临时设施的工程量，降低临时设施费用。充分利用既有的建筑物，或提前修建可供施工使用的永久性建筑物；临时道路尽可能沿自然标高修筑，以减少土方量；采用活动式可拆卸的房屋和就地取材的廉价材料；加工场可选择在建设费用最少的位置等。

（3）合理布置施工现场的运输道路及各种材料堆场、加工场、仓库和各种机具的位置。尽量使各种材料的运输距离最短，避免场内二次搬运、转运。

（4）方便施工人员的生产和生活，合理规划行政管理和文化生活等用房的相对位置。

（5）符合劳动力保护、环境保护、技术安全和防火的要求。

施工工业场地布置的成果，需要标在一定比例尺的施工区位图上，构成施工平面布置图，如图 2-3 所示。

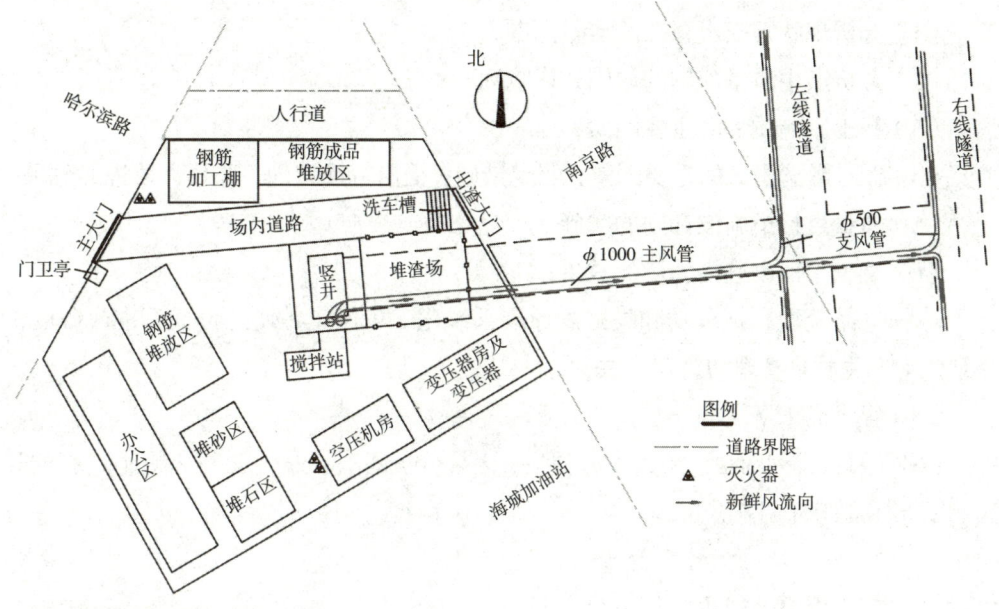

图 2-3 某地铁隧道施工平面布置图

2.6 地下工程施工质量管理

2.6.1 施工质量控制的任务

地下工程施工质量控制的中心任务是通过建立健全有效的质量监督工作体系来确保工程质量达到合同规定的标准和等级要求。根据地下工程质量形成的时间阶段，施工质量控制又可分为质量的事前控制、事中控制和事后控制。其中，地下工程施工质量控制的重点是质量的事前控制，其包括：确定质量标准，明确质量要求；建立本项目的质量监理控制体系；建立完善的质量保证体系；施工场地质检验收；检查工程使用的原材料、半成品；施工机械的质量控制；审查施工组织设计或施工方案。

2.6.2 施工质量控制的基本方法

地下工程施工过程中，质量控制主要是通过审核有关文件、报表，以及进行现场检查及试验等途径实现。

全面质量管理的基本方法，可以概括为四个阶段、八个步骤和七种工具。

四个阶段：计划、实施、检查和处理阶段。

八个步骤：

（1）分析现状，找出存在的质量问题；

（2）分析产生质量问题的原因或影响因素；

（3）找出影响质量的主要因素；

（4）针对影响质量的主要因素，制定措施，提出行动计划，并预计改进的效果；

（5）质量目标措施或计划的实施；

（6）调查采取改进措施后的效果；

（7）总结经验，把成功和失败的原因系统化、条例化，使之形成标准或制度，并纳入到有关质量管理的规定中去；

（8）提出尚未解决的问题，转入下一个循环。

七种工具：排列图法、频数直方图法、因果分析图法、分层法、控制图（管理图）法、散布图和统计调查分析法。

2.6.3 施工质量控制体系

地下工程项目质量包括服务质量和建筑工程产品质量两方面。

地下工程项目服务质量是一种无形的产品，指施工企业在工程建设中和工程使用时的服务满足用户要求的程度。

地下工程项目建筑工程产品质量是指建筑工程产品适合于某种规定的用途，满足人们要求所具备的质量特性的程度。

1. 施工企业质量体系的建立和运行

（1）质量体系的建立

按照国际标准 ISO 9000 和国家标准《质量管理体系基础和术语》GB/T 19000—2016 建立一个新的质量体系或更新和完善现行的质量体系，一般步骤如下：① 施工企业领导决策；② 编制质量体系文件；③ 编制工作计划；④ 分析施工企业特点；⑤ 分层次教育培训；⑥ 落实各项要素。

（2）质量体系的运行

质量体系的运行是执行质量体系文件、实现质量目标、保持质量体系持续有效和不断优化的过程。要保证质量体系的有效运行，必须依靠组织协调、质量信息管理、质量监督、质量体系审核和复审等手段和措施来实现。

2. 施工企业质量体系控制的要素

（1）施工企业质量体系要素

质量体系要素是构成质量体系的基本单元，它是产生和形成工程产品的主要因素。

（2）建筑工程项目质量体系要素

建筑工程项目质量体系要素包括：工程招投（议）标、工程项目领导职责、工程项目质量体系原理和原则（质量环、工程项目质量体系结构、质量体系文件、质量体系审核、质量体系的评审和评价）、工程项目质量成本管理、施工准备质量、采购质量、施工过程质量控制、工序管理点控制、半成品与成品保护、不合格的控制与纠正、工程质量的检验与验证、工程回访与保修、工程项目质量文件与记录、施工人员、测量和试验设备的控制、地下工程（产品）安全与责任。

2.7 地下工程施工现场管理

施工现场管理的主要内容包括现场施工技术管理、施工现场材料管理、施工现场机械设备管理和安全生产管理等。

1. 现场施工技术管理

现场施工技术管理的主要内容：

（1）贯彻施工组织设计或施工方案；

（2）熟悉图纸；

（3）技术交底；

（4）督促班组按规范及工艺标准施工；

（5）对隐蔽工程的检查与验收；

（6）整理上报各种技术资料。

现场施工技术管理的具体要求是按工程技术的规律来组织和进行技术管理工作，认真贯彻并检查国家有关政策、规范和规程的执行情况，制定与建设工程有关并适合企业的技术规定和管理制度，拟定和组织贯彻技术工作计划和技术措施计划，组织新技术、新结构、新材料和新工艺的试验推广和科技情报的交流。

2. 施工现场材料管理

施工现场材料管理分为施工准备阶段和施工阶段的材料管理，其主要内容分为以下两个方面。

（1）施工准备阶段的材料管理：了解工程概况，调查现场条件；正确编制施工材料需求量计划；设计平面规划，布置材料堆放。

（2）施工阶段的现场材料管理：进场材料的验收、现场材料的保管、现场材料的发放。现场材料管理的要求是：依据施工平面设计，做好材料的堆放和工地临时仓库的建造；按施工组织设计计划分期分批组织材料进场；坚持现场领发料制度；加强材料耗用核算工作，避免超耗无法挽回；合理地选择和确定施工材料，并对进场的材料进行严格的检查和验收；经常清理现场，回收整理余料，做到"工完场清"。

3. 施工现场机械设备管理

施工现场机械设备管理的主要内容包括正确选用和使用施工机械设备。

（1）施工机械设备选用的原则：符合实际需要的原则、配套供应的原则、实际可能的原则、经济合理的原则。

（2）正确使用施工机械设备：建立健全施工机械设备的使用制度，严格执行施工机械设备使用中的技术规定，建立施工机械设备的技术档案。

4. 施工现场的安全生产管理

（1）落实安全责任，实施责任管理；

（2）进行安全教育；

（3）进行安全检查，消除事故隐患；

（4）制定现场安全用电的措施；

（5）制定电焊作业预防触电的措施；

（6）制定施工现场的防火措施。

2.8 施工合同管理和风险管理

2.8.1 施工合同管理

1. 施工合同管理

地下工程项目施工合同管理就是实现有效控制工程造价，提高施工企业利润，加强对施工合同的管理。施工合同管理必须是全过程的、系统性的和动态性的。

2. 分包和分供合同管理

分包和分供合同是施工企业合同管理的难点和重点，是维护企业利益的关键工作，是容易造成企业利润流失的关键环节。一般应遵循以下原则：合法性原则，合理性原则，采用招标形式确定分包和分供单位、集体参与和相互监督的原则。

3. 合同索赔管理

做好地下工程项目施工合同的索赔管理主要遵循以下四点。

（1）签好合同是索赔成功的前提；

（2）研究合同，寻找索赔的机会；

（3）加强合同管理，捕捉索赔机会；

（4）学会科学索赔方法。

2.8.2 地下工程项目的风险管理

风险管理是系统地将处理风险的途径程序化。风险管理的程序一般由预测、分析、评价和处理组成。风险管理应注意以下四个方面。

（1）在投标之前，对招标文件深入研究和全面分析；详细勘察现场，审查图纸，复核工程量；分析合同条款，制定投标策略；深入了解发包人的资信、经营作风和合同应当具备的相应条件。

（2）施工合同谈判前，承包人应设立专门的合同管理机构负责施工合同的评审，认真研究合同条款；在人员配备上，要求承包人的合同谈判人员既要懂工程技术，又要懂法律、经营、管理和造价财务。在谈判策略上，承包人应善于在合同中限制风险和转移风险，达到风险在双方中合理分配。

（3）加强合同履行时的动态管理，建立施工企业风险预警机制。

（4）合理转移风险。

 思考题

2-1 地下工程施工组织设计编制的依据、原则及程序是什么？

2-2 地下工程施工组织设计的编制内容有哪些？

2-3 选择地下工程施工方案的原则是什么？

2-4 地下工程施工方案的主要内容有哪些？

2-5 如何编制地下工程进度计划？

2-6 地下工程施工场地设计的主要内容有哪些？

2-7 地下工程现场施工技术管理的主要内容及具体要求有哪些？

第 3 章

软弱围岩隧道
暗挖施工

本章知识点

【主要内容】双侧壁导坑工法、CRD 工法、CD 工法、台阶法和新意法的
基本施工方案，管棚支护、小导管支护、锚杆支护、喷射混
凝土支护和二衬支护的施工机械设备、施工工艺和施工程序。

【基本要求】熟悉双侧壁导坑工法、CRD 工法、CD 工法、台阶法和新意
法的选取原则、适用范围、基本施工方案、支护技术和施工
作业方式，掌握管棚支护、小导管支护、锚杆支护、喷射混
凝土支护和二衬支护的施工工艺和施工程序。

【重　　点】双侧壁导坑工法、CRD 工法、CD 工法、台阶法和新意法的
基本施工方案、支护技术和施工作业方式。

【难　　点】双侧壁导坑工法、CRD 工法、CD 工法、台阶法和新意法的
选取原则及适用范围。

在软弱围岩隧道施工过程中，宜按隧道所经过区域的地貌、地面环境、规划、线路埋深、水文、环保、地质、气候条件、围岩物理力学和水力学特性等因素，考虑工程投资，综合比较确定选择不同施工工法。一般地，软弱围岩浅埋隧道施工中均可能出现不同程度的围岩坍塌、地表沉降等问题。

目前国内外，针对软弱围岩大断面隧道的施工工法，主要有双侧壁导坑工法、CRD（Cross Center Diaphragms）工法、CD（Center Diaphragms）工法、三台阶法、新意法等。

3.1 基本施工方案

3.1.1 双侧壁导坑工法

双侧壁导坑工法属于软弱破碎围岩隧道暗挖法的一种，适用条件与 CRD 工法基本一致。采用双侧壁导坑工法施工（图 3-1），将断面分为三块，即左导洞、右导洞和中导洞三部分。从施工角度看，双侧壁导坑工法三个导洞相互独立，可平行施工，且交通便利。如果洞径足够大，采用双侧壁导坑工法，左、右导洞先行施工，中导洞后施工，中型挖掘机、喷射机、装载机和载重汽车可直接开到掌子面进行机械化施工，能加快施工进度；但双侧壁导坑施工时，收敛变形不易控制，易造成收敛过

图 3-1 双侧壁导坑工法示意图

大的情况。另外，双侧壁导坑工法在转化工序和方法时较为麻烦。

采用双侧壁导坑工法，交通情况可以得到改善，能够大大提高运输效率，这是该方法的优点。但如果与注浆施工相结合，则显得洞室高度较高，不易操作，且中隔壁拆除工作繁杂，各工作面间相互制约，在富水地段隧道施工时不宜采用。而且，如果围岩地质条件较差，地下水丰富，在开挖时侧压力就比较大，采用双侧壁导坑工法施工就可能存在风险。

图3-2和图3-3分别是双侧壁导坑工法施工工艺流程和典型施工工序图。在开挖两侧导洞和中导洞时，如果导洞洞径太大，则宜采用台阶式开挖，各导洞仍先开挖上半断面，立即喷射混凝土，架设钢支撑，连接纵向钢筋，安装钢筋网，喷射混凝土。同时，还需进行钢支撑背后的回填注浆。

为了控制拱顶沉降和拱腰收敛，宜施作小导管超前预注浆。小导管一般采用直径42mm、长3.5~4.0m的无缝钢管，对掌子面前方拱部周边进行超前预注浆堵水并加固围岩，为下一步开挖创造条件。要求及时封闭左右导洞初期支护，预留台阶长度不能超过洞径的一半。

在富水地段的洞室开挖过程中，宜进行真空降水和抽排水，使掌子面开挖达到无水作业，并按照"管超前、严注浆、短进尺、快支撑、早喷填、紧封闭"的十八字方针施工和按"严格管理、严格纪律、严格工艺"的"三严"方式管理。

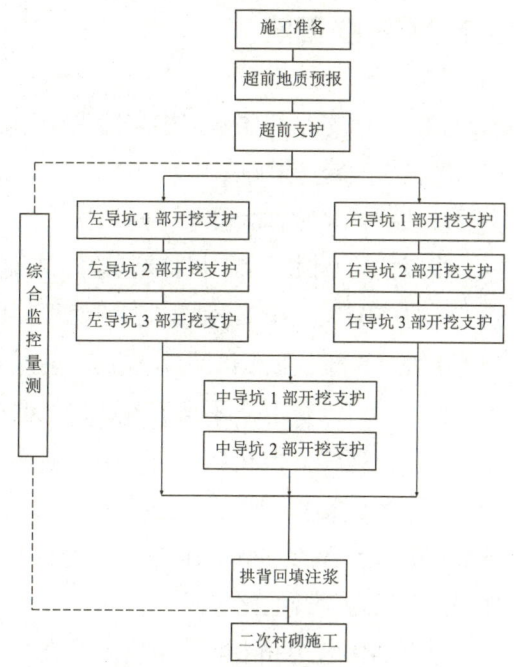

图3-2 双侧壁导坑工法施工工艺流程

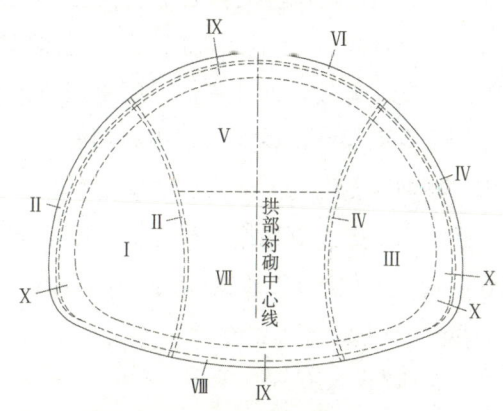

图3-3 双侧壁导坑工法施工工序图

Ⅰ-左侧导坑开挖；Ⅱ-左侧主洞初期支护及导坑支护；Ⅲ-右侧导坑开挖；Ⅳ-右侧主洞初期支护及导坑支护；Ⅴ-拱部及核心土第一次开挖；Ⅵ-拱部初期支护；Ⅶ-核心土第二次开挖；Ⅷ-仰拱初期支护；Ⅸ-仰拱混凝土灌注及隧底填充；Ⅹ-浇筑边墙及拱部二次衬砌混凝土

3.1.2 CRD 工法

CRD 工法也是软弱破碎围岩隧道暗挖法的一种，主要应用于浅埋且对地表沉降控制严格的大跨隧道施工中，CRD（Cross Center Diaphragms）的英文译为中文为"十字隔墙法"，又被称为交叉中隔墙法。CRD 工法遵循步步封闭的基本理念，保证在每一步开挖后及时封闭，以抑制沉降，控制变形。

所谓 CRD 工法施工，就是把大断面变为四个小断面依次进行开挖，如图 3-4 所示，分为Ⅰ部、Ⅱ部、Ⅲ部和Ⅳ部。施工时上、下断面之间隔一层临时仰拱，分为"楼上"和"楼下"，人员上下要爬楼梯，且大型机械不宜在顶层的Ⅰ部和Ⅲ部施工，施工工序多、进度慢。但在软弱破碎围岩隧道开挖的实践中发现，当侧压力和水压力都大时，按以上顺序开挖，隧道开挖初期支护变形严重。此时，宜改为按图 3-4 中Ⅰ部、Ⅲ部、Ⅱ部和Ⅳ部的顺序施工。实践证明，此开挖顺序对于侧压力和水压力都大的软弱破碎围岩段开挖比较好。

采用 CRD 工法开挖时，先开挖Ⅰ部导坑。Ⅰ部开挖时，如果地质条件差，则断面中部宜留一定高度的核心土，呈上窄下宽的梯形。先用小型挖掘机进行周边开挖，再人工进行修边，控制超欠挖；然后，立即对开挖面及周边喷射混凝土，达到表面平顺，喷射混凝土厚度不小于 5cm，用机械或人工架设钢格栅或钢支撑；最后加设纵向连接钢筋和双层钢筋网，二次喷射混凝土，使喷射混凝土饱满覆盖钢格栅或钢支撑，钢格栅或钢支撑的内外保护层厚度不小于 5cm。

在钢支撑或钢格栅架设完成并喷射完混凝土之后，进行小导管安设，并对小导管进行超前预注浆，以对掌子面前方拱部周边进行注浆堵水和加固周边围岩，为下一步开挖创造条件。

需特别注意的是：

（1）在地下水很丰富的洞段，钢支撑或钢格栅要及时连接，使Ⅰ部钢支撑（钢格栅）及时封闭成环，在临时仰拱未施作之前，对两侧拱架钢支撑要在拱脚处增设锁脚锚管，并在两侧钢支撑拱脚底部施作混凝土块或喷射混凝土，避免两侧拱脚浸泡在水中，而使拱脚处土层在水的浸泡下变软，失去承载能力，引起钢支撑（钢拱架或钢格栅）下沉并导致拱顶下沉；同时，要尽快清理底部，安装临时仰拱，使Ⅰ部及早封闭成

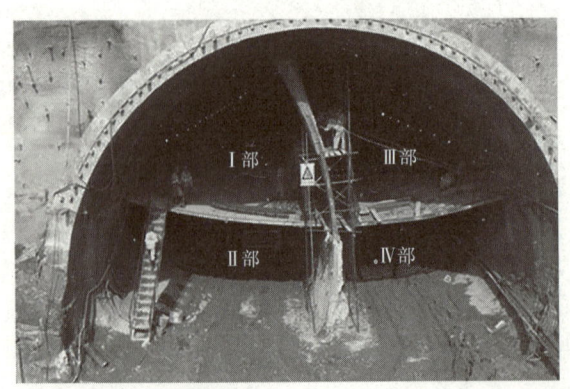

图 3-4 CRD 工法示意图

环，及时对钢支撑背面（岩土体）进行回填注浆，将钢支撑（钢拱架或钢格栅）与岩土之间的空隙填满，防止钢支撑拱背后的岩土下沉。

（2）当Ⅰ部初期支护封闭和背后回填注浆完成后，Ⅰ部沉降变形结束、基本稳定后，再按开挖Ⅰ部的施工工序和工艺开挖Ⅲ部。

（3）Ⅲ部开挖时，除发生拱顶沉降和拱腰收敛变形外，还将导致Ⅰ部的初期支护继续变形。因此，Ⅲ部应抓紧封闭，防止Ⅰ部变形。Ⅰ部和Ⅲ部掌子面的间距应控制在1倍开挖洞径的范围内，即一般在5~10m。

（4）Ⅱ部和Ⅳ部的开挖工序与Ⅰ部和Ⅲ部相同，关键还是要尽快封闭。Ⅱ部的开挖对Ⅰ部和Ⅲ部初期支护的变形有较大的影响。同样，Ⅳ部的开挖对Ⅰ部、Ⅲ部和Ⅱ部的初期支护变形也存在影响，但影响越来越小，直到Ⅳ部封闭后，整个断面变形得到控制。但Ⅱ部与Ⅲ部掌子面间距和Ⅳ部与Ⅱ部掌子面间距都宜控制在1倍洞径范围内，Ⅰ部和Ⅳ部掌子面距离宜控制在3倍洞径以内，便于隧道整个大断面尽早封闭、尽早稳定。

（5）在地质条件差、地下水丰富、软硬交界面的地段施工时，如果没有认真按"管超前、严注浆、短进尺、快支撑、早喷填、紧封闭"的十八字方针施工，没有按"严格管埋、严格纪律、严格工艺"的"三严"方式进行管理和施工，易引起拱顶和地面沉降加大，给隧道施工带来安全隐患。

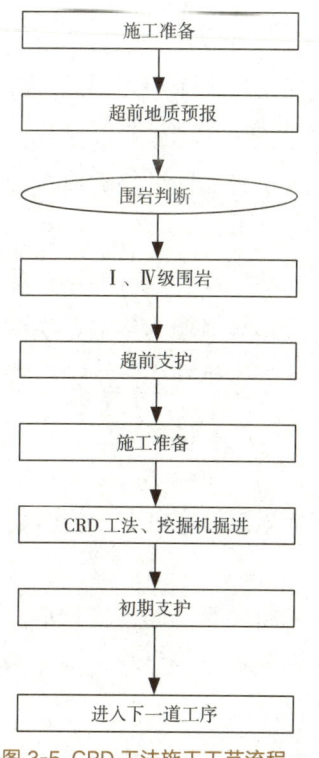

图 3-5 CRD 工法施工工艺流程

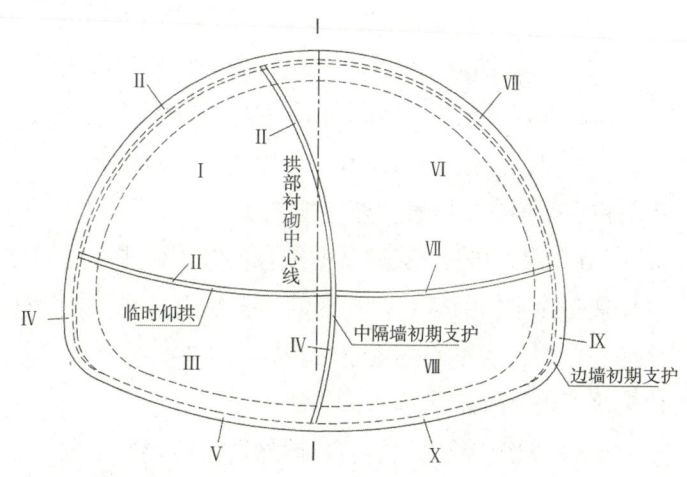

图 3-6 CRD 工法施工工序图

Ⅰ- 开挖左侧导坑上半断面；Ⅱ- 左侧上导坑拱部初期支护、左侧上导坑中隔墙临时初期支护及临时仰拱支护；Ⅲ- 开挖左侧导坑下半断面；Ⅳ- 左侧下导坑边墙初期支护、左侧下导坑中隔墙临时初期支护；Ⅴ- 左侧下导坑仰拱初期支护；Ⅵ- 开挖右侧导坑上半断面；Ⅶ- 右侧上导坑拱部初期支护及右侧上导坑仰拱临时支护；Ⅷ- 开挖右侧导坑下半断面；Ⅸ- 右侧下导坑边墙初期支护；Ⅹ- 右侧下导坑仰拱初期支护

CRD 工法施工工艺流程如图 3-5 所示，施工工序如图 3-6 所示。在完成隧道开挖及初期支护后，再进行二次模筑混凝土的浇筑。按照"先墙后拱"法，先施工仰拱，后进行边墙、拱部的二次混凝土的浇筑。完成这些步骤后，方可进行下一循环的施工。

3.1.3 CD 工法

CD 工法也是软弱破碎围岩隧道暗挖常用的施工工法，尤其适用于大断面的软弱破碎围岩隧道。

CD（Center Diaphragm）工法也称中隔墙法，是 20 世纪 80 年代以来，随着修建地下工程的实例日益增多，尤其是浅埋暗挖运用于软弱破碎、松散围岩的隧道工程后，在原正台阶的基础上发展起来的一种工法。它更有效地解决了将大、中跨的洞室开挖转变为中、小跨的洞室开挖问题，CD 工法按照如图 3-7 所示的Ⅰ、Ⅱ、Ⅲ、Ⅳ的顺序进行开挖时，可有效的将大跨度隧道转变为中、小跨度的隧道，减小地面沉降和隧道周边收敛，但施工速度较慢，多应用于地层较差和不稳定岩体且对沉降要求较高的情况。CD 工法的施工步骤对围岩稳定性影响较大，不同的施工步骤所造成的隧道最终变形和受力均有所不同。

CD 工法施工方案具有以下五个优点。

（1）CD 工法施工增加了超前小导管及注浆，有效地稳定了掌子面。

（2）把拱部分成两个洞室后，单洞室能够快速封闭成环；增加了中隔壁，可以大大减小大跨度拱顶的沉降变形，维护初期支护的稳定，降低施工风险。

（3）两个洞室前后错开一定距离，中跨格栅能够快速与小导洞内的格栅连接，中跨拱顶初期支护能够快速整体成型。

（4）施工方便，克服了曲线段的施工困难，适用性强。曲线段外弧区的格栅数量要成倍多于内弧区，内弧区的格栅均为整榀，外弧区的大部分格栅为半榀，半榀格栅在跨中锚入整榀格栅中。在施工初期，外弧区半榀格栅可以落在中隔壁上，从而解决了内外弧开挖进度不均的问题。

（5）中隔壁格栅钢筋可以拆除回收。

Ⅴ级围岩段围岩稳定性差，施工难度较大，施工中一定要做到"管超前、短进尺、弱爆破、强支护、勤量测、快衬砌、早封闭"。

Ⅴ级围岩地段施工时，为防止坍方，确保施工安全，采用大管棚超前支护或小导管预注浆超前支护交叉中隔板 CD 法施工，喷锚网一次支护辅以钢拱架加强支护全断面衬砌，施工时仰拱超前衬砌施作，施工流程如图 3-7 所示。

施作超前支护时，先在掌子面上准确放样。然后，沿拱部开挖轮廓线，以一

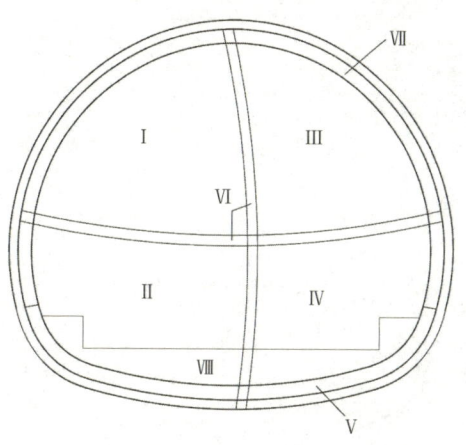

图 3-7 Ⅴ级围岩 CD 法施工程序示意图

Ⅰ- 先行导坑上部开挖及施作该部一次支护、中隔墙支护和临时横撑；Ⅱ- 先行导坑下部开挖及施作该部一次支护和中隔墙支护；Ⅲ- 后行导坑上部开挖及施作该部一次支护和临时横撑；Ⅳ- 后行导坑下部开挖及施作该部一次支护；Ⅴ- 灌注仰拱混凝土；Ⅵ- 拆除中隔墙和临时横撑；Ⅶ- 全断面衬砌；Ⅷ- 灌注填充隧道底部混凝土

定的间距、外插角钻孔、安设钢管并注浆加固围岩，待注浆材料凝固后，再进行开挖作业。衬砌段采用大管棚超前支护，大管棚一般采用长 15~20m 的（$\phi 108 \times 6$）花管。

为缩短初期支护成环时间，有利于施工作业，导坑上下部台阶长度宜为 3.0~5.0m，先行导坑与后行导坑前后宜错开 5.0~8.0m。以机械开挖或风镐人工开挖为主，松动爆破为辅，每部开挖后及时施作一次支护和临时支撑，为减小导洞下部开挖时因拱部一次支护拱脚悬空引起的下沉，一次支护拱脚部位设锁脚锚管加固。

3.1.4 台阶工法

凡需要爆破的围岩地段最好采用台阶法开挖，台阶法适用于Ⅰ、Ⅱ、Ⅲ、Ⅳ级四种围岩地层。当上台阶高度足够大时，可满足大型机械设备作业的要求，如满足装载机出渣的需要。图 3-8 为台阶法施工工序图。

在台阶法施工中，完成图 3-8 中各工序后，根据监控量测结果确定进行边墙和拱部的二次模筑混凝土的浇筑。

在台阶法施工中，普遍采用了长约 60~80m 的台阶，这种做法主要是考虑了机械化配套和平行作业的要求。但是，上、下台阶施工中，下台阶的施工对上台阶的通风、运输，均会造成一定影响，风水管线要牢固地固定于边墙以上，风管要根据现场情况，每次爆破时拆除爆破影响段。

在软弱断层破碎带洞段，宜采用多台阶法施工。多台阶法是指为了保证施工安全，把上台阶再分为三个以上的台阶，以便能正常掘进，此方法尽管较为繁杂，但能保证断层破碎带洞段施工的安全。

较软弱破碎的Ⅳ围岩，裂隙较发育，裂隙水较多。采用机械和人工开挖比较困难，

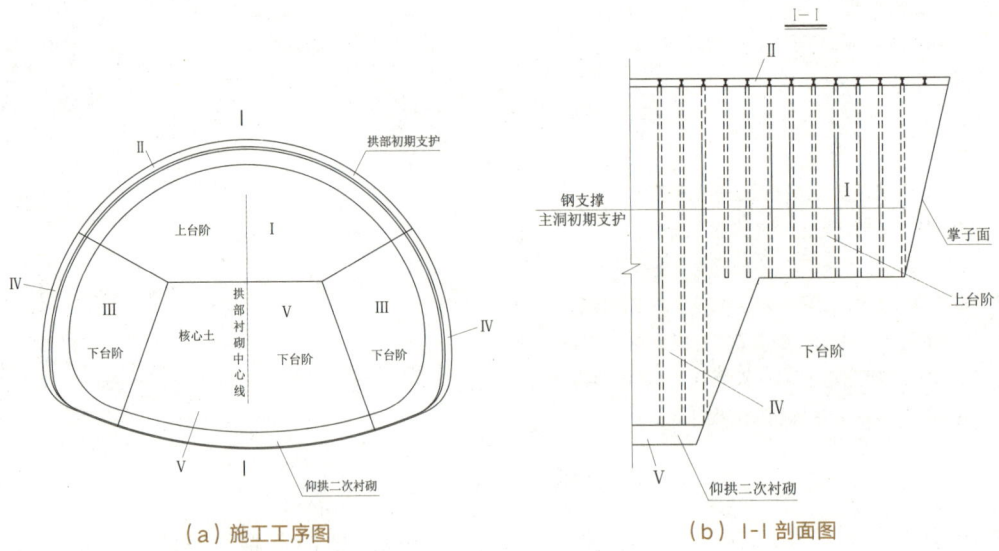

（a）施工工序图　　　　　　　　　（b）I-I 剖面图

图 3-8 台阶法分块示意图

Ⅰ-开挖上台阶；Ⅱ-上台阶拱部初期支护；Ⅲ-开挖下台阶两侧（预留核心土）；Ⅳ-下半断面边墙初期支护；

Ⅴ-预留核心土的开挖及仰拱二次衬砌混凝土浇筑

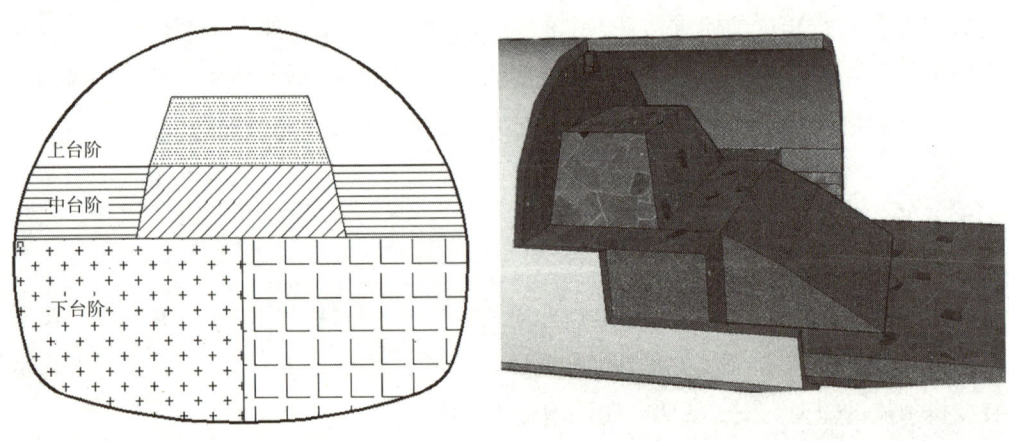

图 3-9 三台阶法开挖施工示意图

需要进行钻爆法施工，不宜采用 CRD 工法和双侧壁工法。否则，其爆破会破坏临时支撑，改变临时支撑的受力状态，起不到临时支撑应有的作用。而且，采用 CRD 工法和双侧壁工法施工，进度偏慢。故采用三台阶工法施工较合适，其施工工序图和施工示意图分别如图 3-8 和图 3-9 所示。

较软弱破碎的Ⅳ级围岩地段宜采用三台阶开挖，其上台阶开挖高度宜选用 3.5~4.0m。掌子面中部留核心土，成梯形状，工作面作业人员可站在核心土上进行隧道拱部的钢支撑安装（图 3-10）、喷射混凝土、架设钢筋网片、安装纵向钢筋以及进行小导管打设。留核心土，一可稳定掌子面，抵抗掌子面的纵向推力；二可进行多工艺的操作。核心土高度一般为2m，纵向长度宜为5~6m，呈梯形，上面可以做成圆弧形，底边留出两侧开挖和安装钢支撑的距离。

钢支撑安装后，要在两拱脚处打设4根以上锁脚锚管，并且要把锁脚锚管牢固地焊接在钢拱架上；钢拱架底部用混凝土垫块或木板垫高，不让拱脚泡在水中或放在底部软弱的底板上，从而防止拱架的沉降。

图 3-10 拱部钢拱架安装示意图

第二台阶应紧跟第一台阶5~8m开挖，高度一般在3.0~3.5m，开挖长度宜在3.0~4.0m。两侧应错开开挖，形成马口状开挖，及时把拱架接长，并进行锁脚，且注意两侧不能在同一里程同时开挖落地，防止钢拱架下沉。

第三台阶应紧跟第二台阶开挖，使钢支撑尽快封闭成环，确保初期支护安全稳定。

3.2 支护施工

3.2.1 超前支护施工

一般在洞口段和围岩较差洞段采用超前支护。洞口段常用长管棚超前支护，V级围岩一般常用超前小导管注浆，IV级围岩一般常用超前锚杆。

1. 超前长管棚支护

隧道V级围岩宜设计直径108mm、壁厚6mm的长管棚。采用脚手架钢管搭设管棚钻孔作业平台。超前长管棚支护的施工步骤如下。

（1）管棚定位

以套拱内预埋的孔口管定向、定位。

（2）打试验孔

在拱脚部位，选2个孔作为试验孔，找出地层特点，并进行注浆和砂浆充填试验。

（3）钻孔及清孔

选用地质钻机或管棚钻机风动干钻法钻进成孔。

（4）顶管

钢管由钻机旋转顶进将其装入孔内。管棚节间用丝扣连接，纵向同一截面处钢管接头数不大于 50%。

（5）堵孔

钢花管安装后，管口用麻丝和锚固剂封堵钢管与孔壁间空隙，钢管自身利用孔口安装的封头将密封圈压紧，压浆管口上安装三通接头。

（6）注浆作业

用注浆泵按"先下后上，先稀后浓"原则注浆。液浆为水泥浆，水灰比开始宜为 1：1，注浆量由压力控制，初压宜为 0.5~1.0MPa，终压宜为 2.0MPa。达到结束标准后，停止注浆。

2. 超前小导管

小导管注浆施工流程如图 3-11 所示。小导管宜用 $\phi 50 \times 5$ 热轧无缝钢管，钢管宜打设于隧道拱部 180° 范围，按环距 50cm 布置。小导管外插角宜为 15°，方向与线路纵向一致。注浆宜采用 M30 水泥浆液，注浆压力在 1.0~1.5MPa。小导管注浆工艺同大管棚注浆相同。

3. 超前锚杆

超前中空锚杆与超前小导管施作工艺相同，中空注浆锚杆施工流程如图 3-12 所示。

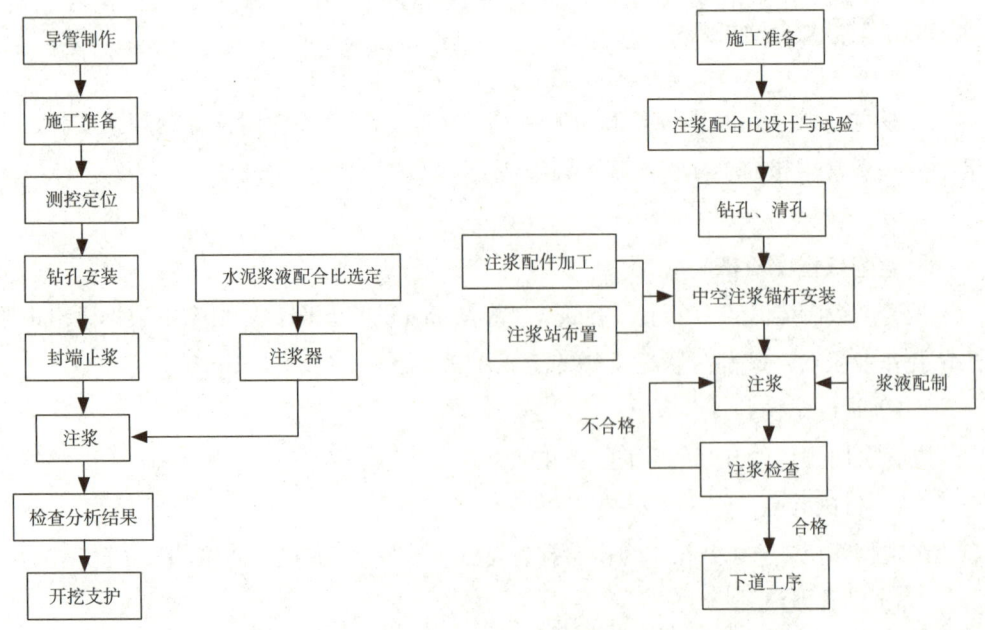

图 3-11 小导管注浆施工流程图   图 3-12 中空注浆锚杆施工流程图

3.2.2 初期支护施工

1. 喷射混凝土施工

混凝土喷射宜采用湿喷工艺，喷射混凝土骨料用强制式拌合机分次投料拌合。为减少回弹量，降低粉尘，宜采用混凝土湿喷机，湿式喷射作业。

喷锚支护喷射混凝土，可分初喷和复喷二次进行。初喷在开挖或分部开挖完成后立即进行，以尽早封闭岩面，防止表层风化剥落；复喷混凝土在锚杆、挂网和钢架安装后进行，尽快形成喷锚支护，以抑制围岩变位。钢架间用混凝土喷平，保护层不得小于4cm。

施工要点及质量控制如表3-1所示。

机械设备配套：一个工作面宜配备湿喷机2台、电动空压机4台、混凝土搅拌运输车2辆，喷射混凝土作业台架2个。

湿喷混凝土施工要点及质量控制一览表 表3-1

序号	项目		施工要点及质量控制
1	混凝土		坍落度：12~15cm；投料顺序及搅拌时间：先将砂、石、少量水投入搅拌90s，再投入水泥和补充水搅拌90s
2	湿喷机		系统风压大于等于0.5MPa，风量大于等于10m³/min，工作风压：0.4~0.5MPa
3	喷射作业	喷射顺序	自下而上，先墙后拱，分区、分段"S"形进行，分段长度不大于6m
		喷射距离与角度	喷头距岩面距离以0.6~1.2m为宜，喷射料束与受喷面基本垂直，与受喷面垂线呈5°~15°夹角时最佳
		喷射料束轨迹	环形旋转水平移动并一圈压半圈，环形旋转直径约为0.3m 喷射第2行时，依顺序由第一行起点上方开始，行间搭接2~3cm
		一次喷射厚	初喷厚度不小于4~6cm。首层喷射混凝土时，要着重填平补齐，将小的凹坑喷圆顺

喷射工艺要点如下：

（1）喷射机安装调试后，先注水再通风，清通机筒及管路，同时用高压水洗或高压风吹受喷岩面。

（2）连续上料，经常保持机筒内料满，在料斗口上设12mm的孔径筛网，避免超径骨料进入机内。

（3）喷射时应先注水后送风，然后上料。根据受喷面积和喷出的混凝土情况，调整注水量，以喷后易黏着、回弹小和表面显湿润有光泽为准。

（4）喷射混凝土分段、分片由下而上顺序进行，每段长度不超过6m，一次喷射厚度控制在6cm以下，喷射时插入长度比设计厚度大5cm的铁丝，每1~2m设一根，作为施工控制用，后一层喷射在前层混凝土终凝后先用高压水冲洗再进行，新喷射的混凝土按规定洒水养护。

（5）喷射应掌握最佳喷射距离和角度，喷嘴口至受喷面距离以 0.6~1.0m 为宜，喷射料束以垂直受喷面为最佳；喷射料束运动轨迹以环形旋转水平移动，并一圈压半圈，环形旋转直径为 0.3m，喷射第二行时，依顺序由第一行起点上方开始，行间搭接约 2~3cm。

2. 锚杆施工

（1）砂浆锚杆

围岩初期支护包括系统锚杆、U 形钢拱架支撑、格栅钢架支撑、钢筋网、喷射混凝土，依据地质情况分别设置。喷锚支护紧跟开挖面施作，起到封闭岩体，及时加固围岩，抑制围岩变位，防止围岩在短期内松弛的作用。喷锚支护施工程序如图 3-13 所示。

砂浆锚杆施工要点如表 3-2 所示。

（2）中空锚杆

中空锚杆钻孔直径 30mm，钻孔深度大于锚杆设计长度 10cm。采用锚杆专用注浆泵向中空锚杆内压注水泥浆，水泥浆的配合比为水灰比 1：0.4~0.5，注浆压力为 0.2~0.5MPa，水泥浆随拌随用。

（3）预应力锚杆

预应力锚头安装及预应力施加的工序为：钻孔成形并彻底清孔；将安装有涨壳锚头的杆体直接插入成孔底部（锚杆如需加长，可用连接套进行连接）；用力预紧杆体，保证锚头顶端与孔底部紧贴并左旋锚杆体直至旋紧后，再安装止浆塞、垫板、螺母；连接常规张拉工具（例如锚杆拉力计），实施预应力张拉至规定值。

注浆作业：注浆的目的是使浆液包裹预应力锚杆体，有效地防止杆体锈蚀致使锚杆失效；同时，浆液充填裂隙，改良围岩。所以，注浆必须注意质量，保证

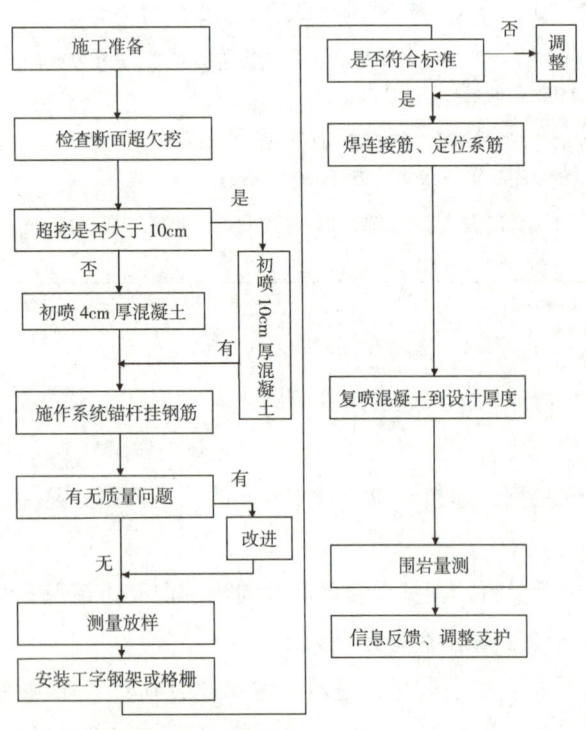

图 3-13 喷锚支护施工程序框图

注浆饱满，并应采用配套的专用注浆机和注浆接头，以保证整个预应力锚固体系的有效性。考虑到预应力锚杆注浆的目的主要在于防止杆体锈蚀，以及充填裂隙、改良围岩，故宜采用具有良好渗透性的纯水泥浆进行注浆。注浆在张拉结束后即可进行，具体步骤如下：将注浆机推入现场，接好注浆管及电源；按设计配合比搅拌好浆液，并将其倒入注浆机中；开动注浆机，浆液注入锚孔中，直到锚杆尾端流出浆液且注浆压力达到设计值为止；取下注浆接头，安装堵浆塞进行下一根锚杆注浆，直到所有锚杆注浆完毕；清洗设备。

砂浆锚杆施工要点一览表　　　　　　　　　　　表 3-2

序号	步骤		施工要点
1	锚杆制作		锚杆采用切割机切割
2	钻孔清孔	放样	钻孔前根据设计要求定出孔位，作出标记，孔位允许偏差控制 ±15mm
		钻孔	采用凿岩机按定好的位置钻孔，钻孔应符合规定
		锚孔清理	钻进达到设计深度后，继续稳钻 1~2min，用空压机将孔内岩粉及水体全部清除出孔外
		锚孔检验	锚孔成造结束后，按规范要求进行锚孔,检验
3	锚杆安装		药包锚杆在锚杆送入前装填好药包，人工推送入孔，锚杆安装后不得随意敲击，其端部 3d 内不得悬挂重物

3. 注浆小导管施工

小导管注浆施工流程如图 3-11 所示。

（1）施工准备：包括调查地质，确定注浆类型，进行注浆设计，并进行试验以确定各种参数。

（2）钻孔安装小导管：在围岩中布孔，并标出孔位，用凿岩机或钻孔台车钻眼，成孔后，用吹管或掏勺将孔内砂石吹（掏）出，人工推送钢管入孔，管口用麻丝和锚固剂封堵。

（3）封闭注浆面：小导管注浆前，对注浆面及 5m 范围内的坑道喷射厚为 5~10cm 混凝土。

（4）注浆作业：注浆前先进行注浆试验，以调整注浆参数。采用专用注浆泵注浆，清孔后，按由下至上的顺序施工，水泥浆水灰比开始宜为 1：1，浆液先稀后浓、注浆量先大后小；注浆压力按分级升压法控制，由注浆泵油压控制调节。

（5）注浆结束标准：以终压控制为主，注浆量校核。当注浆压力为 0.5~1.0MPa，持续 15min 即可终止。

4. 挂设钢筋网

钢筋网由 $\phi 6$ 钢筋焊接而成，网格间距为 20cm×20cm。钢筋网应在开挖面随岩体表面的起伏铺设，其间隙不大于 3cm，钢筋网应与系统锚杆点焊连接牢固。钢筋网安设前应对钢筋进行校直、除锈及除油污等，确保施工质量。

5. 钢拱架制作安装

隧道通常采用 I 型钢拱架、4ϕ25 格栅钢架及 ϕ22 三肢格栅拱架支护。钢拱架安装工艺流程如图 3-14 所示。

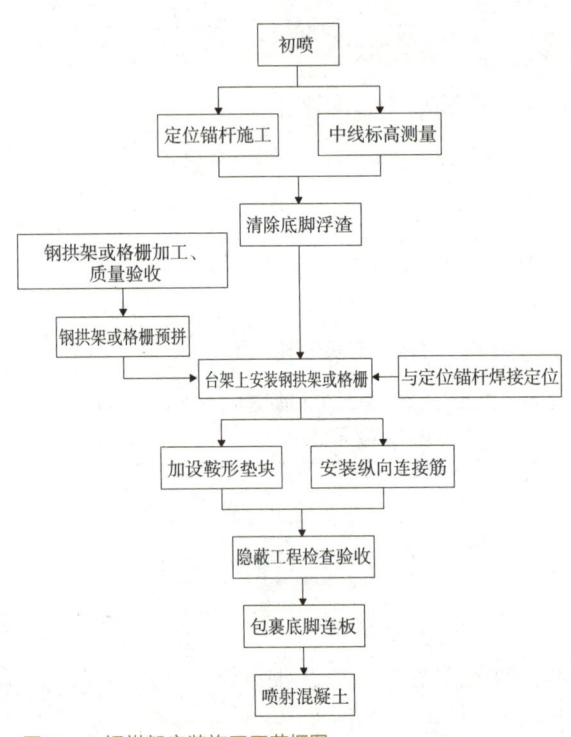

图 3-14 钢拱架安装施工工艺框图

（1）I 型钢拱架

钢架是软弱围岩初期支护的重要组成部分，施工时应严格按钢架单元结构的设计要求加工制作和架设。为了施工方便，钢架单元可在钢筋加工棚中制作，再运到现场安装，钢架支撑安装前应先初喷 4cm 混凝土，并在施工中注意以下要点：钢架安装前，首先进行施工放样，确定中心线及钢架基脚位置，随后架设钢架，架设纵向连接筋。墙部单元钢架在墙脚部位铺设钢垫板，并对应拱部单元钢架位置架设墙部单元钢架，栓接牢固并设纵向连接筋。

为保证钢架置于稳固的地基上，施工中应在钢架基脚部位预留足够的坚实地基，架立钢筋时可挖槽就位。钢架平面应垂直于隧道中线，其倾斜度不大于 2°；钢架的任何部位偏离铅垂面不应大于 5cm。

为增强钢架整体稳定性，除钢架接头应连接牢固外，还应将钢架与纵向连接筋、结构锚杆焊接牢固。

当钢架和初喷层间存在较大空隙时，要设鞍形或楔形垫块顶紧围岩；钢架与围岩间距不大于 5cm。拱架安装后应及时进行喷射混凝土施工，使初期支护作业能尽早共同受力。

（2）格栅钢架施工

格栅钢架由钢筋焊制而成，俗称"花骨架"。与型钢钢架相比，具有重量小、安装方便、加工容易、能与混凝土形成钢筋混凝土结构体系等优点。

格栅加工：格栅在洞外结构件厂加工成型。按设计放出加工大样。

加工工艺：将各种型号的钢筋按设计尺寸下料；将主筋在模具上弯成规定的弧度；在模具上将连接筋焊于主筋之上，再焊成格栅单片；在模具的凹槽内安设活动横轴，在两个单片格栅之间焊接侧面连接筋；将焊好的格栅单元移到大样平台上进行检验，合格后在其两端做好合格标记，然后将角钢焊在格栅上；使用前，将格栅单元在大样平台上拼装，在接头处外贴角钢，拧上螺栓，然后将角钢焊在格栅上。

架设工艺：格栅架设前，需测定隧道中线，并按需要设定水准基点，并以此为根据检查隧道断面；隧道断面检查合格后，进行格栅架设；在开挖时预留的拱脚原地基处挖槽，安设垫梁；在拱顶处标示接头位置；在安设格栅的位置打设定位钢筋；利用洞内的工作平台拼装格栅，接头上好螺栓，将格栅焊在定位筋上；将格栅与围岩的间隙用混凝土垫块塞紧。

3.2.3 二衬支护施工

本节仅对采用衬砌台车进行隧道二衬支护施作的方法进行介绍。二次衬砌施工流程如图 3-15 所示。

（1）二衬施作时机

二次衬砌应在围岩和初期支护变形基本稳定后施作。围岩变形量较大，流变特性明显时，要加强初期支护并及早施作仰拱和二次衬砌。同时，隧道洞口段二衬必须及时施作，掘进超过一定距离后，必须停止开挖进行二衬施工；洞身段的二衬支护与掌子面距离不宜超过 200m；二衬作业面距铺底作业面距离不宜少于 100m，距矮边墙作业面距离不宜少于 60m，保证正常二衬施工进度，软弱围岩应紧跟、不宜超过 20m。

（2）衬砌台车结构

二衬支护宜采用整体钢模台车，台车面板要全新，厚度不宜小于 12mm，具有液压支拆模和电动走行系统。工厂制造后在工厂拼装验收，厂家必须提供有资质的结构验算结果，验收合格

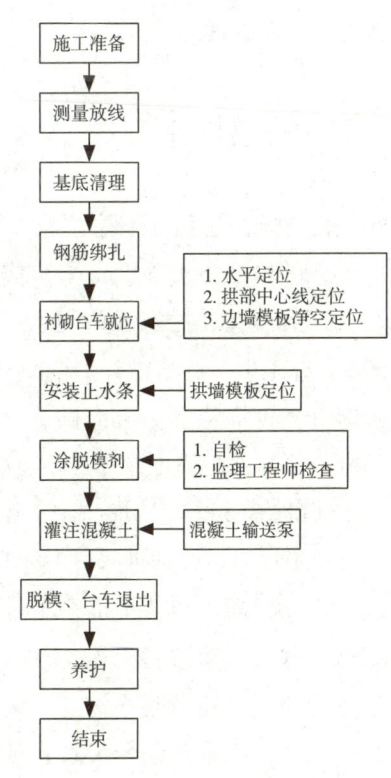

图 3-15 二次衬砌施工流程图

方可运至现场安装,使用前仍需进行检查。特别要注意检查台车的面板线性和平整度、窗口的平整度和严密性以及两端头圆弧线性是否一致以及结构受力状况等。

（3）二衬施工顺序

矮边墙、铺底施工→台车拼装调试→台车就位调整→预留洞室和预埋件的固定→安装挡头板及橡胶止水带→混凝土浇筑→拆模→养护。

（4）二衬混凝土浇筑

建设标准化加工场地和钢筋棚,钢筋进场需提供产品合格证,进场抽样检验合格方可使用;进场后做好离地堆放和遮盖,避免钢筋锈蚀和受污染;混凝土浇筑平整过的加工场地,按设计线型1∶1在场地上放线,埋置弧形控制点钢筋,在埋设好控制点的场地上预弯二衬弧形钢筋;钢筋安装需自制台车,台车上安装足够刚度的二衬钢筋弧形台架,台架立柱中间设置螺旋杆,可自由升降台架,作为安装钢筋的胎模。

（5）二衬混凝土浇筑施工要点

用分层、左右交替对称浇筑,每层浇筑厚度不大于1m,两侧高差宜控制在50cm以内。专职人员定位振捣,起拱线以下辅以木锤模外敲振和捣固铲抽插捣固;混凝土开盘前先泵送同级砂浆,砂浆量以矮边墙上平铺2cm为宜;衬砌混凝土封顶采用顶模中心封顶器接输送管,逐渐压注混凝土封顶;当挡头板上观察孔有浆液溢出,即标志封顶完成。

3.2.4 仰拱与铺底

软弱围岩隧道的混凝土仰拱应及时施作,尽早使衬砌闭合成环,整体受力,确保支护结构的稳定性。仰拱顶上的填充层及铺底应在二衬施工前完成,铺底与掌子面距离不宜超过50m。施工中,待喷锚支护全断面施作完成后,紧跟开挖面,及时开挖并灌注混凝土仰拱及部分填充或铺底,使支护尽早闭合成环,并为施工运输提供良好的条件。

仰拱施工的流程如图3-16所示。

施工程序：按仰拱基坑底标高测量放样;补炮清底;已完成的仰拱混凝土接头处需凿毛处理,按设计要求安装仰拱钢筋笼,并设与边墙衬砌连接筋;自检及监理工程师隐蔽工程检查合格后,用混凝土输送车运输混凝土浇筑,插入式振捣棒捣固;仰拱施工采用大块钢模板,浇筑由中心向两侧对称进行,仰拱与边墙衔接处捣固密实。仰拱一次施工长度控制

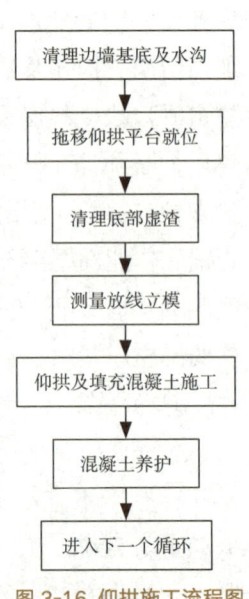

图3-16 仰拱施工流程图

在 2~4m，为使仰拱施工与开挖掘进同时进行，需要用工字钢与钢板加工仰拱施工平台。

3.3 新意法施工

本章前述的基本方案是针对新奥法施工的。新意法（New Italian Tunneling Method，简称 NITM），是意大利 Pietro Lunardi 教授在围岩压力拱理论及新奥法理论研究的基础上，通过数百座隧道的结构分析和研究逐步创建出的岩土控制变形分析（ADECO-RS）法，它强调通过调节超前核心土的稳定性来控制隧道变形。对于软弱不良地层，一般需要进行超前加固，然后进行全断面机械化开挖。

从力学意义上讲，王梦恕于 1988 年创建的浅埋暗挖法（采用先加固后开挖，充分利用地层纵向承载拱作用）亦属于新意法。

3.3.1 概述

新意法施工的三个重点概念：

（1）超前核心土：隧道掌子面前方大致等于隧道直径范围的土体。

（2）掌子面挤出变形：隧道开挖时因超前核心土变形，产生的掌子面鼓出等变形现象，如图 3-17 所示。

（3）隧道预收敛：超前核心土外轮廓围岩的收敛变形，取决于超前核心土的变形特性。

新意法把隧道围岩的变形分为收敛变形、预收敛变形和掌子面挤出变形（图 3-17）。由于预收敛变形和掌子面挤出变形均取决于超前核心土的强度及变形特性，进而得出超前核心土的特性对整个隧道的围岩变形起关键作用。新意法通过对隧道掌子面超前核心土岩体结构特性、岩体坚硬程度等特征判定将超前核心土稳定类型分为：A 类（掌子面一

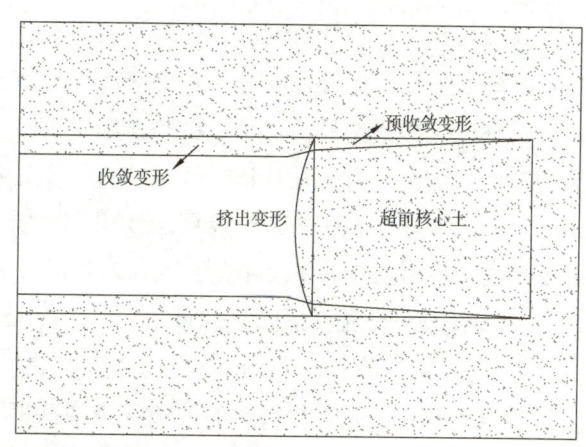

图 3-17 超前核心土挤出变形

超前核心土稳定，图3-18）、B类（掌子面—超前核心土短期稳定，图3-19）和C类（掌子面—超前核心土不稳定，图3-20），并将每种稳定类型与隧道整体变形情况对应关联。

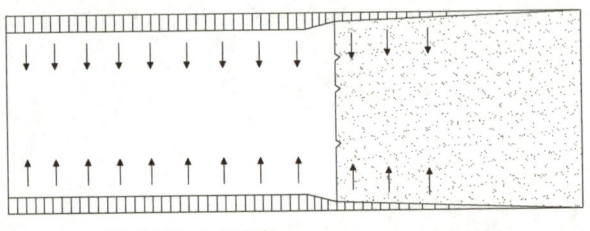

图3-18 A类超前核心土稳定

当预测判定超前核心土为不稳定类型时，为了确保隧道安全穿越复杂地层，可以通过辅助手段将超前核心土加固至稳定类型，甚至依赖超前核心土，将其视为控制隧道围岩变形和稳定的重要工具，即提高超前核心土的刚度和强度就能够调整围岩预收敛及掌子面挤出变形的程度，达到围岩稳定的目的。

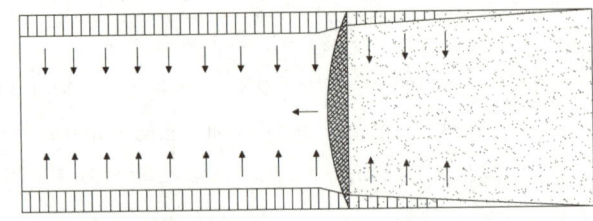

图3-19 B类超前核心土稳定

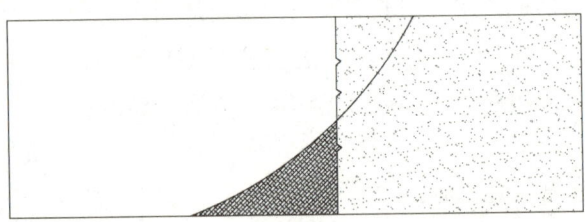

图3-20 C类超前核心土稳定

3.3.2 施工技术

在对隧道开挖产生的变形类型和大小进行预测的基础上，根据既有的施工机具和加固手段确定施工和支护参数。根据围岩超前核心土的稳定类型，选择不同的支护形式：A类可采用常规支护方式；B类可根据隧道掘进速度选择预支护或常规支护方式；除常规支护外，C类宜采用加强型支护方式。

新意法常采用玻璃纤维锚杆加固超前核心土。不同围岩超前核心土的稳定类型中，其锚杆密度、锚杆长度以及搭接长度不尽相同。此外，隧道的开挖步骤、开挖步长、断面形状、掘进速度等因素也对支护参数的设计有一定影响。施工图设计阶段所选择的支护措施还是比较粗糙的，施工前宜对其实施效果进行验算，即通过相关的计算方法进行有效性验证。施工前必须事先制定详细的监控量测程序；正式施工后，必须根据动态监测反馈设计，比较设计中预测的变形和实际施工发生的变形，对支护参数提出相应的修改和变更。

（1）玻璃纤维锚杆加固掌子面

在掌子面进行干钻，钻孔近似平行于隧道轴线并均匀分布在掌子面上，其长度大于隧道直径；钻孔后将特殊的玻璃纤维锚杆插入孔内并立即注入水泥浆或聚氨酯等化学浆液；隧道掘进后，当通过监测读取掌子面挤出变形数据发现玻璃纤维锚杆长度不足以确保洞室预约束时，要另设一组玻璃纤维锚杆。玻璃纤维锚杆抗剪强度高，脆性大，开挖中需要挖断玻璃纤维锚杆。

在能够保证后续加固和注浆作业前提下钻孔直径必须尽量小，钻孔后必须立即插入玻璃纤维锚杆，然后尽快注浆。施工中必须实施系统的监控工作，要检查注浆质量，每根玻璃纤维锚杆注浆量以及通过拉拔试验检查玻璃纤维锚杆、灰浆与围岩之间的黏结力。

该技术可用于易受到侵蚀并遭受核心土挤出影响的黏结性或半黏结性土层中，掌子面不稳定或短时稳定，掌子面的形状必须是凹陷并需进行喷射混凝土支护的。

（2）全断面机械预切槽预约束

全断面机械预切槽法（图3-21）是沿隧道外弧轮廓线按预定的厚度和长度采用切槽机进行切槽。在切槽机上装配有链锯，链锯可在齿条和齿轮架上移动，由此形成隧道外轮廓形状的切槽。切槽后，立即在切槽中充填纤维加筋喷射混凝土，由此形成具有截锥形状和良好力学性能的超前衬砌薄板层，其伸入掌子面前方较远，可提供足够的径向预约束力，以防止围岩松弛。

施工中，限制预切槽的大小是非常重要的，在喷射混凝土期间预切槽要有足够的自承能力。每一环切槽要分段浇筑，浇筑段数取决于隧道直径和围岩特性。每切一段必须立即填充浆料，在前一槽充填完成后，才能开始新的切槽，而且要保持结构连续性，使封顶块实际上没有接缝。

该工法适用范围广，适用于软岩、黏性土和粉质砂土等匀质、非匀质地层和含水地层。此外，该工法可以完全消除超挖，显著地降低初期衬砌支护与围岩之间的回填注浆量，初期衬砌支护可作为最终衬砌的一部分，极大地减小了二次衬砌的厚度，减少了临时约束构件数量。该工法机械化程度高，掘进速度稳定。

（3）预切成洞衬砌技术

预切成洞衬砌技术是机械预切槽技术的发展。它介于掘进开挖技术与先进行洞室预约束再进行开挖技术之间。该技术的创新性在于能够在开挖之前施作隧道衬砌，而不需要在开挖横断面周围进行初步的围岩改良和加固，也不需要以连接方式设置包括钢筋拱架和纤维喷射混凝土等的初期衬砌。预切成洞衬砌技术是在掌子面前方施作截锥状混凝土

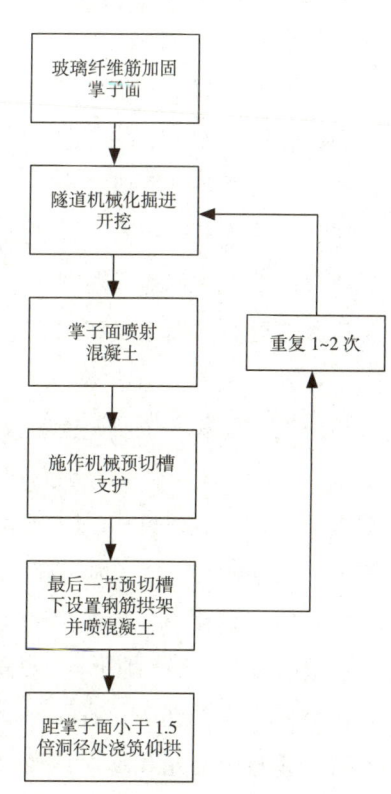

图 3-21 全断面机械预切槽施工流程

层，该混凝土层可作为最终衬砌的结构部分。预切成洞衬砌技术中隧道掘进仅在已施作混凝土薄层围护范围内开挖岩土，开挖中混凝土薄层起着衬砌作用，开挖进尺要小于混凝土薄层深度，以便使连续的混凝土薄层直接实现搭接，并为掌子面超前核心土的稳定提供一定的安全储备。

（4）伞状式旋喷注浆管棚技术

旋喷注浆是指通过一定直径的喷嘴在高压下将一定量的水泥混合物注入待改良围岩中，借助喷射浆液的力学特性使围岩破裂，以此搅拌、压实和固结围岩。通过改良处理增大围岩的渗透性进而提高围岩的强度。该方法要注意隧道拱部和边墙处改良土体之间的结构连续性（特别是管棚间的搭接），以便通过加固拱将压力传到围岩中。与传统注浆加固掌子面相比，旋喷注浆的作业参数不是由室内土体渗透性试验决定的，而要通过现场试验确定。通过现场试验确定注浆压力、喷嘴数量和直径、水灰比和注浆时间等注浆参数。

该技术关键在于管棚间的搭接、钻孔深度要大于隧道直径，钻杆尾部配有跟踪注浆装置，在拔出钻杆的同时，通过跟踪注浆装置设定速度进行注浆。该技术可用于所有颗粒土和黏结性土层中，土体抗剪强度允许在高压下通过喷射使混合物破裂。

3.3.3 新意法施工注意事项

（1）重视现场管理，开展动态设计

新意法施工成功的关键除了详细的勘察、计算分析和系统全面的预设计外，还需要扎实的管理、精细的施工、精准持续的监测以及快速的动态设计。鉴于隧道工程的隐蔽性及工程地质和水文地质条件的复杂性，尽管在工程勘察期间已完成了大量富有成效的专项地质勘察工作，但由于勘察手段及认识水平的局限，一般难以全面掌握隧道的工程地质和水文地质情况。在隧道施工阶段，业主管理、勘察设计和施工各方必须"三位一体"成立动态设计领导小组，加强现场管理，通过超前地质预测预报、现场测试与试验，收集基础资料，采用工程类比、理论分析计算、专家系统等方法，及时优化调整衬砌支护参数，并进行围岩及支护的安全性监测，对衬砌支护参数做出评价；及时进行技术小结，把前一阶段取得的成功经验用于后续施工中，实现软岩和富水地层隧道的安全施工，控制工程投资。

（2）重视降水、排水

降水主要以疏干地下水、提高围岩承载力、确保正常作业和边墙顺利开挖为原则，无需对前方围岩进行长时间、大规模的超前降水。随着地层中的地下水的排出，要及时注浆进行补充和加固，确保围岩结构不被破坏。同时，在施工过程中，要加强隧道排水，洞内渗水及时入沟归槽，并按时抽排至洞外，应尽量减小施工用水对原始岩层的影响；隧道开挖后要及时喷射混凝土封闭岩面，防止水浸或恶化围岩条件；隧道底部应设置大型平板栈桥，以减少施工车辆对仰拱围岩的扰动。

（3）强调施工快捷

新意法要求施工中立足于一个"快"字，即"快支护、快封闭"。"快支护"要求开挖后及时封闭暴露面，尽快施作锚网喷支护等措施，防止围岩在暴露时间长、泥化过快的情况下进一步恶化而大幅降低围岩强度，产生更大的塑性范围及更大的变形；"快封闭"则要求支护结构在最短的时间内发挥最有效的作用，支护闭合刚度远大于支护未闭合刚度，并且越靠近掌子面封闭，对掌子面的稳定性就越有利。

采用新意法施工的隧道，一般都采用全断面开挖，既提高了机械化施工程度，且方便大型机械施工，又加快了施工进度，减少了围岩变形时间，争取了初期支护及早成环的时间。对下沉控制要求高的地段，必要时可采用双侧壁导洞法或台阶法，坚持快挖快支，各项工作、各个工序都要体现一个"快"字，不得中间停工。由于其他原因，确需停工时，应采取措施封闭掌子面，并提前加强相邻段初期支护。

 思考题

3-1 双侧壁导坑工法、CRD 工法、CD 工法、台阶法和新意法的基本施工方案是什么？

3-2 喷射混凝土施工工艺有哪些？

3-3 小导管支护的施工工艺有哪些？

3-4 格栅钢架的施工工艺有哪些？

3-5 采用衬砌台车进行隧道二衬支护施作，简述其基本的施工工艺。

3-6 简述仰拱与铺底的施工程序。

3-7 简述新意法的主要施工技术。

第 4 章

硬岩隧道
钻爆法施工

本章知识点

【主要内容】台阶开挖法、导坑开挖法和全断面开挖法的基本施工方案，
　　　　　　装渣、运输、调车和石渣转载的工作内容，钻眼爆破作业，
　　　　　　洞渣装运工作，施工机械设备、施工工艺和施工作业方式。

【基本要求】熟悉台阶开挖法、导坑开挖法和全断面开挖法的基本施工方案，
　　　　　　掌握施工机械设备和施工工艺，炮眼定位，爆破作业，炮眼
　　　　　　装药量与光面爆破的计算、编制和爆破图表的绘制；了解钻
　　　　　　眼机具准备及作业内容、施工作业方法、一次成洞施工作业
　　　　　　方式、隧道施工循环方式与循环图表的选用和编制。

【重　　点】台阶开挖法、导坑开挖法和全断面开挖法的基本施工方案，
　　　　　　钻眼爆破作业。

【难　　点】炮眼定位，爆破作业，炮眼装药量与光面爆破的计算、编制
　　　　　　和爆破图表的绘制。

4.1 基本施工方案

隧道开挖爆破是单自由面条件下的岩石爆破，其关键技术是掏槽，其次是周边孔的光面爆破。隧道爆破的程序是：先在掌子面上布置炮眼，而后根据设计的炮眼位置、深度和方向钻眼，最后根据设计的装药量及起爆顺序将炸药及不同段别的雷管装入炮眼，待做好安全防护工作后，连接回路并起爆。

4.1.1 台阶法施工

当隧道高度较大且无大型凿岩台车时，可采用台阶开挖法。该法将隧道分为上、下两层或上、中、下三层。当上半断面超前下半断面时，称为正台阶法，反之则称为反台阶法。目前，我国约有 70% 的隧道开挖采用此种方法。

台阶开挖法的特点是：

（1）在不太松软的岩层中采用正台阶法施工较安全，并且施工效率较高；

（2）对地质条件适应性较强，变更容易；

（3）断面呈台阶式布置，施工方便，有利于顶板维护，并且下台阶爆破效率较高；

（4）若使用铲斗装岩机，上台阶要人工扒渣，劳动强度较大；

（5）上、下台阶工序配合要求严格，不然易产生干扰。

Ⅰ、Ⅱ级围岩地段，岩层坚硬、完整，地下水不发育，可采用上下半断面的两台阶法开挖；对Ⅰ级围岩，也可以采用超前导洞并预留光爆层的方法开挖。否则，在开挖爆破时，震动过大易使围岩开裂，产生裂缝引起漏水，也易扰动围岩，破坏围岩的稳定性。所以，对Ⅰ、Ⅱ级围岩开挖爆破时，对大断面隧道（如三车道的隧道）不宜采用全断面爆破，而必须采用减震爆破或光面爆破。

对于Ⅲ、Ⅳ硬岩隧道的台阶法的基本施工方案，与本书 3.1.4 小节介绍的软弱围岩隧道的台阶工法基本相同，不再赘述。

4.1.2 导坑法施工

导坑法就是在隧道断面内，先以小型断面进行导坑掘进，然后分多步逐渐扩大到设计断面的开挖方法。先行开挖的导洞可用于洞室施工的通风、行人和运输，并有助于进一步查明洞室范围内的地质情况。这种导洞具有临时性，一般断面 4~8m²，在中等稳定岩层中不需要临时支护。采用导坑法施工时不需要特殊设备和机具，并能根据不同地质条件、洞室断面和支护形式变换开挖方法，灵活性大，适用性强。导坑法可根据导洞在主洞室的位置分为上导洞、下导洞、中导洞和侧导洞等几种开挖方法。

当岩层比较松软或地质条件复杂，隧道断面特大或涌水量较大时，可采用导坑法。

采用导坑法施工时，分部开挖的位置、尺寸、顺序及开挖间距需要根据围岩情况、机械设备、施工习惯等灵活掌握，但必须遵守以下原则。

（1）开挖后，周边轮廓都应尽量圆顺，以避免应力集中；

（2）各部开挖高度一般取 2.5~3.0m 为宜，这样施工比较方便；

（3）分部开挖时，要保证隧道周边围岩稳定，并及时做好临时支护工作；

（4）各部尺寸大小应能满足风、水、电等管线布设要求。

导坑法由于工序繁多，对围岩多次扰动，开挖面长时间暴露，易造成塌方；且作业空间狭小，半机械化作业，施工环境差，工效低。因此，目前隧道施工中很少采用。

4.1.3 全断面施工

全断面开挖法是指在地质条件较好的隧道施工中，以凿岩台车钻孔、装药、填塞、起爆网路连接，一次完成整个断面开挖，并以装渣和运输的机械完成出渣作业的方法。它适用于岩层完整、岩石较坚硬、有大型施工机械设备的条件。

当岩石坚固性中等以上，节理裂隙不甚发育，围岩整体性较好，断面小于 100m² 的条件下，可采用全断面开挖法。采用该法时，整个工作面基本上一次向前推进，在开挖工作面上只有一个垂直作业面，凿岩和爆破依次进行。

全断面开挖法的特点是：

（1）隧道全断面一次开挖，工序简单；

（2）能够较好地发挥深孔爆破的优越性，提高钻爆效果；

（3）工作面空间大，便于使用大型机械作业，降低工人的劳动强度；

（4）各种施工管线铺设便利，对运输、通风、排水等工序均有利；

（5）各工序之间相互干扰小，便于施工组织和管理；

（6）当隧道较长，地质情况多变时，变换施工方法需要较多时间；

（7）由于应用大型机具，需要相应的施工便道、组装场地、检修设备以及足够的能源，因此该法的应用往往受到条件的限制。在设备落后、使用小型机械时，凿岩、装药和装岩等比较麻烦，难以发挥生产效率。

4.2 钻眼爆破作业

钻眼爆破是开凿硬岩地下工程中最基本的施工作业方法。钻眼爆破的要求是：断面形状尺寸符合设计要求；掘进速度快，钻眼工作量小，炸药消耗量最省；矸石块度大小适中，便于装岩；有较好的爆破效果，表面平整，超欠挖符合要求，对围岩的震动破坏小。

4.2.1 炮眼定位

在掘进隧道时，要用腰线控制其坡度，用中心线指示其掘进方向，每次钻眼前都要测定出隧道的中心线，以便确定掘进轮廓线，并按爆破炮眼和钻孔图标出眼位，这样才能保证掘出的断面符合设计要求。

1. 隧道中心线的测定
隧道中心线的测定有三点延线法和激光指向法。

（1）三点延线法

隧道施工时，准确的中心线必须由专门的测量人员用全站仪或经纬仪测量确定。一般在隧道内，每掘进 30~40m 应延设一组标准中线点。中线点均应固定在顶板上，挂下垂球指示隧道的掘进方向。如果方向不改变，掘进工人即可用"三点延线法"延长中心线，并以此在工作面上布置炮眼，如图 4-1 所示。图中 1、2 两点为已确定的中线点，3 点为待测点。测定时，一人持灯站在 1 点，按"三点成一线"原理，即可确定出 3 点的位置，同时将中线画在掌子面上。

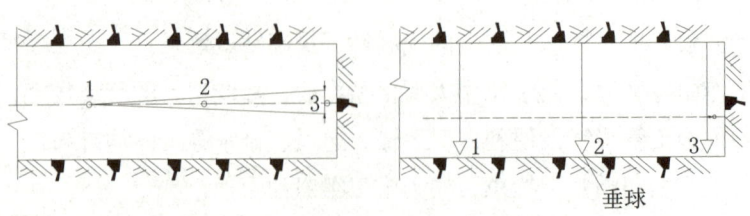

图 4-1 三点延线法

（2）激光指向法

在隧道中安置激光指向仪指示掘进方向。一般在顶板锚杆上悬吊激光指向仪，尽量安装在隧道的中心，如图 4-2（a）所示；当偏离中心时，测量人员必须给出偏离值，如图 4-2（b）所示。掘进时，施工人员根据工作面上投光点的位置即可确定出隧道中心和炮眼的位置。激光指向仪距离掌子面一般不超过 400m，随着掌子面的推进，要定期向前移动指向仪并重新安装和校正。

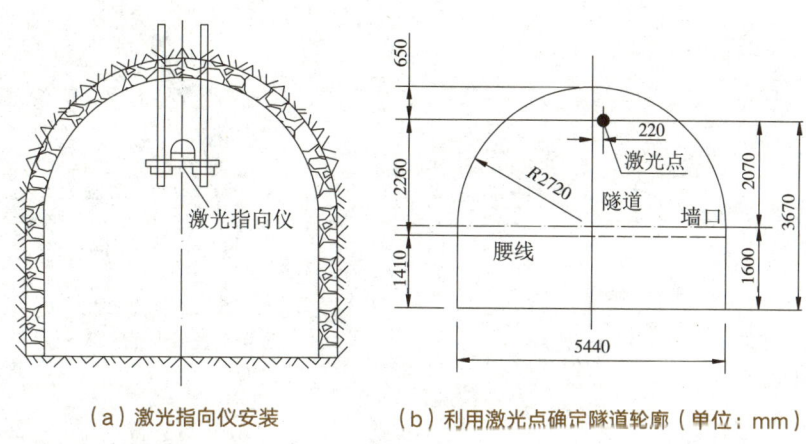

（a）激光指向仪安装　　　　（b）利用激光点确定隧道轮廓（单位：mm）

图 4-2 利用激光指向仪进行掘进定向

2. 隧道坡度的测定

隧道的坡度需用腰线测定。腰线点一般设在隧道无水沟的侧墙上，高出底板或轨道面 1.0m。腰线点应成组设置，每组 2 或 3 个点，每隔 30~40m 设置一组。在主要隧道中，需用水准仪定出腰线，或者先用半圆仪延长腰线，掘进一定距离后用水准仪进行校正。次要隧道可用半圆仪定腰线，即测量时需 3 人同时操作，一人将线索按在后面的已知点上，第二人操作半圆仪（又叫度尺），第三人持线索的另一端在工作面。半圆仪上有角度刻线和垂球，由第二人按隧道的倾角指示第三人调整绳端的高度，使半圆仪上的垂线所对应的角度正好与隧道的倾角相同，然后由第二人用白漆延线索画出腰线。根据腰线的位置可确定出拱形隧道的拱基线高度或者隧道顶板的高度位置（腰线距隧道顶板、底板的高度须标注在掘进断面图中）。

3. 曲线隧道掘进方向的测定

（1）等分圆心角法

将曲线圆心角分为中心角为 α_1 的若干等份，求出每等份的弦长和弦转角。按弦长和弦转角从曲线起点用全站仪或经纬仪或线交会法逐点标定曲线隧道的中心。

施工操作时，可自行制作一种叫做曲线规尺的简易工具，如图4-3所示。图中b为等分中心角α_1所对应的弦长；$a=b^2/r$，r为隧道的曲线半径。使用方法如图4-4所示，将规尺的A、B点与隧道底板的已知A、B点重合，则C点即为所要确定的中线点，然后再以B、C点为基准，确定出下一中线点，以此类推。在找第一个曲线点时，A、B点必须是在直线段上，且B点位于曲线的起点。曲线规尺须用不易变形的木材制作。

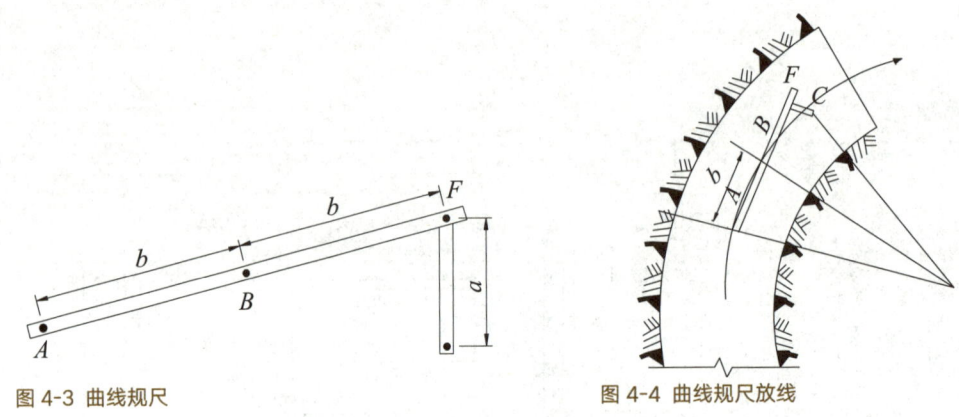

图 4-3 曲线规尺　　　　　　　　　　　　图 4-4 曲线规尺放线

（2）定弦法

选定固定弦长，求出所对应的圆心角及弦转角，然后用与等分圆心角法相同的方法标定隧道中心。

为保证掘进的方向，应注意爆破参数的选择和炮眼的布置。掏槽眼应适当往外侧偏移，且外侧炮眼适当加深。

近年来，我国已生产有多种隧道的炮孔布置和定向等仪器，如隧道自动导向定位系统、隧道扫描系统和布孔仪等，都是比较先进的地下工程施工的定向、布孔、控制隧道规格的仪器设备，有条件时应尽量采用。

4.2.2 钻眼机具及作业

用于开挖地下工程的钻眼设备种类较多，按其支撑方式分主要有手持式、支腿式和台车式；按冲击频率分有低频、中频和高频三种；按动力分有风动、电动、液压三种。目前，使用最普遍的是风动凿岩机；近年来，液压凿岩机得到了迅速发展，它与凿岩台车相配合，使用数量在逐渐增加；手持式和电动凿岩机已很少使用了。

（1）气腿式风动凿岩机

气腿式风动凿岩机简称风动凿岩机或气腿式凿岩机，根据不同行业的习惯，又称风锤、风钻或风枪。气腿式凿岩机一般都为中低频凿岩机，在较硬岩石中使用时，应选冲击功和扭矩相对较大的机型。

使用气腿式凿岩机可多台凿岩机同时钻眼，钻眼与装岩平行作业，机动性强，辅助工时短，便于组织快速施工。主要根据隧道工作面的施工速度要求、断面大小、岩石性质、工人技术水平、压风供应能力和整个掘进循环劳动力的平衡等因素来确定凿岩机台数。按隧道宽度来确定凿岩机台数时，一般每0.5~0.7m宽配备一台；按隧道断面确定凿岩机台数时，在坚硬岩石中，一般2.0~2.5m²配备一台；在中硬岩石中，可按2.5~3.5m²配备一台。

为加快钻眼速度，钻眼机具必须保持良好的工作状态；对操作工人必须进行培训，提高其操作技术；加强组织管理，采用定人、定机、定位、定任务、定时间的钻工岗位责任制；钻眼前应做好各项准备工作；测量人员应给出准确的掘进方向；钻眼时应保证眼位准确。

为提高钻眼工作效率且各工序互不影响，必须配备专用的供风、供水设施，并予以恰当的布置。它的主要特点是在工作面集中供风、供水，将分风器、分水器设置在隧道两侧，这样既方便了钻眼工作，又不影响其他工作。分风器和分水器通过集中胶管与主干管连接，便于移动，并分别采用滑阀式和弹子式阀门，使风动设备装卸方便。

（2）凿岩台车

凿岩台车是将一台或多台液压凿岩机连同推进装置安装在钻臂导轨上，并配以行走机构，使凿岩作业实现机械化，并具有效率高、机械化程度高、可打中深孔眼和钻眼质量高等优点。近十几年来，隧道施工机械化水平不断提高，台车式钻车得到了越来越多的使用。如图4-5是四臂凿岩台车作业图。

凿岩台车一般由行走部分、钻臂和凿岩推进机构三部分组成。台车的钻臂数目可为1~4个，常用2或3个，一次钻深为2~4m。使用时，需根据断面大小、岩石硬度、施工进度要求、其他配套设备等情况进行优化选择。

我国生产的凿岩台车型号较多，按其行走方式可分为轨轮式、胶轮式和履带式；按其结构形式可分为实腹式和门架式。轨轮式适用于中小型断面，易与装岩设备发生干扰；门架式适用于大型断面隧

图4-5 四臂凿岩台车作业

道，装岩设备可从门架内进出工作面，两者干扰少，有利于快速施工。

（3）凿岩机器人

凿岩机器人是一种将信息技术、自动化技术、机器人技术应用于凿岩台车中的先进凿岩设备。

隧道凿岩机器人可根据凿岩过程中自动记录的凿岩穿孔速度数据预测岩层条件和破碎带，从而预先确定开挖参数、支护工作量以及是否需要加固，并准确确定钻头修磨周期和设备维修周期；通过计算机自动定位、定向，减少钻车和钻臂定位时间；通过计算机控制实现凿岩过程中各输出参数的最优匹配，从而使钻孔推进速度或效率达到最优，钻头、钻杆、钻车的机械损耗大大减小。

（4）钻眼工具

钻杆和钻头是凿岩的工具，其作用是传递冲击功和破碎岩石。冲击式凿岩用的钻杆为中空六边形或中空圆形，圆形钻杆多用于重型钻机或深孔接杆式钻进。

钻头是直接破碎岩石的部分，其形状、结构、材质、加工工艺等是否合理都直接影响凿岩效率和本身的磨损。最常用的钻头是一字形、十字形和柱齿形钻头。

成品钻头镶有硬质合金片或球齿。一字形钻头结构简单，凿岩速度较高，应用最广，适用于整体性较好的岩石；十字形钻头较适用于层理、节理发育和较破碎的岩石，但结构复杂，修磨困难，凿岩速度略低；柱齿形钻头是一种新发展起来的钻头，排渣颗粒大，防尘效果好，凿岩速度快，使用寿命长，适用于磨蚀性高的岩石。

一般地，台车多用直径为45~55mm的钻头；气腿式凿岩机用钻头直径多为38~43mm。

4.2.3 爆破作业

1. 掏槽方式

在全断面一次开挖或导坑开挖时，只有一个临空面，必须先开出一个槽口作为其余部分新的临空面，先开这个槽口称为掏槽。掏槽的好坏直接影响其他炮眼的爆破效果。因此，必须合理地选择掏槽形式及其装药量。

掏槽形式分为斜眼和直眼两类。每一类又有各种不同的布置方式，常用的掏槽方式如图4-6所示。

直眼掏槽的特点是：所有炮眼都垂直于工作面且相互平行，技术易于掌握，可实现多台钻机同时作业或采用凿岩台车作业；其中不装药的炮眼作为装药眼爆破时的临空面和补偿空间，有较高的炮眼利用率；碎石抛掷距离小，岩堆集中；不受断面大小限制。但总炮眼数目多，炸药消耗量大，使用的雷管段数较多，有瓦斯的工作面不能采用。

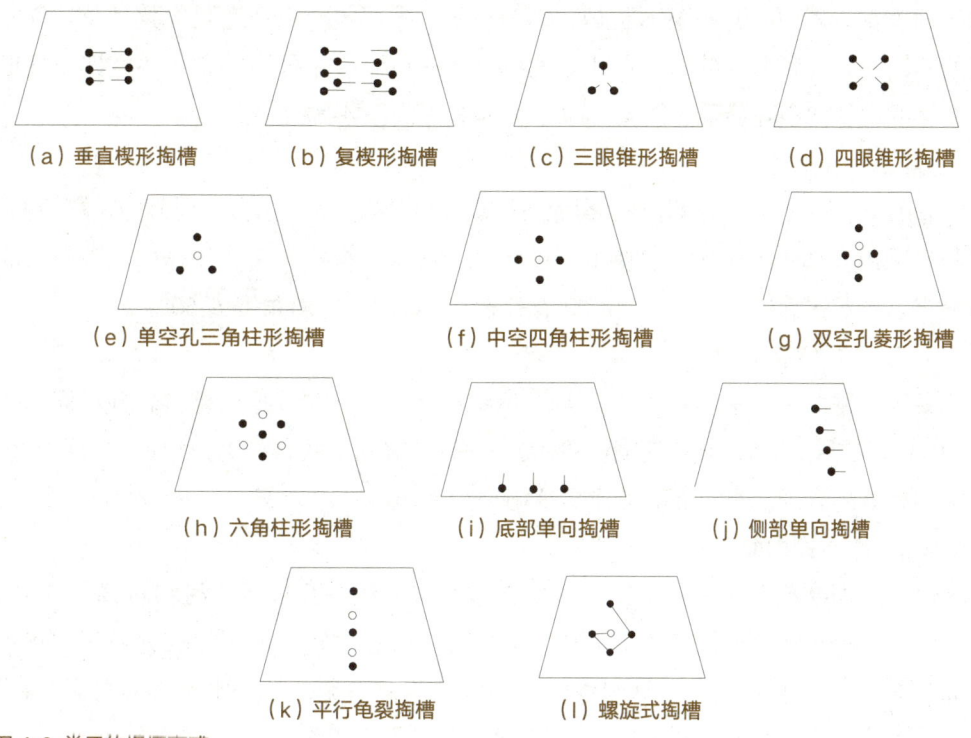

（a）垂直楔形掏槽　　（b）复楔形掏槽　　（c）三眼锥形掏槽　　（d）四眼锥形掏槽

（e）单空孔三角柱形掏槽　　（f）中空四角柱形掏槽　　（g）双空孔菱形掏槽

（h）六角柱形掏槽　　（i）底部单向掏槽　　（j）侧部单向掏槽

（k）平行龟裂掏槽　　（l）螺旋式掏槽

图 4-6 常用的掏槽方式

　　斜眼掏槽的特点是：适用范围广，爆破效果较好，所需炮眼少，但炮眼方向不易掌握，孔眼受隧道断面大小的限制，碎石抛掷距离大。

　　（1）楔形掏槽

　　楔形掏槽适用于各种岩层，特别是中硬以上的稳定岩层。因其掏槽可靠，技术简单而应用最广。它一般由 2 排和 3 对相向的斜眼组成。槽口垂直的为垂直楔形掏槽（图 4-6a），槽口水平的为水平楔形掏槽。炮眼底部两眼相距 20~30cm，炮眼与掌子面相交角度为 60° 左右。断面较大、岩石较硬、眼孔较深时，还可采用复楔形（图 4-6b），内楔眼深较小，装药也较少，并先行起爆；在层理大致垂直、机械化程度不高和浅眼掘进等情况下，采用垂直楔形较多。

　　（2）锥形掏槽

　　爆破后槽口呈角锥形，常用于坚硬或中硬整体岩层。根据孔数的不同有三眼锥形和四眼锥形（图 4-6c、和图 4-6d），前者适用于较软的岩层。这种掏槽不易受工作面岩层层理、节理及裂隙的影响，掏槽力量集中，故较为常用；但打眼时眼孔方向较难掌握。

　　（3）角柱式掏槽

　　这是应用最为广泛的直眼掏槽方式，适用于中硬以上岩层。各眼相互平行且与掌子面垂直。其中，有的眼不装药，即为空眼。根据装药眼和空眼的数目及布置方式的不同，有各种各样的角柱形式，如单空孔三角柱形（图 4-6e）、中空四角柱形（图 4-6f）、双空孔菱形（图 4-6g）、六角柱形（图 4-6h）等。

（4）单向掏槽

适用于中硬或具有明显层理、裂隙或松软夹层的岩层。根据自然弱面的赋存情况，可分别采用底部（图 4-6i）、侧部（图 4-6j）或顶部掏槽。底部掏槽中炮眼向上的称爬眼，向下的称插眼；顶、侧部掏槽一般向外倾斜，倾斜角度为 50°~70°。

（5）平行龟裂掏槽

平行龟裂掏槽如图 4-6（k）所示。炮眼相互平行，与开挖面垂直，并在同一平面内。隔眼装药，同时起爆。眼距一般取（1~2）d（d 为空眼直径）。适用于中硬以上、整体性较好的岩层及小断面隧道或导坑掘进。

（6）螺旋式掏槽

螺旋式掏槽如图 4-6（l）所示。所有装药眼都绕空眼呈螺旋线状布置。按 1、2、3、4 号孔顺序起爆，逐步扩大槽腔。这种方式在实践中取得了较好效果，优点是炮眼较少而槽腔较大，后继起爆的装药眼易将碎石抛出。空眼距各装药眼（1、2、3、4 号眼）的距离可依次取空眼直径的 1~1.8 倍、2~3 倍、3~3.5 倍、4~4.5 倍。遇到难爆岩石时，也可在 1、2 号和 3、4 号眼之间各加一个空眼。空眼比装药眼深 30~40cm。

2. 爆破参数选择

下面以某地铁区间隧道普通段Ⅱ级围岩开挖为例，介绍硬岩隧道开挖爆破参数的选择。区间隧道采用马蹄形断面，断面内净空宽 5.1m，开挖（掘进）断面面积 32.01m²。

（1）炸药消耗量

炸药消耗量包括单位消耗量和总消耗量。爆破每立方米原岩所需的炸药量称为单位炸药消耗量，每循环所使用的炸药消耗量总和称为总消耗量。

单位炸药消耗量与岩石性质、断面大小、炸药性能、临空面多少、炮眼直径和炮眼深度等有关。其数值大小直接影响着飞散距离、炮眼利用率、岩石块度、对围岩的扰动以及对施工机具、支护结构的损坏等，因此合理确定炸药用量是控制硬岩隧道开挖成本和开挖质量的关键之一。

单位炸药消耗量 q 可根据经验公式计算或者根据经验选取，也可根据炸药消耗定额确定。经验公式有很多种，普氏公式是常用的简单的计算公式。

$$q=1.1k\sqrt{f/S} \tag{4-1}$$

式中　q——单位炸药消耗量（kg/m^3）；

　　　f——岩石的坚固系数；

　　　S——隧道开挖（掘进）断面的面积（m^2）；

　　　k——考虑炸药爆力的修正系数，$k=525/P$；

　　　P——为所选用炸药的爆力。

根据式（4-1），本工程开挖取 $q=1.3kg/m^3$。

按定额选用单位炸药消耗量时需注意，不同行业的定额指标不完全相同，施工时需根据工程所属行业选用相应的定额。

（2）计算炮眼数

炮眼数目主要与岩石性质、炸药性能、挖掘的断面和临空面数目等有关。目前尚无统一的计算方法，常用的计算方法如下。

① 根据每循环所需炸药量与每个炮眼的装药量计算炮眼数

$$N=\frac{\eta qS}{\tau\gamma}\qquad（4-2）$$

式中　η——炮眼利用率，一般取 0.85~0.9，本工程开挖取 $\eta=0.9$；

　　　S——开挖（掘进）断面的面积（m^2），本工程开挖取 $S=32.01m^2$；

　　　q——单位炸药消耗量（kg/m^3），本工程开挖取 $q=1.3kg/m^3$；

　　　τ——炮眼的平均装药系数，表4-1为不同级别围岩和不同炮眼的装药系数 τ 值表，根据表4-1并综合考虑，选取本工程开挖的各类炮眼的装药系数 $\tau=0.55$；

　　　γ——每米药卷的质量（kg/m），表4-2为2号岩石铵梯炸药每米药卷的质量表，根据表4-2，本工程开挖的药卷直径选 32mm，取 $\gamma=0.78kg/m$。

装药系数 τ 值　　　　　　　　　　　表 4-1

炮眼名称	围岩类别			
	IV、V	III	II	I
掘槽眼	0.5	0.55	0.60	0.65~0.80
辅助眼	0.4	0.45	0.50	0.55~0.70
周边眼	0.4	0.45	0.55	0.60~0.75

2号岩石铵梯炸药每米药卷的质量表　　　　　表 4-2

药卷直径（mm）	32	35	38	40	44	45	50
γ（kg/m）	0.78	0.96	1.10	1.25	1.52	1.59	1.90

由式（4-2）计算，可得某地铁区间隧道普通段Ⅱ级围岩开挖所需炮眼数为97个。

② 根据掘进断面面积和岩石坚固性系数估算

$$N=3.3^3\sqrt{fS^2} \tag{4-3}$$

式中符号的含义同式（4-1）。

③ 按炮眼布置参数进行布置，确定炮眼总数目

按掏槽眼、辅助眼、周边眼的具体布置参数进行布置，然后将各类炮眼数相加即得每一循环所需的炮眼总数目。

（3）炮眼深度

炮眼深度是指炮眼眼底至临空面的垂直距离。炮眼深度与掘进速度、采用的钻孔设备、循环方式、断面大小等有关。循环组织方式有浅眼多循环和深眼少循环两种。深孔钻眼时间长，进尺大，总的循环次数少，相应辅助时间可减少；但钻眼阻力大，钻速受影响。

炮眼深度可根据所使用的钻眼设备确定，采用手持式或气腿式凿岩机时，炮孔深度一般为 1.5~3.0 m；使用中小型台车或其他重型钻机时，孔深一般为 2.0~3.5 m；使用大型门架式凿岩台车时，孔深可达 4~6m。

另外，还可按日进度计划确定每循环炮眼深度。

$$L=\frac{l}{\eta N} \tag{4-4}$$

式中　L——炮眼深度（m）；

　　　l——月或日或每循环计划进尺（m）；

　　　N——每月用于掘进作业的天数，按日进度计算时 $N=1$；

　　　η——炮眼利用率，一般取 0.85~0.9，本工程开挖取 $\eta=0.9$。

本项工程的月掘进循环计划进尺为 135m，每个月有效工时按 20d 计，每天 2.5 个循环，每掘进循环的计划进尺数为 $l=135/(20\times2.5)=2.7m$，取炮眼利用率 $\eta=0.9$，则根据炮眼深度计算式可得 $L=3.0m$，实际取炮眼深度为 3.0m，每循环进尺 $l'=3.0\times0.9=2.7m$。一般地，掏槽眼要较其余炮眼深度加深 0.10~0.25m。

（4）炮孔直径

炮孔直径对炸药消耗、钻眼效率和岩石破碎块度等均有影响。合理的孔径应在相同条件下，能使爆破质量好、掘进速度快、费用低。采用不耦合装药时，孔径一般比药卷大 5~7mm。目前，国内较常使用的药卷直径为 32mm 和 35mm，故炮孔直径多为 38~42mm。

由于本工程的区间隧道穿越地段主要为道路、湖泊、河和多层及高层建筑物，故选用 2 号岩石乳化炸药，其药卷直径 32mm，长度 200mm，每卷质量 0.15kg。

如果炮孔过小，不利于装填药卷；而炮孔过大，则会降低爆破效果和钻眼速度。根据施工单位常用的钻孔设备和选用的药卷直径，确定炮孔直径为 42mm。

3. 炮眼布置

按炮眼用途和位置不同，掘进工作面的炮眼分为掏槽眼、辅助眼和周边眼三类。各类炮眼应合理布置，合理的炮眼布置应达到较高的炮眼利用率，岩石块度均匀且大小符合要求，岩面平整，围岩稳定。

炮眼布置的方法和原则有以下八点。

（1）首先选择掏槽方式和掏槽眼位置，然后布置周边眼，最后根据隧道断面大小布置辅助眼。

（2）掏槽眼一般布置在掌子面中部或稍偏下，并比其他炮眼深 10~25cm。

（3）帮眼和顶眼一般布置在设计掘进断面轮廓线上，并符合光面爆破要求。在坚硬岩石中，眼底应超出设计轮廓线 10cm 左右；软岩中眼底应在设计轮廓线内10~20cm。

（4）底眼眼口应高出底板水平面 15cm 左右；眼底超过底板水平面 10~20cm；眼深宜与掏槽眼相同，以防欠挖；眼距和抵抗线与辅助眼相同。

（5）辅助眼在周边眼和掏槽眼之间交错均匀布置，圈距一般为 65~80cm，炮眼密集系数一般为 0.8 左右。

（6）周边眼和辅助眼的眼底应在同一垂直面上，以保证开挖面平整。

（7）扩大爆破时，落底可采用扎眼（眼孔向断面内下斜钻进）或抬眼（眼孔向断面内上斜钻进），刷帮可采用顺帮眼。炮眼布置要均匀，间距通常为 0.8~1.2m。石质坚硬时，顺帮眼应靠近轮廓线。扩大开挖时，最小抵抗线 W 一般为眼深的2/3，圈距与 W 相同，眼距为 1.5W。

（8）当隧道掘进工作面进入曲线段时，掏槽眼的位置应往外帮适当偏移，同时外帮的帮眼要适当加深，并相应增加装药量，这样才可以使外帮进尺大于内帮，达到隧道沿曲线前进的目的。

以上述某地铁区间隧道普通段 Ⅱ 级围岩开挖为例，介绍炮眼间距和排距的设计。

根据该隧道断面较大的特点，确定采用复式楔形掏槽。共布置 10 个掏槽眼，其中深掏槽眼 6 个，眼深在每循环炮眼深度的基础上加深 0.2m，故深度取 3.2m；浅掏槽眼 4 个，深度取 2.0m。中硬岩光爆孔间距一般取 45~60cm，最小抵抗线取 50~80cm。根据实际情况和表 4-3，选取该隧道光爆孔间距 E=60cm，最小抵抗线 W=80cm，光爆孔密集系数 K=0.75。周边眼向外倾斜，眼底超过轮廓线10cm。

按照隧道周边总长度和炮眼间距，可以计算周边眼个数为 $N_周$=35.63 个，实际取36 个。

光面爆破设计参数　　　　　　　　　　　　　　　表 4-3

岩石类别	炮眼间距 E（cm）	抵抗线 W（cm）	密集系数 $K=E/W$	装药集中度（kg/m）
硬岩	55~70	60~80	0.7~1.0	0.30~0.35
中硬岩	45~65	60~80	0.7~1.0	0.20~0.30
软岩	35~50	40~60	0.5~0.8	0.07~0.12

该隧道设计布置 2 圈辅助眼，共布置 51 个辅助眼。其中内圈辅助眼间距为 50cm，布置 23 个辅助眼；外圈辅助眼间距为 60cm，布置 28 个辅助眼。该隧道的炮眼布置如图 4-7 所示。

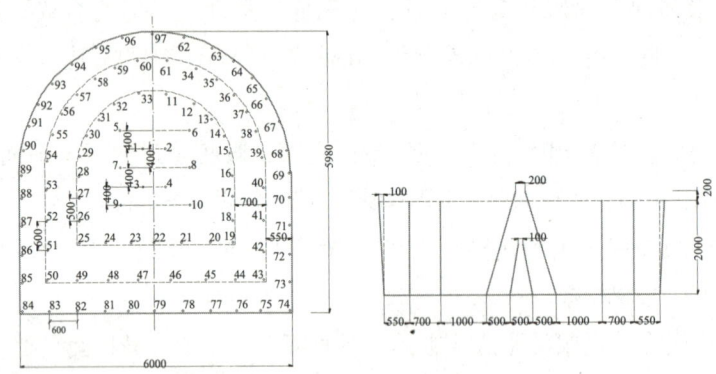

图 4-7 炮眼布置图（单位：mm）

4. 装药量

（1）装药量计算式

$$Q=qV \tag{4-5}$$

式中　Q——一个爆破循环的总用药量（kg）；

　　　q——爆破每立方米岩石所需炸药的消耗量（kg/m³），此处 q=1.3kg/m³；

　　　V——一个循环进尺所爆落的岩石总体积（m³），$V=lS$，其中，l 为计划循环进尺（m）；S 为开挖断面的面积（m²）；此处，$l=L\times\eta=3\times0.9=2.7$m，$S$=32.01m²；$L$ 为炮眼深度（m）；η 为炮眼利用率，本工程开挖取 η=0.9。

根据式（4-5），计算一个循环的总装药量为 Q=112.36kg。

由于式（4-5）中的 q 是 2 号岩石梯恩梯炸药的单位耗药量，所以应换算成 2 号岩石乳化炸药的装药量，查表知 2 号岩石乳化炸药的换算系数 e=1.0~1.23，此处取 e=1.1，则一个循环的 2 号岩石乳化炸药总装药量为 123.60kg。

（2）按装药系数计算单孔装药量及总装药量

由表 4-1 查得，掏槽眼装药系数 τ=0.6，辅助眼装药系数 τ=0.5，周边眼装药系数 τ=0.55。为了保证光面爆破效果，周边眼装药系数取 τ=0.5。单个炮孔的装药量、装药卷数与装药系数、炮眼深度和单个药卷的长度及质量有关，具体计算如下。

① 4个浅掏槽眼

按2号岩石梯恩梯炸药计算：

单孔装药卷数 $n_1 = \tau \times l_1 \div l_2 = 0.6 \times 2.0 \div 0.2 = 6.0$ 卷。式中，τ 为钻眼装药系数；l_1 为钻眼深度；l_2 为单个药卷的长度。

单孔装药量 $Q_{1梯恩梯} = n_1 \times q_1 = 6 \times 0.15 = 0.9$kg。式中，$n_1$ 为单孔装药卷数；q_1 为每卷炸药的质量。

换算为2号岩石乳化炸药：

单孔装药量 $Q_{1乳化} = Q_{1梯恩梯} \times e = 0.9 \times 1.1 = 0.99$kg。

单孔装药卷数 $n_{1乳化} = Q_{1乳化} \div q_1 = 0.99 \div 0.15 = 6.6$ 卷，实际取 7.0 卷。

式中，e 为2号岩石梯恩梯炸药换算成2号岩石乳化炸药的换算系数，其他符号同上。

② 6个深掏槽眼

按2号岩石梯恩梯炸药计算：

单孔装药卷数 $n_1 = \tau \times l_1 \div l_2 = 0.6 \times 3.2 \div 0.2 = 9.6$ 卷。

单孔装药量 $Q_{1梯恩梯} = n_1 \times q_1 = 9.6 \times 0.15 = 1.44$kg。

式中，各符号的含义同浅掏槽孔。

换算为2号岩石乳化炸药：

单孔装药量 $Q_{1乳化} = Q_{1梯恩梯} \times e = 1.44 \times 1.1 = 1.584$kg。

单孔装药卷数 $n_{1乳化} = Q_{1乳化} \div q_1 = 1.584 \div 0.15 = 10.56$ 卷，实际取 11 卷。

式中，各符号的含义同浅掏槽孔。

③ 51个辅助眼

按2号岩石梯恩梯炸药计算：

单孔装药卷数 $n_1 = \tau \times l_1 \div l_2 = 0.5 \times 3.0 \div 0.2 = 7.5$ 卷。

单孔装药量 $Q_{1梯恩梯} = n_1 \times q_1 = 7.5 \times 0.15 = 1.125$kg。

式中，各符号的含义同浅掏槽孔。

换算为2号岩石乳化炸药：

单孔装药量 $Q_{1乳化} = Q_{1梯恩梯} \times e = 1.125 \times 1.1 = 1.2375$kg。

单孔装药卷数 $n_{1乳化} = Q_{1乳化} \div q_1 = 1.2375 \div 0.15 = 8.25$ 卷，实际取 8.5 卷。

式中，各符号的含义同浅掏槽孔。

④ 36个周边眼

按2号岩石梯恩梯炸药计算：

单孔装药卷数 $n_1 = \tau \times l_1 \div l_2 = 0.5 \times 3.0 \div 0.2 = 7.5$ 卷。

单孔装药量 $Q_{1梯恩梯} = n_1 \times q_1 = 7.5 \times 0.15 = 1.125$kg。

式中，各符号的含义同浅掏槽孔。

换算为 2 号岩石乳化炸药：

单孔装药量 $Q_{1乳化} = Q_{1梯恩梯} \times e = 1.125 \times 1.1 = 1.2375$kg。

单孔装药卷数 $Q_{1梯恩梯} = n_1 \times q_1 = 1.2375 \div 0.15 = 8.25$kg 卷，实际取 8.5 卷。

式中，各符号的含义同浅掏槽孔。

按此计算，每循环进尺的总装药量 $Q = 121.12$kg。此数值略小于按式（4-5）（体积装药量计算式）计算的总装药量，但基本上是一致的，所以可以按此值进行装填炸药。

该隧道的爆破设计参数如表 4-4 所示。

爆破参数表　　　　表 4-4

炮孔名称	炮孔编号	孔深（m）	孔数	单孔装药量（kg）	总装药量（kg）	雷管段别	起爆顺序
掏槽眼	1~4	2.0	4	0.99	13.46	1	I
	5~10	3.2	6	1.584		3	II
辅助眼	11~33	3.0	23	1.2375	63.11	5	III
	34~61		28			7	IV
周边眼	62~97	3.0	36	1.2375	44.55	9	V
合计			97		121.12		

4.2.4 装药

装药结构是指炸药在炮眼内的装填情况，主要有耦合装药、不耦合装药、连续装药、间隔装药、正向起爆装药及反向起爆装药等。不耦合装药时，药卷直径要比炮眼直径小，目前多采用此种装药结构；间隔装药是在炮眼中分段装药，药卷之间用炮泥、木棍或空气隔开，这种装药爆破震动小，故较适用于光面爆破等抵抗线较小的控制爆破以及炮孔穿过软硬相间岩层时的爆破，若间隔较长不能保证稳定传爆时应采用导爆索起爆；正向起爆装药是将起爆药卷置于装药的最外端，爆轰向孔底传播；反向装药与正向装药相反，反向装药由于爆破作用时间长，破碎效果好，故优于正向装药。

在炸药装入炮眼前，应将炮眼内的残渣、积水排除干净，并仔细检查炮眼的位置、深度、角度是否满足设计要求。装药时应严格按照设计的炸药量进行装填。本地铁区间隧道设计采用连续装药结构和反向起爆的形式。

隧道周边眼装药时应注意以下安全事项。

（1）装药前应检查顶板情况，撤出设备和机具，并切断除照明外的一切设备的电源；照明灯及导线也应撤离工作面一定距离；装药人员应仔细检查炮眼的位置、深度、角度是否满足设计要求，对准备装药的全部炮孔进行清理，清除炮孔内的残渣和积水。

（2）应严格按照设计的装药量进行装填。

（3）应使用木质或竹制炮棍装填炸药和填塞炮孔。

（4）不应投掷起爆药包和炸药，起爆药包装入后应采取有效措施，防止后续药卷直接冲击起爆药包。

（5）装药发生卡塞时，若在雷管和起爆药包放入之前，可用非金属长杆处理；装入起爆药包后，不应用任何工具冲击、挤压。

（6）在装药过程中，不应拔出或硬拉起爆药包中的导火索、导爆管、导爆索和电雷管脚线。

装药作业应有良好的照明。爆破装药现场不应用明火照明，采用电灯照明时，在距爆破器材 20m 以外可装 220V 的照明器材，在作业现场或硐室内使用电压不高于 36V 的照明器材。从带有电雷管的起爆药包或起爆体进入装药警戒区开始，装药警戒区内应停电，可采用安全蓄电池灯、安全灯或绝缘手电筒照明。

4.2.5 填塞

在炮孔孔口一段应填塞炮泥。炮泥通常用黏土或黏土加砂混合制作，也可用装有水的聚乙烯塑料袋作为充填材料。

填塞是保证起爆成功的重要环节之一，必须保证有足够的填塞长度和填塞质量，禁止无填塞爆破。隧道内所用的炮眼填塞材料比例大致为砂子 40%~50%，黏土 50%~60%。本地铁区间隧道工程炮孔直径为 42mm，故填塞长度对于浅掏槽眼不小于 60cm，对于深掏槽眼不小于 90cm，填塞采用分层捣实法进行。

4.2.6 起爆网路

起爆网路的可靠性是安全可靠地实施爆破作业的关键，起爆网路必须保证每个药卷按设计的起爆顺序和起爆时间起爆。

各种起爆网路，均应使用现场检验合格的起爆器材，起爆网路应严格按设计进行连接。在可能对起爆网路造成损害的部位，应采取措施保护穿过该部位的网路。敷设起爆网路应由有经验的爆破员或爆破技术人员实施并实行双人作业制。

采用电力起爆网路，同一起爆网路应使用同厂、同批、同型号的电雷管，电雷管的电阻值差不得大于产品说明书的规定，电力起爆网路不应使用裸露导线。不得利用铁轨、钢管、钢丝作为起爆线路，起爆网路应与大地绝缘，电力起爆网路与电源之间宜设置中间开关。

起爆网路的连接，应在掌子面的全部炮孔装填完毕、无关人员全部撤至安全地点之后，由掌子面向起爆站依次进行。

导爆管起爆网路的连接应遵守下列规定。

（1）导爆管网路应严格按设计进行连接，导爆管网路中不应有死结，炮孔内不应有接头，孔外相邻传爆雷管之间应留有足够的距离。

（2）用雷管起爆网路时，起爆导爆管的雷管与导爆管捆扎端端头的距离应不小于15cm；应有防止雷管聚能穴炸断导管和延时雷管的气孔烧坏导爆管的措施；导爆管应均匀地敷设在雷管周围并用胶布等捆扎牢固。

（3）用导爆索起爆导爆管时，宜采用垂直连接。

作业人员在网路敷设时还应注意以下事项。

（1）充分了解设计意图，严格按设计要求进行连接和敷设。

（2）敷设网路前应清理场地，将包装材料及各种工具清理干净，这不仅有利于保证网路敷设的方便，防止漏接、错接，便于网路的检查，更重要的是防止爆破器材的丢失。

（3）在敷设前应对整个爆破区进行规划，使网路敷设尽量合理，有利于检查，防止出现网路交叉。

（4）网路敷设应在全部炮孔装填完毕，无关人员全部撤离后进行，在爆破区域内应停止其他一切施工。

（5）作业人员连线时应擦净手上的油污、泥土和药粉。

（6）各种起爆网路连接不要太紧，有适当的余量。

电力起爆网路应进行实爆试验或等效模拟试验。起爆网路实爆试验应按设计网路连接起爆；等效模拟试验至少应选一条支路按设计方案连接雷管，其他各支路可用等效电阻代替。

起爆网路连接后，应进行检查。应由有经验的爆破员组成的检查组负责起爆网路检查，检查组不得少于两人。导爆索或导爆管起爆网路应检查：

（1）有无漏接或中断、破损。

（2）有无打结或打圈，支路拐角是否符合规定。

（3）雷管捆扎是否符合要求。

（4）线路连接方式是否正确、雷管段数是否与设计相符。

（5）网路保护措施是否可靠。

根据爆破器材情况，本地铁区间隧道工程采用毫秒导爆管雷管1、3、5、7、9段，孔内延期起爆法。各个炮眼所使用的毫秒导爆管雷管段别为：4个浅孔掏槽眼（1~4号孔）使用1段，6个深孔掏槽眼（5~10号孔）使用3段，51个辅助眼中11~33号

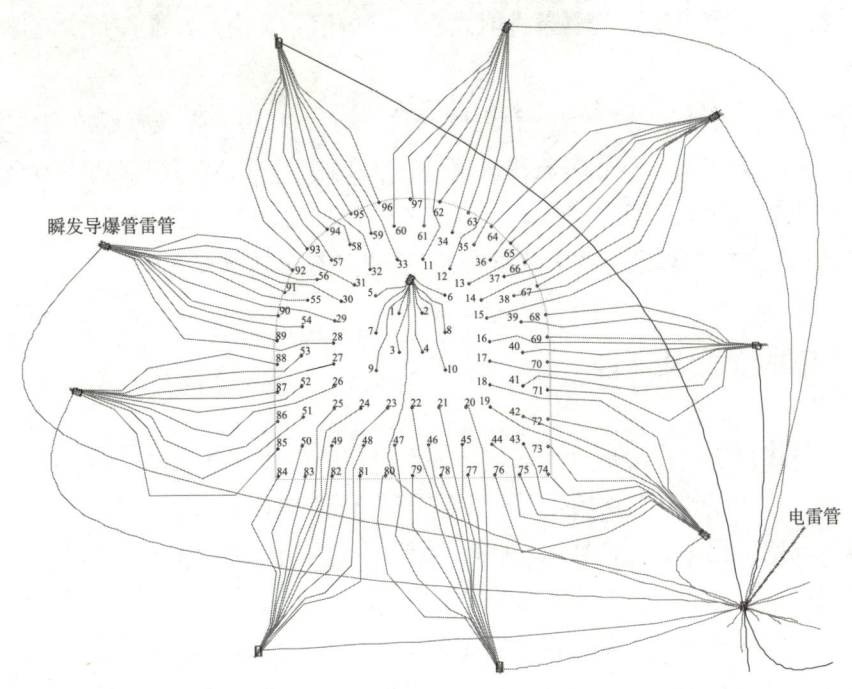

瞬发导爆管雷管

电雷管

图 4-8 起爆网路图

孔使用 5 段、34~61 号孔使用 7 段，36 个周边眼（62~97 号孔）使用 9 段。采用簇联网路，所有炮眼共分 10 簇，其中，7 簇各由 10 个炮眼组成，其他 3 簇各由 9 个炮眼组成。每簇采用 1 发瞬发导爆管雷管起爆，10 发瞬发导爆管雷管由 1 发 8 号电雷管起爆。图 4-8 为起爆网路图，采用连续装药结构，反向起爆方式。

4.2.7 爆破警戒与信号

根据装药的危险范围和爆破安全距离，确定装药警戒范围和爆破警戒范围。在装药过程中和预警信号发出后，应在爆破警戒范围的边界设置明显标志并派出警戒岗哨，直至解除信号发出，岗哨才允许撤离。警戒的任务是在装药和起爆过程中防止无关人员、设备、车辆进入装药警戒范围和爆破警戒范围。

执行警戒任务的人员，应按指令到达指定地点并坚守工作岗位。警戒人员应忠于职守，认真负责，佩戴标志，携带信号旗、口哨等，与指挥部和起爆站建立必要的通信联系。

爆破工程在起爆前后要发布三次信号，即预警信号、起爆信号和解除警戒信号。

第一次预警信号：该信号发出后爆破警戒范围内开始清场工作。

第二次起爆信号：起爆信号应在确认人员、设备等全部撤离爆破警戒区，所有警戒人员到位，具备安全起爆条件时发出。起爆信号发出后，准许负责起爆的人员起爆。

第三次解除警戒信号：安全等待时间过后，检查人员进入爆破警戒范围内经检查、确认安全后，方可发出解除爆破警戒信号。在此之前，岗哨不得撤离，不允许非检查人员进入爆破警戒范围内。

各类信号均应使爆破警戒区域及附近人员能清楚地听到或看到。

4.2.8 爆后检查及处理

爆破后检查的任务是检查爆破后有无未爆炸的炸药、雷管、导爆索、导爆管等爆破材料，检查爆破后的现场有无不安全因素及危险情况。

隧道开挖工程爆破后，经通风吹散炮烟、检查确认隧道内空气合格、等待时间超过 15min 后，方准作业人员进入爆破作业地点。

爆破后的检查内容主要有检查有无冒顶、盲炮、危岩、支撑是否破坏、炮烟是否排除等。爆破后检查人员发现盲炮及其他险情时，应及时上报或处理；处理前应在现场设立危险标志，并采取相应的安全措施，无关人员不应接近。发现残余爆破器材应收集上缴，集中销毁。

4.3 光面爆破

光面爆破是目前广泛应用的爆破技术，它可以减少超挖，减轻爆破对围岩的扰动，获得既符合设计要求又平整、稳定的围岩，降低工程成本。

所谓光面爆破技术就是在硬岩隧道掘进施工中，沿隧道设计轮廓线布置间距较小、相互平行的炮眼，控制每个炮眼的装药量，采用不耦合装药或空气柱装药，同时起爆，使炸药的爆炸作用刚好产生炮眼连线上的贯穿裂缝，使爆破面沿周边眼崩落出来，达到周边光滑的效果。

光面爆破技术应重视以下四种眼的钻爆及相应的关键技术。

（1）塑料导爆管非电起爆技术；

（2）掏槽眼爆破技术；

（3）周边眼间隔装药技术；

（4）内圈眼爆破层厚度确定；

（5）底板眼钻爆要点。

硬岩隧道光爆层布置如图 4-9 所示，光面爆破装药结构如图 4-10 所示。

为确保光面爆破质量，应采取以下技术措施：

（1）合理布置周边眼。周边眼布置参数包括眼距 E 和最小抵抗线 W，两者既相互独立又相互联系。E 值与岩石的性质有关，一般为 40~70cm，节理发育不稳定的松软岩层中应取较小值；W 值与 E 值相关，两者的比值 m（$m=E/W$，称周边炮眼密集系数，隧道中称相对距离）一般为 0.8~1.0，软岩时取小值，硬岩和断面大时取大值。

（2）合理选择装药参数。根据经验，周边眼的装药量约为普通装药量的 1/3~2/3，并采用小直径药卷，低密度、低爆速炸药。装药结构采用不耦合装药或空气柱装药。小直径药卷在孔中可连续装填，也可用导爆索连接、分段装药。

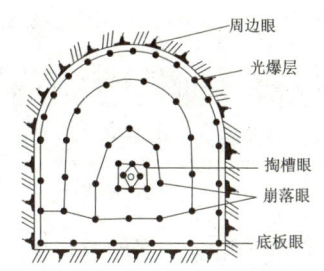

图 4-9 硬岩隧道光爆层布置

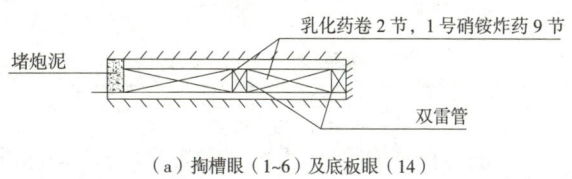

（a）掏槽眼（1~6）及底板眼（14）

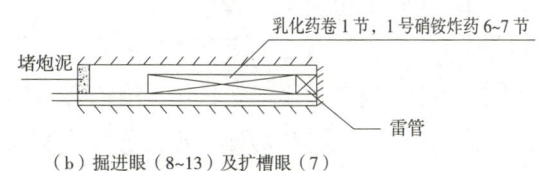

（b）掘进眼（8~13）及扩槽眼（7）

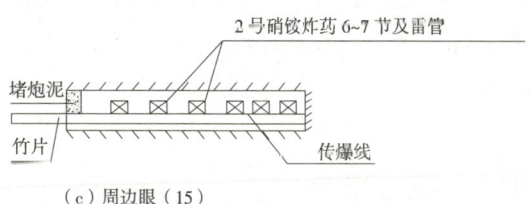

（c）周边眼（15）

图 4-10 光面爆破装药结构

注：图中，括号中的数字为起爆毫秒雷管段别

（3）精心实施钻爆作业。炮眼应相互平行且垂直于工作面，眼底要落在同一平面，开孔位置准确，都落在设计掘进断面轮廓线上。炮眼偏斜角度不要超过 5°；内圈眼与周边眼应采用相同的斜率钻眼。

（4）采取一些特殊的措施和新技术，如切槽法、缝管法、聚能药包法等。

全断面一次爆破时，应按起爆顺序分别装入间隔为 25ms 以上的毫秒延期电雷管。大断面隧道采用分次开挖时，可采用预留光面层的方法，分次爆破。

合理的光面爆破参数应由现场试验确定，设计时可参照表 4-5 选用。

岩石类别	爆破方式	眼距 E（mm）	抵抗线 W（mm）	炮眼密集系数 E/W	装药密度（kg/m）
硬岩	全断面一次爆破	550~650	600~800	0.8~1.0	0.3~0.35
	预留光爆层	600~700	700~800	0.7~1.0	0.2~0.3
中硬岩	全断面一次爆破	450~600	600~750	0.8~1.0	0.2~0.3
	预留光爆层	450~500	500~600	0.8~1.0	0.1~0.15
软岩	全断面一次爆破	350~450	450~550	0.8~1.0	0.07~0.12
	预留光爆层	450~500	500~600	0.7~0.9	0.07~0.12

光面爆破的质量要求，一般应达到三条标准：岩石上留下具有均匀（半孔）眼痕的周边眼数应不少于周边眼总数的 50%；超挖尺寸不得大于 15cm，欠挖不得超过质量标准规定；岩石上不应有明显的炮震裂缝。

隧道施工规范的规定是：（半孔）眼痕保存率，软岩中要不小于 50%，中硬岩中要不小于 70%，硬岩中要不小于 80%；局部欠挖量小于 5cm，最大线性超挖量（最大超挖处到爆破设计开挖轮廓切线的垂直距离）在硬岩中要不大于 20cm，其他不大于 25cm；两炮衔接台阶的最大尺寸为 15cm；爆破块度应与所采用的装岩机相适应，以便于装岩。

4.3.1 光面爆破参数的确定

（1）不耦合系数

不耦合系数是指炮孔直径和药卷直径之比。

不耦合系数选取的原则是使作用在孔壁上的压力低于岩石的抗压强度，而高于抗拉强度。

（2）光爆层的炮眼间距

合适的间距应使炮眼间形成贯穿裂缝。

（3）炮孔密集系数和最小抵抗线

炮孔密集系数 m 为孔距与最小抵抗线的比值，$m=R/W$，其中，R 为炮眼间距；W 为最小抵抗线。

光面爆破炮眼的最小抵抗线是指周边眼至邻近崩落眼的垂直距离，或称光爆层厚度。合理的最小抵抗线与 m 相关。实践中，多取 $m=0.8$~1.0，此时光爆效果最好。所以，合适的最小抵抗线为眼距的 1~1.25 倍。

4.3.2 地下工程光面爆破关键技术

（1）光面爆破时，周边孔要同时起爆；

（2）不耦合系数为 2~5；

（3）周边孔密集系数为 0.8~1；

（4）炮孔间距为其直径的 10~20 倍，空孔与装药孔间的距离为 40cm 以内；

（5）光面层厚度为 40~100cm，岩石坚硬要薄；

（6）采用超前导坑或导洞，最后单独起爆光面层，药少，效果佳；

（7）周边孔要向外偏斜 3°~5°，使眼底落在轮廓外约 10cm 处。

4.4 洞渣装运

洞渣装运是隧道掘进中比较繁重的工作，一般约占掘进循环工作量的 35%~50%，个别可达 70% 以上，在一定条件下会成为影响掘进速度的重要因素。因此，提高装渣调车和运输机械化水平，是快速掘进的主要措施。

4.4.1 装渣

装渣是指把爆破开挖的岩石装入车辆。装渣方式有人力和机械装岩两种。机械装岩速度快，效率高，是目前主要的装渣方式。装渣机的选择与隧道断面的大小、施工速度快慢要求、转载和运输设备供应、操作维修水平以及机械化配套要求等因素有关。所选装渣机的类型和能力必须要与其他设备配套合理，以充分发挥装渣机的单机能力和设备的综合能力，并能保证施工安全，获得合理的技术经济指标。在大型机械化配套施工及快速掘进时，宜选用大容积铲斗装渣机配以大型斗车装渣或选用爪式连续式装渣机配以胶带转载机的转载式装渣，转载机可一次连续装满数个斗车，节省大量调车时间。

装渣机械种类繁多，按行车方式分有胶轮式、轨轮式、履带式以及履带与轨道兼有式；按取岩构件名称分有铲斗式、蟹爪式、立爪式等；按驱动方式分有液压式、电动式、风动式、内燃式；按卸岩方向分有后卸式、前卸式、侧卸式等。

胶轮式装渣机移动灵活，工作范围不受限制，在大断面导坑及全断面隧道的施工中，采用无轨运输时，可使用大型胶轮式铲车装岩；履带行走的大型电铲则适用于特大断面的隧道中；轨轮式装渣机须铺设行走轨道，因而其工作范围受到限制，一般只适用于断面较小的隧道中，为了改进其缺点，有的轨轮式能转动一定角度，以增加其工作宽度，必要时可采用增铺轨道来满足更大的工作宽度要求。

4.4.2 运输

地下工程施工运输的主要任务是运送石渣和材料，运输方式分为无轨运输和有轨运输两种。有轨运输和无轨运输各有利弊，施工时应根据开挖方法、隧道长度、机具设备、运量大小等具体情况确定。城市地下空间工程多为无轨运输，铁路、公路交通隧道则两者都有使用。一般认为，长大单线隧道宜用有轨运输。选择运输方式时要满足运输能力大于开挖能力，调车容易、便捷，有效时间利用率高，作业环境良好等条件。

（1）有轨运输

有轨运输需铺设轨道，用轨道式运输车出渣和进料。有轨运输既适用于大断面开挖的工程，也适用于小断面开挖的工程，是一种适应性较强且较为经济的运输方式。有轨运输多采用内燃机车、电瓶车或架线式电机车牵引，运输距离较短或无牵引机械时也可使用人力推车运输。内燃机车牵引能力较大，但存在噪声和污染问题，需加强洞内通风；电瓶车牵引虽无废气污染，但电瓶需充电且能量有限，必要时应增加电瓶车台数。

运输车辆按形式分有窄轨矿车、梭式矿车、斗车、平板车等。斗车结构简单，适应性强，使用方便，是较经济的运输方式；梭式矿车既是一种大容积矿车（6~40m^3），又是一种转载设备，是适合于隧道施工中采用的大型运输设备。

（2）无轨运输

无轨运输采用各种无轨运输车或者皮带输送机出渣和进料。隧道施工基本上采用车辆运输，无轨车辆运输设备主要有自卸汽车和手推车等。无轨运输在近十几年内得到了较多应用，如我国的厦门翔安海底隧道等。无轨运输不需铺设轨道，比有轨运输施工速度快，劳动强度比有轨运输低，对洞口场地要求不高，对远距离弃岩渣、洞外上坡、场地狭窄等困难地形的适应性强；但其最大缺点是由于运输车辆排放的废气多，洞内空气污染严重，通风费用大，尤其在单线长距离施工时，增加了通风难度，且如果施工组织不合理，易产生运岩渣车与衬砌混凝土车相互干扰。因此，无轨运输时必须长隧短打，加强通风，要多开工作面，缩短独头通风距离（不宜超过2km），也可增设通风井，以解决通风问题。掘进与衬砌要拉开距离并合理组织，洞内各种管线应尽量在拱顶及侧帮布置，以减少对车辆的干扰。

4.4.3 调车

机械装岩和有轨运输时，选用合理的调车设施和方法对提高施工速度有很大作用。良好的调车应使装岩机不间断地连续工作。在有轨运输中，调车方法有移车器式、固定调车场式和浮放道岔式等，施工中应根据具体情况选用。

（1）移车器式调车

移车器式调车是在距工作面 10~20m 处安设调车器，将空车平移至装载线路上进行装车的方法，有平移式、翻框式、吊车式等几种。

（2）固定调车场式调车

在单线隧道中每隔一定距离铺设一个错车场（一段双轨），以存放空车。

（3）浮放道岔式调车

浮放道岔式调车即利用搭设在原线路上的一组完整的道岔进行调车。浮放道岔结构简单、移动方便，调车距离可按需要及时调整。常用的浮放道岔有钢板对称式、双轨错车场式等。

4.4.4 渣石转载

为了减少调车时间，提高装载机的工时利用率，将装岩与运输工作组织优化为由装载机→转载机→运渣车三个过程组成的作业线，即装载机将岩石装入专用转载机，再由转载机将岩石装入运渣车。这一作业线与错车场相比，它可以将装载机的工时利用率由 30%~40% 提高到 60%~70%。

转载设备有胶带转载机和斗式转载机两种。其中，胶带转载机（图 4-11）采用较多。

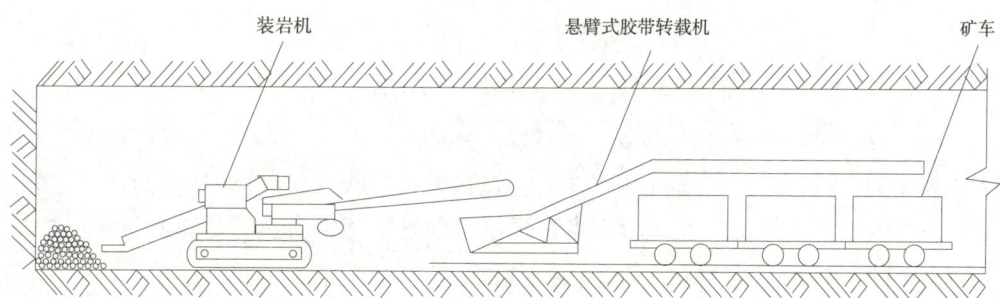

图 4-11 胶带转载机转载示意图

4.5 施工作业方式

隧道施工要达到优质、高效、快速、低耗和安全的要求，除合理选择施工方法、施工技术及施工装备外，正确选择施工作业方式、采用科学的施工组织和先进的管理方法，也十分重要。

4.5.1 施工作业方法

隧道施工作业有两种方法，即一次成洞施工法和分次成洞施工法。

1. 一次成洞施工法

一次成洞施工法就是把隧道施工中的掘进、永久支护、水沟掘砌三个分部工程（有条件的还应加上永久轨道的铺设和各种管路线路的安装）视为一个整体，将其有机地联系起来，按照设计和质量标准要求，在一定距离内前后连贯、互相配合，最大限度地同时施工，一次施作成隧道而不留收尾工程。

在一次成洞施工中，掘进和支护是两项主要工序，它们之间的关系主要和所穿过的岩层性质有关。当穿过的岩层是坚固、稳定、整体性强的花岗岩、砂岩、石灰岩等时，掘进工作量大，支护工作相对比较简单，在这种情况下，就要注意加强掘进工作；若穿过的岩层松软、破碎、压力大，这时掘进工作较易，而支护工作比较困难，就要突出地加强支护工作，以确保成洞速度和掘、砌之间的合理间距。

一次成洞的主要优点为：

（1）成洞速度快。全断面一次掘进，可以大大简化施工工序，同时施工空间较大，为施工机械化创造了条件。如采用掘、支平行作业，还可以在隧道的各个区段内安排多工种、多工序的平行交叉作业，充分利用隧道空间，加快施工速度。此外，采用一次成洞施工还可减少收尾工程，缩短施工工期。

（2）施工作业较安全，并有利于提高工程质量。随着全断面一次掘进，立即架设临时支架，随后不久即进行永久支护，围岩暴露时间短，可以减少围岩的风化、变形和破碎，所以施工作业比较安全，又便于管理，施工质量容易得到保证。如采用锚喷支护，由于施工及时，安全作业更有保证。

（3）节约材料，降低工程成本。一次成洞施工要求架设临时支架的距离短，可以采用金属支架来代替木支架，以节约大量木材。同时，金属支架除可多次反复使用外，也可能实现标准化，这样架设工效也能提高。总之，由于成洞速度和工效的提高、材料消耗的降低，必将导致隧道施工成本的降低；永久支护若采用锚喷支护，其效果就更为显著。

2. 分次成洞施工法

分次成洞施工法是先掘进出隧道断面并暂时用临时支护进行维护，待按照施工安排掘进一段距离后或整条隧道掘进完成再进行永久支护和水沟掘砌及管路线路的安装。分次成洞的缺点是成洞速度慢、施工不安全、收尾工程多、材料消耗大和工程成本高。因此，在隧道施工过程中除特殊情况外，一般都不采取分次成洞施工方式。在实际施工中，通风隧道急需贯通，可以采用分次成洞法，先用小断面贯通以解决通风问题，过一段时间以后再刷大断面并进行永久支护。在长距离贯通隧道施工时，为了防止测量误差造成隧道贯通出现偏差，在贯通点附近也可以先用小断面贯通，纠正偏差后再进行永久支护。

4.5.2 一次成洞施工作业方式

根据掘进和永久支护两大工序在时间和空间上的相互关系，一次成洞施工法又可分为掘进和永久支护平行作业、掘进和永久支护顺序作业（也称单行作业）和掘进和永久支护交替作业。

1. 掘进和永久支护平行作业

掘进和永久支护平行作业是指永久支护在掘进掌子面之后保持一定距离与掘进同时进行。掘支平行作业方式的施工难易程度主要取决于永久支护的类型。

（1）如果永久支护采用金属拱形支架，则工艺过程较为简单。永久支护随掘进工作而架设，在爆破之后对支架进行整理和加固。

（2）如果永久支护采用石材整体衬砌支护，掘进和衬砌之间就必须保持适当距离，才不会造成两工序的互相干扰和影响，同时也可以防止爆破崩坏砌体。为保证掘进施工安全，在这段距离可采用锚喷或金属拱形支架作为临时支护。

（3）如果永久支护为单一喷射混凝土支护时，喷射工作可紧跟掘进掌子面进行。先喷一层 30~50mm 厚的混凝土作为临时支护控制围岩。随着掘进掌子面推进，在距掌子面一定距离再进行二次补喷，与掌子面掘进同时进行，补喷至设计厚度为止。

（4）如果永久支护采用锚杆喷射混凝土联合支护，则锚杆可紧跟掘进工作面安设，喷射混凝土工作可在距工作面一定距离处进行。如顶板围岩不太稳定，可以在爆破后立即喷射一层 30~50mm 厚的混凝土封顶护帮，然后再打锚杆，最好喷射混凝土与掌子面掘进平行作业，直至达到设计喷射混凝土厚度要求为止。

掘支平行作业时，由于永久支护不单独占用时间，施工设备利用率高，因而可以降低工程成本、提高成洞速度。但这种作业方式需要同时投入的人力、物力较多，组织工作比较复杂。因此，一般适用于围岩比较稳定、掘进断面面积大于 $8m^2$ 的隧道，以免造成掘支工作互相干扰从而影响成洞速度。

2. 掘进和永久支护顺序作业

掘进和永久支护顺序作业是指掘进和永久支护两大工序在时间上按先后顺序施工，即先将隧道掘进一段距离后停止掘进，然后进行永久支护工作。当围岩稳定时，掘进与永久支护之间的间距一般宜为 20~100m，最大距离不宜超过 100m，当围岩不稳定时，应采用短段掘支顺序作业，每段掘支间距宜为 1~3m，并尽量使永久支护紧跟掌子面掘进。

当采用锚喷永久支护时，通常有两种方式，即两掘一锚喷和三掘一锚喷。两掘一锚喷是指采用"三八"工作制，两班掘进一班锚喷；三掘一锚喷是指采用"四六"工作制，三班掘进一班锚喷。掘进班掘进时先打一部分护顶帮锚杆，以保证掘进安全；锚喷班则按设计要求补齐锚杆并喷到设计厚度。采用这种作业方式时，要根据围岩稳定性决定掘进和锚喷之间的距离。

掘支顺序作业的特点是掘进和支护轮流进行并可以由一个施工队完成。因此，所需的劳动力和同时投入运行的设备都比较少，施工组织比较简单。但该作业方式要求工人既会掘进又会锚喷或砌碹，故对工人的技术水平要求较高。与掘支平行作业相比，这种作业方式成洞速度一般较慢，但是可以节约临时支护工作，适用于掘进断面较小、隧道围岩不太稳定的情况。

3. 掘进和永久支护交替作业

掘进和永久支护交替作业是指在两条或两条以上距离较近的隧道中由一个施工队分别交替进行掘进和永久支护工作，即将一个掘进队分成掘进和永久支护两个作业小组，掘进组在甲工作面掘进时支护组在乙工作面进行永久支护，当甲工作面转为支护时乙工作面同时转为掘进，掘进和永久支护轮流交替进行。这样，对于每条隧道来说掘进和永久支护是顺序进行的，但对于相邻两条隧道来说掘进和永久支护则是轮流、交替进行的。这种作业方式实质上是在甲、乙两个工作面分别进行掘支单行作业而人员交替轮流。因此，它集中了掘支顺序（单行）作业和平行作业的特点。

这种交替作业方式工人按工种分工，掘支在不同的隧道内进行，避免了掘进和永久支护工作的互相影响，有利于提高工人操作能力和技术水平，提高机器设备的使用效率，但占用设备多、人员分散、不易管理，必须经常平衡各工作面的工作量，以免因工作量的不均衡而造成窝工。

上述三种作业方式中，以掘支平行作业的施工速度最快，但由于工序间干扰多而效率低，费用也较高。

掘支顺序作业和掘支交替作业的施工速度比平行作业低，但人工效率高，掘支工序互不干扰。对于围岩稳定性较差、管理水平不高的施工队伍，宜采用掘支顺序作业，条件允许时亦可采用掘支交替作业。在实际工作中，应详细了解施工的具体情况，如隧道断面形状及尺寸、支护材料及结构、隧道穿过岩层的地质及水文条件、施工的速度要求和技术装备、工人的技术水平等，随时进行比较和综合分析，从而选择出合理的施工作业方式。

4.5.3 隧道施工循环方式与循环图表

在隧道施工中，各个工序都是按照一定顺序周而复始地进行，如钻眼、装药、爆破、通风、装岩、运输和支护等。这些工序每完成一次，即完成一个循环，就可使掌子面推进一段距离，故称之为循环作业。完成一个掘进循环所需的时间称为掘进循环时间。在掘进施工中，每个循环作业使隧道向前推进的距离称为循环进尺。

为组织循环作业，使全体施工人员有章可循、一环扣一环有序地进行工作，在施工时要将掘进循环中各工序的持续时间、先后顺序和相互之间的衔接关系用图表的形式表示出来，该图表则称为循环图表。

隧道施工包括正规循环作业和多工序平行交叉作业等循环方式。

1. 正规循环作业

正规循环作业是指在隧道掘进工作面施工中，在规定时间内以一定人力、物力和技术装备，能按照作业规程、爆破图表和循环图表的规定，完成全部工序和工作量，取得预期的掘进进度并保证生产周而复始地有序进行的作业方式。

2. 多工序平行交叉作业

所谓多工序平行交叉作业是指在同一掌子面、同一循环时间内，凡是能同时施工的工序都尽量安排同时进行（平行作业），不能同时施工的工序安排部分同时进行（交叉作业）的作业方式。

在多工序平行交叉作业中，首先要最大限度地使占用循环时间最多的钻眼、装岩和永久支护等主要工序实行平行作业，其次还应尽量使除放炮和排烟外的其他工序与主要工序平行交叉作业，如交接班与掌子面安全质量检查平行作业，凿岩、装岩与永久支护可以部分平行作业等。

平行作业也需因地制宜。随着大型高效掘进设备的应用，掘进机械化水平不断提高，顺序作业的工作单一、工作条件好的优越性将得以体现，如采用凿岩台车配备高效率装运设备，钻眼和装岩的时间将大幅度减少，平行作业的意义已经不大；由于设备体积大、受隧道空间限制，钻眼与装岩也不可能平行作业。

平行作业将使工序之间的干扰增多而影响效率，安全问题也相应较多。因此，目前在硬岩隧道施工中，多工序平行交叉作业一般只在工程速度要求较高且装备机械化水平较低时采用。

3. 循环图表的编制

为指导隧道施工、确保正规循环作业实现，必须编制切实可行的循环图表。一般而言，循环图表的编制大体有以下四个步骤。

（1）合理选择施工作业方式和循环方式。首先根据地质条件、施工任务、技术装备、施工技术水平以及隧道的设计断面形状和尺寸等选择并确定合理、可行的作业方式。隧道掘进的循环方式，根据具体条件可以采用每班完成一个循环（单循环）或两个以上循环（多循环）的方式。每个小班完成的循环次数应是整数，即一个循环尽量不要跨班（日）完成，否则不便于工序之间的衔接，施工管理比较困难，也不利于实现正规循环作业；如果求得小班的循环次数为非整数时，应调整为整数。对于断面大、地质条件差的隧道，也可以实行一日一个循环的循环方式。

（2）确定循环进尺。循环进尺主要取决于炮眼深度和爆破效率。

（3）确定和计算各工序作业时间。一次循环作业所需的时间包括：安全检查和准备工作时间，即交接班的时间，一般为 10~20min；装岩时间，与掘进断面大小、装岩机的总生产能力有关；钻眼时间，与炮眼深度、钻眼设备的台数和钻眼速度有关；装药连线时间，与炮眼数目和同时参加装药连线的工人组数有关；放炮通风时间，一般为 15~30min；支护时间应包括临时支护或永久支护时间。

在实际工作中，为了防止发生难以预见的情况从而造成工序延长，宜考虑留有10% 备用时间。

（4）编制循环图表。根据确定的各工序时间、作业方式和循环方式编制循环图表。循环图表的格式如图 4-12 所示。编制好的循环图表需在实践中进一步修改，使之不断改进、完善并真正起到指导施工的作用。

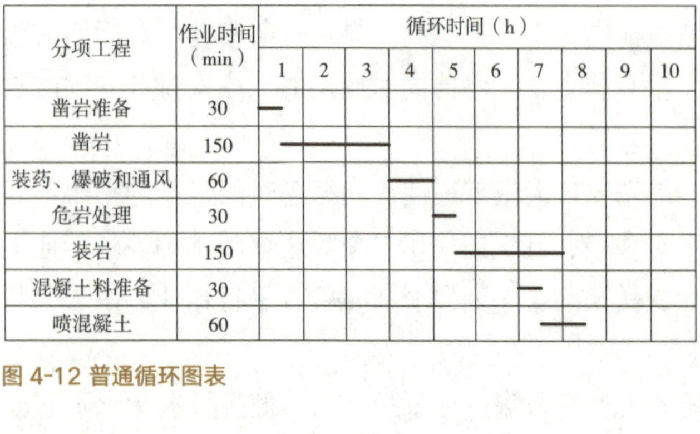

分项工程	作业时间（min）	循环时间（h）									
		1	2	3	4	5	6	7	8	9	10
凿岩准备	30	▬									
凿岩	150		▬								
装药、爆破和通风	60				▬						
危岩处理	30					▬					
装岩	150						▬				
混凝土料准备	30							▬			
喷混凝土	60								▬		

图 4-12 普通循环图表

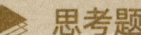 **思考题**

4-1 简述硬岩隧道的开挖方法及其特点或原则。

4-2 简述硬岩隧道常见的掏槽方式及其适用范围。

4-3 硬岩隧道炮眼布置的方法和原则是什么？

4-4 简述硬岩隧道开挖的爆破参数如何选择和计算。

4-5 简述硬岩隧道开挖的爆破前装药及填塞应注意的事项。

4-6 简述地下工程光面爆破参数如何确定及光面爆破的关键技术。

4-7 简述光面爆破技术应重视哪些炮眼的钻爆及相应的关键技术。

4-8 什么叫一次成洞？具体有哪几种作业方式？

4-9 什么叫正规循环？如何编制循环图表？

第 5 章

竖井井筒施工

本章知识点

【主要内容】竖井施工的基本工艺，井口施工、井身施工方法，竖井凿岩
　　　　　　爆破、装岩与提升。

【基本要求】熟悉竖井井口与井身施工方法选择、竖井施工的基本工艺、
　　　　　　井身施工的基本施工方案，掌握竖井掏槽爆破技术、竖井装
　　　　　　岩与提升的工作原理。

【重　　点】竖井井口与井身施工方法选择、钻眼爆破作业、装岩与提升。

【难　　点】竖井施工的基本工艺、井身施工的基本施工方案、竖井掏槽爆
　　　　　　破的主要技术。

5.1 概述

竖井是指垂直或近似垂直于地面、满足一定需要且洞壁直立的井状管道，是地下工程中的常见工程。山岭隧道、城市地铁、水电工程等都离不开竖井的使用和施工。竖井井筒的特点是深度大、断面面积大、水文地质条件复杂；相对于平洞而言，施工难度大，施工技术复杂，施工工期长。

在地下工程中，竖井施工方法可分为自上而下的正向施作法和自下而上的反向施作法。一般地，正向施作时，竖井是由上向下开挖的，如从地表开始开挖，则首先要进行表土层施工，而由于表土层往往松软、破碎且容易风化，所以开挖后首先要采取必要的支护措施，以防垮塌，这种井口的支护称为锁口。随着开挖深度的加大，要通过提升的方式，不断运出工作面的碎渣，并根据设计要求采取相应的支护措施。反向施作时，爆破后则利用岩渣自重抛离工作面。

5.1.1 竖井井筒的类型

竖井根据用途的不同，一般可分为：

（1）在隧道工程和城市地下工程中，一般分为运营需要的通风井、为安装隧道施工设备的工作井、为加快施工速度而开凿的措施井（属于辅助坑道）以及地铁车站竖井等。

（2）水利水电工程的管道井、水电引水系统中的调压井或闸门井等。

另外，还有国防工程的发射井等。

竖井按深度划分，可分为浅井、中深井、深井和超深井等。对于深度划分的名称和界限，目前没有具体的统一规定。

5.1.2 竖井施工的基本工艺

在竖井井筒掘进之前，需先在井口安装凿井井架，凿井井架是竖井和井内悬吊设备及管路的承载体，需安全承担施工中的全部荷载。然后，在井架上安装天轮平台和卸渣平台。天轮平台在井架上部，主要布置提升天轮和各种悬吊天轮，是凿井井架的重要组成部分，直接承受天轮传来的荷载；卸渣平台通常在井架中部与井架组装在一起，由操作平台、盖门、溜槽和卸渣装置组成。与此同时还要进行井筒锁口施工，安设封口盘、固定盘和吊盘。另外，在井口四周安装凿井提升机、凿井绞车，建造空压机房、通风机房和混凝土搅拌站等辅助生产车间。待一切准备工作完成后，即可进行井筒的正式掘进工作。

竖井是垂直向下掘进的，井下施工人员只能在断面有限的工作面上进行作业，为掘进工作服务的大量设备、管路等都要吊挂在井筒断面内，且需随工作面的不断推进而下放或接长。

在竖井施工时，一般将井筒全深划分若干段，逐段进行。其普通法施工的一般顺序为：自上而下掘进，当井筒掘够一定深度（一个段高）后，再由下向上砌壁，掘进与砌壁交替进行。每一段高内的工艺顺序是先打眼放炮，再装岩出渣，最后进行砌壁。

根据掘砌作业方式的不同，拆模、立模、浇筑混凝土等砌壁工作可在掘进工作面或吊盘上进行。混凝土在地面井口搅拌站配制，经混凝土输送管或底卸式吊桶送至砌壁作业地点；当该段井筒砌好后，再转入下段井筒的掘进作业，依此循环直至井筒最终深度。

竖井在进行施工前，必须根据井筒水文地质条件、工程条件和施工条件选择合理的作业方式和机械化配套方案，当井筒所穿过的岩土层水文地质条件较好，未有松软、涌水量大的不稳定厚表土层和流砂层，一般都采用普通方法施工。按井筒所穿过的岩土层性质，可分为表土施工和基岩施工两大部分。

5.2 井口施工

对于正向施工的竖井，一般井口分为基岩层和表土层两类。基岩层比较稳定，开挖比较容易；表土层地质条件比较复杂、稳定性较差，开挖施工比较困难。

竖井施工首先要通过表土层。一般将覆盖于基岩之上的土层和岩石风化带统称为表土层。由于表土层土质松软、稳定性差，且可能发生涌水现象，又因接近地表，还得直接承受井口结构物的荷载，施工比较复杂。要安全、快速地通过表土层，必须根据土层性质合理确定施工方法，以及确定相应的施工设备和设施。

在井口施工前首先要标定井筒中心。因开挖后井筒中心成为虚点，所以要在井边四周设立十字线确定中心点。

井口向下开挖 2~4m 深开始井颈锁口，即加固井壁，防止下塌，并在井口用型钢或木梁搭成井字形，铺上木板，作为提升和运输场所。

井口段开挖常用简易的提升方法，如简易三脚架提升和由两个柱状结构拼装而成龙门架吊起，也可使用移动方便的汽车起重提升。

合理选择表土施工的提升方式，在技术上应考虑井筒断面、深度、掘砌方式、吊桶容积和操作方便等因素；在经济上应考虑设备投资和动力消耗的影响。在表土施工中，一般应采用标准凿井井架及有关设备进行提升。但有时因为表土的抗压强度低，考虑到施工中可能出现地面沉陷，以及凿井井架等设备一时运不到现场而又要争取时间，可先采用简易提升方式（如汽车起重机提升），然后再改用标准井架提升方式。在采用简易临时提升方式时，一定要进行提升能力的安全校核。一般临时提升设备的提升能力小、施工速度慢、安全性也差，应制定严格的施工管理措施。

表土施工的主要提升方法有：标准凿井井架和凿井专用设备提升、永久井架（塔）及永久提升设备提升、汽车起重机提升、简易龙门架提升、矩形框架式井架提升、帐幕式井架提升。

5.2.1 锁口砌筑

井口施工的基本程序是先砌筑锁口，而后安装提升设备，然后开始井口段井筒掘砌。根据锁口的使用期限，分临时锁口和永久锁口两类。临时锁口由井颈上部的临时井壁（锁口圈）和井口临时封口框架所组成，它在后期砌筑永久井壁时还要拆除，故常用砖石或砌块砌筑而成，大型井筒多用混凝土构筑；永久锁口是指井颈上部的永久井壁和井口临时封口框架。临时锁口在井筒向下开挖 2~3m 后开始安设；而永久锁口要视井筒设计而定。

临时锁口的结构形式、构筑材料和断面，应根据井口大小、形状、表层岩土特性等因素来确定，但必须确保井口稳定、封闭严密和井下作业安全。

临时锁口的标高应根据永久锁口设计，尽量与永久井口标高一致，以防洪水进入井内。锁口应尽量避开雨期施工，为防止地表水进入井内，除要求锁口圈能防水封闭外，可在井口周围砌筑排水沟或挡水墙。锁口框架的位置，应避开井内测量中线、边线位置。锁口梁下面采用方木或砖石铺垫时，其铺设面积应根据表土抗压强度确定。

5.2.2 表土掘砌方法

依据表土层的性质选择表土的施工方法。对于稳定土层，均可采用临时支护的普通施工法；当采用短段掘砌时，可用吊挂井壁法；埋深不超过 20m，厚度为 2m 左右的流砂层或淤泥层，且上、下均有 1.5m 左右的稳定土层，可采用斜板桩施工法；

对含水粗砂、砂砾和卵石层，其深度在 100m 以内或浅部含有较薄的流砂层，都可用钻孔降低水位法或工作面超前小降水井降低水位法进行施工；对于渗透性强、流动性小、水压不大的砂层，或岩石风化带，均可采用吊挂井壁法施工；土层离地面 10~15m 之内，厚度不超过 4~6m，不含有粒径大于 5cm 的砾石时，可用板桩法施工。

（1）井帮围护方法

一般根据表土的性质、地质和水文条件来确定具体的围护方法。在井筒所穿过的土层比较稳定、含水量比较小、井筒挖掘井帮能够自立时，可不专门采取其他围护方法，只要缩小挖掘段高，及时进行衬砌支护即可；否则应采取有关措施保证施工安全：对于稳定性较好的表土层，一般采用井圈背板普通施工法；当土层稳定性较差或局部不稳定时，可选择板桩法、降低水位法、冻结法等。除此之外，在城市地下工程的竖井施工中，还常采用混凝土地下连续墙法、注浆法和水泥搅拌桩法等维护方法。

（2）井筒的挖掘方法

在设置有井盖的竖井，一般采用人工铁铲挖掘和装土；土质较松软时可用抓岩机挖掘和装土；土质较硬时可用风镐挖掘、人工装土。对于城市地下工程中的竖井，深度较小时，可用挖掘机挖掘；深度较大，挖掘困难时需用人工挖掘。

（3）井壁的砌筑方法

表土段一般采用短段掘砌法，竖井井壁从上向下逐段施工。施工时，首先将工作面整平，然后绑扎钢筋，架立模板和浇筑混凝土。对于渗透系数大于 5m/d、流动性小、水压不大于 0.2MPa 的砂层、透水性强的卵石层以及岩石风化带的竖井施工中，当采用素混凝土井壁时，应采用吊挂井壁法施工，即在井壁中专门设置用于吊挂井壁的钢筋，钢筋的下端为圆环，上端为钩子，井壁砌筑时将钢筋的钩子挂到上段井壁预埋的钢筋环上，下端插入刃脚模板下方，然后浇筑混凝土。各分段井壁的自重主要靠上部井壁通过吊挂钢筋来承担。

5.3 竖井井身施工方法

竖井通过表土层后，即在基岩中继续开凿井筒至设计深度。基岩一般采用钻爆法开挖。钻爆法包括以下三项主要作业。

（1）开挖：包括凿岩爆破、通风、临时支护、装岩和提升岩渣等作业。

（2）永久支护：包括架设木材支架或砌筑石材、混凝土支架（又称混凝土井壁）及喷射混凝土井壁等。

（3）安装：包括安装井筒永久设备，如罐梁、罐道、梯子及管缆等格间。

为了便于施工和保证作业安全，一般把竖井井筒全深划分为若干井段。根据上述三项主要作业在井筒施工顺序的不同，可分为下列五种施工方案：一次成井、单行作业、平行作业、反井刷大及短段掘砌。

5.3.1 一次成井

一次成井是掘进、砌壁和安装等三项作业分别在不同的井段内顺序或平行进行。其施工方案分为以下三种情况。

（1）掘、砌、安顺序作业一次成井

施工方案为：在每个段高内利用双层吊盘顺序完成掘进、砌壁和安装工作，即在每个井段内先掘壁、后砌壁、再安装，然后按此顺序进行下一个井段。已安装的最后一层罐梁距掘进工作面的距离一般为 30~60m。掘、砌、安顺序作业一次成井可缩短井筒转入平洞掘进时井筒的改装时间。

（2）掘砌、掘安平行作业一次成井

施工方案为：先在下一个井段内掘进，再在上一个井段内由下向上砌壁；由于砌筑一个井段比掘进一个井段快，则可利用砌壁完成一个井段后，再利用下一个井段的掘进尚未完成的时间在上一个井段内进行井筒的安装工作，如图 5-1 所示。

永久设备供应及时并符合平行作业时，可以采用此法。

（3）短段平行作业一次成井

施工方案为：在短段掘砌平行作业的同时，在双层吊盘的上层盘上进行井筒安装工作。

5.3.2 单行作业

施工方案：将施工的井筒分成若干个井段，每个井段先由上而下挖掘岩石，然后由下而上砌筑永久井壁；当此井段掘砌完成后，再按上述顺序掘砌下一个井段，依次循环进行直至井底；最后再进行井筒装备的安装，如图 5-2 所示。

单行作业所用的设备少，工作组织简单，较为安全。但是，掘砌作业是顺序进行的，将延迟整个井筒的开凿

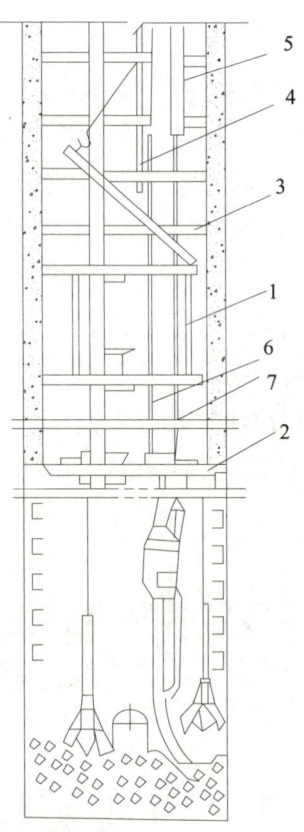

图 5-1 掘砌、掘安平行作业一次成井示意图
1- 吊盘；2- 稳绳盘；3- 罐梁；4- 罐道；5- 永久排水管；6- 临时压风管；7- 临时排水管

速度。在井筒深度 200m 内及地层较稳定、井筒断面较小、砌壁速度很快和凿井设备不足的情况下，采用单行作业是合适的。

5.3.3 平行作业

施工方案为：挖掘岩石与砌壁在两个相邻的井段中同时进行；在下一个井段由上向下挖掘岩石，而在上一个井段中，则在吊盘上由下而上砌筑永久井壁；井筒装备的安装工作是在整个井筒掘砌全部完成后进行，如图 5-3 所示。平行作业每段段长宜为 20~50m。

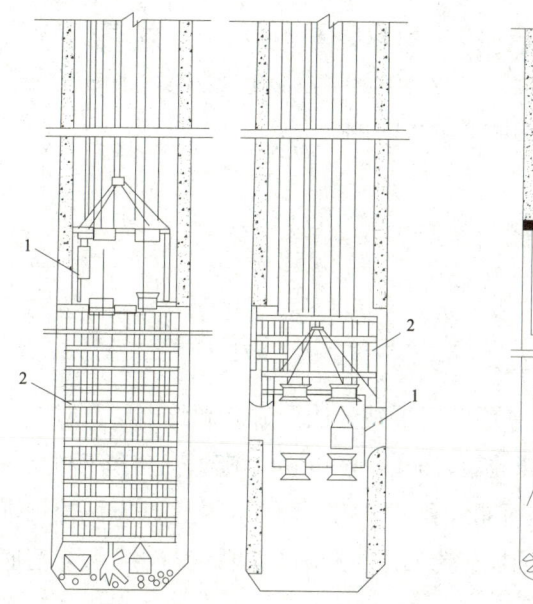

图 5-2 掘砌单行作业示意图
1- 双层掘进吊盘；2- 临时支护井圈

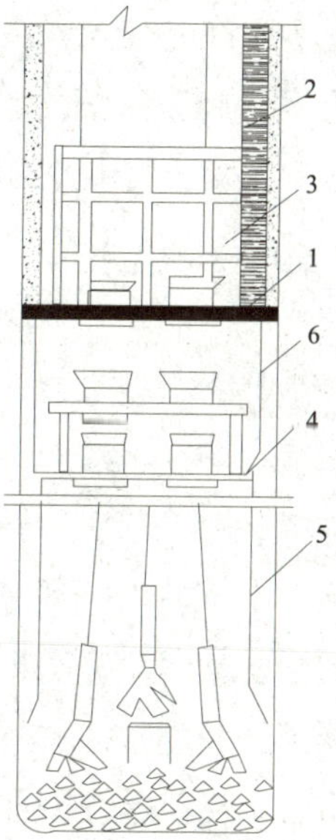

图 5-3 掘砌平行作业示意图
1- 砌井托盘；2- 活节溜子；3- 门扉式模板；4- 掩护筒吊盘；5、6- 上、下部掩护筒

一般地，平行作业的成井速度较单行作业快，但其使用的掘进装备较多，工作组织复杂，安全性较差。在井筒大于 250m、断面直径大于 5m、围岩较稳定、涌水量较小、掘进设备充足且施工队伍技术熟练的条件下，可以采用此法。

5.3.4 反井刷大

施工方案为：在未来井筒下部已开挖了平洞，或在地形条件合适且能把平洞送到未来井筒下部时，可以由下向上开凿小天井，然后由上向下刷大至设计断面。

采用反井刷大方法凿井，不必采用吊桶提升岩渣，岩石仅从天井中溜下，从平洞中装运；不需排水设备；爆破后通风也较容易。因此，所需设备少，成井速度快，成本低。

天井开挖方法有普通开挖法、钻孔法、深孔爆破法、吊罐法和爬罐法等。

5.3.5 短段掘砌

短段掘砌采用普通模板时，每段段长不宜超过 3~5m；采用移动式金属模板时，段长和模板高度一致，搭设临时脚手架即可进行永久支护。

短段掘砌适用于不允许有较大暴露面积和较长暴露时间的不稳定岩层中。短段掘砌顺序作业施工方案、施工组织简单，井内设备少，适用于断面较小的井筒；而短段掘砌平行作业施工方案适用于井筒断面较大的情况。

5.4 凿岩爆破作业

在竖井的基岩施工中，井筒一般采用钻眼爆破方法穿过坚硬的土层及岩层。钻眼爆破是竖井施工的主要工序，其效果将直接影响施工速度、施工安全和工程质量。

如果竖井是为隧道开挖增加工作面而设置的，则一般都是从上往下开挖掘进。竖井施工工序包括凿岩、装药爆破、通风、清扫吊盘和临时井圈、排水、装岩清底、提升和支护等。

确定竖井凿岩爆破参数可参照第 4 章硬岩隧道钻爆法施工确定凿岩爆破参数方法。本节主要介绍竖井在凿岩爆破方面与硬岩隧道不同的内容。

5.4.1 凿岩

竖井凿岩主要是钻凿垂直向下或倾斜向下的炮眼。凿岩机主要有钻架式、手持式和导轨式等类型。竖井钻孔的直径与硬岩隧道相似，但孔深比硬岩隧道浅，一般小于 2m，设备条件好时，可达 2.5~3m。

竖井掘进时，随着井的加深，凿岩用水的压力会逐渐加大。若用水箱时，水箱可以跟随向井下移动，保持水压在 $3~5\text{kg/cm}^2$ 以内。

5.4.2 竖井掏槽爆破技术

竖井掏槽爆破只有向上或向下单一的自由面。因此，掏槽爆破的夹制作用很大。竖井的掏槽方式和炮孔布置与硬岩隧道类似，常用的掏槽方式有圆锥形掏槽和大直径空眼掏槽，分别如图 5-4 和 5-5 所示。

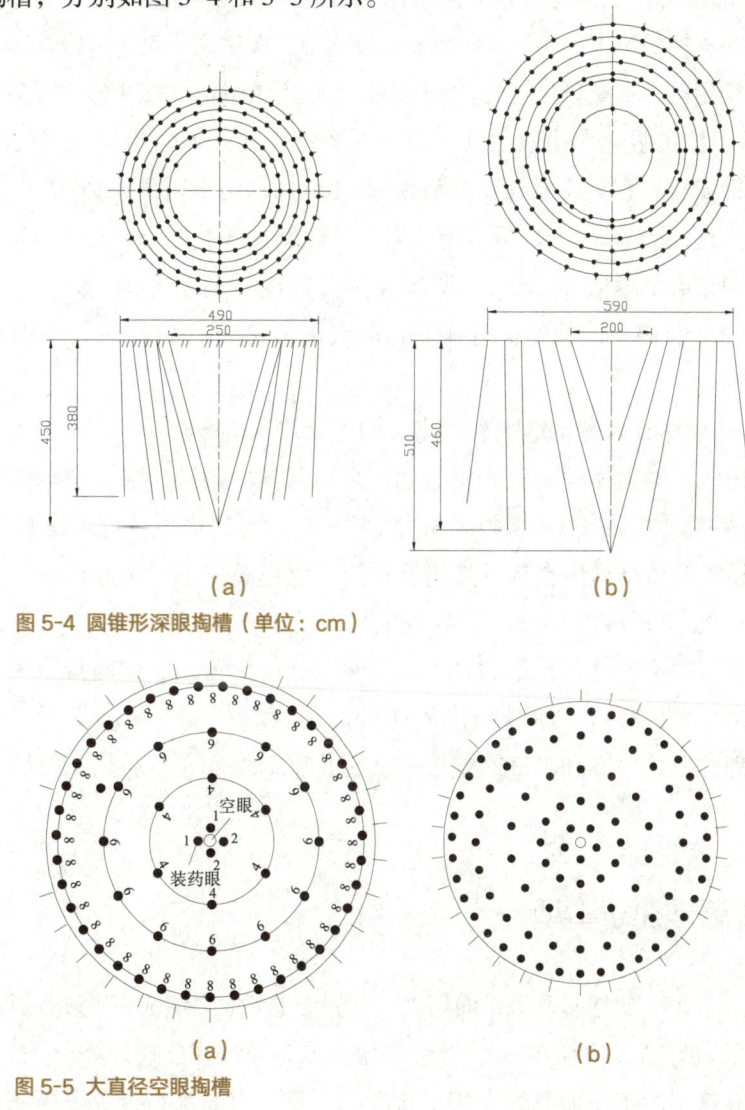

（a）　　　　　　　（b）

图 5-4 圆锥形深眼掏槽（单位：cm）

（a）　　　　　　　（b）

图 5-5 大直径空眼掏槽
注：图中序号为雷管段号

1. 斜眼锥形掏槽

斜眼锥形掏槽眼倾角一般为 70°~80°，比其他眼深 200~300mm，各眼底间的距离不得小于 200mm，各炮眼严禁相交。斜眼掏槽因打斜眼比较困难，且打斜眼会受到井筒断面尺寸的限制，钻眼的质量不易控制，目前在中深孔爆破中已不采用，它适用于岩石坚硬、一般直径的浅眼掏槽。

2. 大直径空（直）眼掏槽

大直径空（直）眼掏槽炮眼布置圈径一般为 1.2~1.8m，眼数为 4~7 个。直眼掏槽是目前应用较多的一种掏槽方式，它打眼直，易实现机械化，岩石抛掷高度也小，如果要改变循环进尺，只需变化眼深，不必重新设计掏槽方式；但它在中硬以上岩层中进行深孔爆破时，往往受岩石的夹制作用明显，难以保证良好效果。

大直径空眼掏槽的施工工序是：将所有爆破炮眼一次钻到井底，然后分 2.4~3.0m 为一层，进行分层爆破，直至竖井完成。装药眼直径宜为 70mm，中空眼直径宜为 90mm。

崩落眼界于掏槽眼和周边眼之间，可多圈布置，其最外圈与周边眼的距离要满足光爆层要求，眼距为 70~120cm，圈距为 60~100cm，炮眼密集系数为 0.8~1。一般布置在井筒轮廓线上，为便于打眼，炮孔略向外倾斜，眼底偏出井帮 5~10cm。

周边眼按照光面爆破要求，一般布置在井筒的设计掘进轮廓线上，眼距为 40~60cm。为便于打眼，眼孔略向外倾斜，眼底偏出轮廓线 5~10cm，爆破后井帮沿纵向略呈锯齿形。

提高竖井掏槽爆破效率（炮眼利用率）的主要技术措施有：

（1）在韧性大的岩体中爆破开挖竖井，采用圆锥形掏槽，第一圈掏槽眼取大开口圈径即达到井筒直径的 1/2，炮眼倾角为 75° ±1°，对提高循环进尺是有效的。

（2）毫秒雷管或高精度秒级延期雷管可以改善爆破效果，正确选择段间隔时差可防止飞石和冲击波的破坏作用，取 1s 左右较合适。

（3）为克服深部的夹制作用力过大，炮眼下部应保证足够的药量集中。加大药包直径，增加底部药量，可以有效地提高炮眼的利用率。

（4）合理控制第 1 圈和第 2 圈炮眼的装药长度，保证充填质量，可以有效地控制爆破飞石。

5.4.3 竖井爆破注意事项

（1）竖井爆破一般要求采用光面爆破，其爆破参数可参照硬岩隧道的爆破参数。但竖井的单耗药量比硬岩隧道略大，可参照定额或有关计算公式计算。

（2）竖井施工时工作面总处在积水状态（不管岩层涌水与否）。因此，竖井爆破要使用抗水炸药，如乳化炸药和水胶炸药。另外，周边孔用的光爆炸药一般不宜用乳化炸药和水胶炸药，可用抗水硝铵炸药，否则对围岩破坏太大，影响光爆效果。

（3）竖井施工中，严禁用导火线和火雷管爆破，应采用导爆管或电雷管起爆，不允许在井下点炮。

（4）竖井爆破施工，井口上面必须有严密的盖板，以免落石掉物伤人，同时也防止爆破飞石；必须设有一定速度的提升设备，以便紧急情况（如涌水）时人员和设备的撤离。

5.5 竖井装岩与提升

竖井装岩与提升方式因竖井开挖方案的不同而异。若采用反井刷大法开挖，施工时省去抓岩提升工序，在水利水电工程中采用，其装岩方法如图5-6所示。

若采用由上向下开挖法，则岩渣就需要抓岩和提升才能运出。

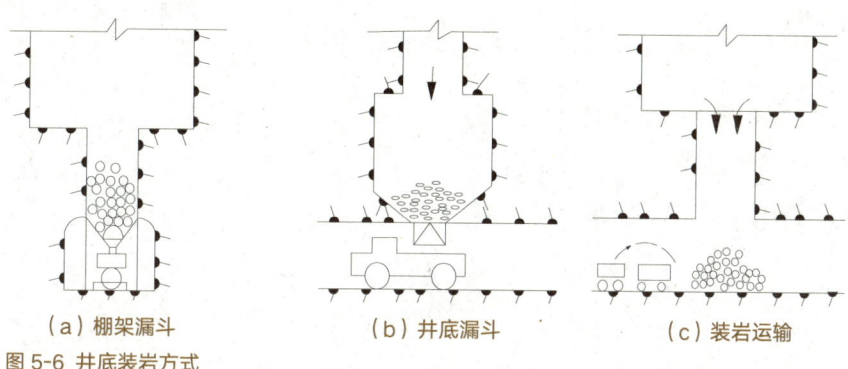

（a）棚架漏斗　　　　　　　（b）井底漏斗　　　　　　　（c）装岩运输

图5-6 井底装岩方式

5.5.1 装岩

装岩是竖井施工过程最繁重、最占工时的工序，对竖井掘进速度有决定性影响。因此，设计时应尽可能采用机械装岩。

抓岩机是一种竖井装岩机械，一般由抓斗、提升、回转和操作等机构组成。其工作原理是通过人工操作，控制抓斗叶片张开与闭合，抓住岩石，提升并回转，将岩石卸到吊桶中。

5.5.2 提升

提升包括提升岩石、运送设备和材料以及升降人员等。

1. 提升方式的选择

提升方式有单钩提升和双钩提升两种。掘进和支护为单行作业时，常用一套单钩提升；两者平行作业时，用双钩提升，其中一套为开挖，另一套为支护。

合理选择施工期提升方式，在技术上考虑井筒断面、深度、掘砌方式、吊桶容积和操作方便等因素，在经济上考虑设备投资和动力消耗的影响。一般认为，在井筒断面较小、深度小于 250m 时，用一套单钩提升较为合理；如果井筒断面较大、深度在 250m 以上，使用双钩较为合理。

2. 提升容器的选择

提升容器常用吊桶，有时也用箕斗。井筒断面面积通常限制了吊桶容积的选择，在井筒断面许可的条件下，要按抓岩机生产率和提升一次的循环时间决定吊桶容积的大小；至于材料吊桶的选择取决于井筒断面的大小和需要运送材料的数量，其容积一般比渣石吊桶小。

3. 钢丝绳和提升机的选择

（1）选择钢丝绳

钢丝绳根据其单位长度重量值选取。

$$P_c = \frac{Q_1 + Q_2}{\dfrac{110\sigma}{m} - H} \tag{5-1}$$

式中　　P_c——钢丝绳单位长度重量（N/m）；

$\quad\quad Q_1$——提升容器及连接装置自重（N）；

$\quad\quad Q_2$——提升容器载重（N）；

$\quad\quad H$——绳悬吊高度（m）；

$\quad\quad \sigma$——钢丝绳的允许抗拉强度（MPa），取 0.152~0.167MPa；

$\quad\quad m$——安全系数，提升人与提升安全梯时采用 9，提升物时采用 6.5，提升吊盘、管路和导向绳时采用 6。

根据 P_c 值选择相应钢丝绳。

（2）选择提升机或卷扬机

选择提升机，首先要确定最大提升力，然后根据提升力确定提升电机功率。

单钩提升卷扬力（最大静张力）：

$$F_{max} = Q_1 + Q_2 + P_c H \tag{5-2}$$

双钩提升卷扬力（最大静张力差）：

$$\Delta F_{max} = Q_2 + P_c H \tag{5-3}$$

式中　　F_{max}——单钩提升卷扬力（N）；

$\quad\quad \Delta F_{max}$——双钩提升卷扬力（N）；

$\quad\quad H$——提升高度（m）；

$\quad Q_1$、Q_2、P_c——与式（5-1）相同。

单钩提升电动机功率：

$$N' = \frac{kF_{max}V_{max}}{102\eta\alpha}\rho \qquad (5-4)$$

双钩提升电动机功率：

$$N'' = \frac{k\Delta F_{max}V_{max}}{102\eta\alpha}\rho \qquad (5-5)$$

式中　N'、N''——单钩和双钩提升电动机功率（kW）；

　　　　k——电机功率备用系数，一般取 1.2；

　　　　η——传动效率，一般取 0.85；

　　　　ρ——动力系数，一般取 1.4；

　　　　α——速度系数，一般取 1.2；

　　　　V_{max}——最大提升速度（m/s），如表 5-1 所示；

　　F_{max}、ΔF_{max}——与式（5-2）和式（5-3）相同。

竖井最大提升速度（m/s）　　　　　　表 5-1

竖井深度（m）	罐笼的最大提升速度（m/s）	吊桶的最大提升速度（m/s）	备注
<40	2	0.75	无导向装置
40~100	3	1.50	沿导向装置
>100	6	3.0	沿导向装置

箕斗提升速度按 $V_{max}<2.0$m/s 计。

根据式（5-4）和式（5-5）计算的 N' 或 N'' 及其相应的 F_{max} 或 ΔF_{max}、V_{max} 选用卷扬机。一般选用电动卷扬机。

当井深小于 30m 施工时，采用简易的提升方式；而深井施工时，其提升应使用型钢井架或混凝土结构井架。

 思考题

5-1 简述竖井施工的基本工艺。

5-2 简述表土井口的主要掘筑方法。

5-3 简述井身施工的基本施工方案。

5-4 简述竖井掏槽爆破的主要技术。

5-5 简述竖井装岩与提升的工作原理。

第 6 章

斜井施工

本章知识点

【主要内容】斜井开挖特点、井口明槽施工、井筒表土施工、斜井基岩施工方法、装渣与提运的设备选择、提升与运输的作业内容、斜井支护、斜井岩石掘进施工作业机械化。

【基本要求】熟悉斜井开挖特点、斜井基岩施工方法和井口表土施工方法以及斜井岩石掘进施工作业机械化；了解装渣与提运的设备选择、提升与运输的作业内容。

【重　　点】斜井开挖特点、斜井基岩施工方法、装渣与提运的设备选择。

【难　　点】斜井基岩施工方法。

斜井泛指各种倾斜坑道，如斜井和斜洞等。斜井施工的基本作业程序、方法和设备介于平洞和竖井之间，在出渣、运输、排水、通风和安全等技术措施方面有其自身的特点。但当其倾角小于 45° 时，与水平隧道较为接近；大于 45° 时，又具有竖井的某些特征。本章主要就斜井施工的不同特点进行介绍，并重点介绍自上而下施工的斜井施工方法。

6.1 斜井开挖特点

斜井开挖是介于平洞和竖井之间的一种开挖方法，当斜井倾角小于 10° 时，可视为水平洞室（平洞）开挖；倾角大于 45° 时，可视为竖井开挖。

与平洞相比，斜井开挖的主要特点有：

（1）对围岩的扰动范围比相同断面的平洞大。一般随倾角增大，斜井四周均受围压作用，围岩的稳定性也将降低。

（2）钻孔作业条件较差，且为了保证坡度的准确，对钻孔方向要求高。

（3）装岩条件差。装岩机械种类少，且适用性差，装岩占用的劳动力较大。

（4）斜井贯通和准确成型对测量工作要求高。

（5）由上向下倾斜开挖时，排水困难；由下向上倾斜开挖时，通风、排烟较为困难。

（6）斜井掘进中凿岩爆破所需的孔数和药量较平洞多，特别是靠底板边的炮孔所需的药量更多。

（7）一般使用提升机提升箕斗等运岩。井口应设置阻车器，以防止提升时发生跑车事故。

（8）底孔必须使用抗水炸药或进行防水处理。

（9）应将底孔的倾角较斜井的底板坡度大 2°~5°，且底孔深度较其他孔深 10~20cm，一般底孔间距不大于 30~40cm，以防止井底板偏高。

6.2 表土施工

斜井井口开挖有直接开挖、明槽开挖和大揭盖开挖等方式,如图6-1所示。在山区或丘陵地带,井口位于山坡脚下且坡体比较稳定时,将山坡略加修整即可直接开挖。当斜井的井口位于地形平坦地区时,宜采用明槽施工。若表土中含有薄流砂层,可采用大揭盖开挖方式,即将井颈段一定深度的表土挖出,形成明坑,待永久支护砌筑完成后,再回填夯实。

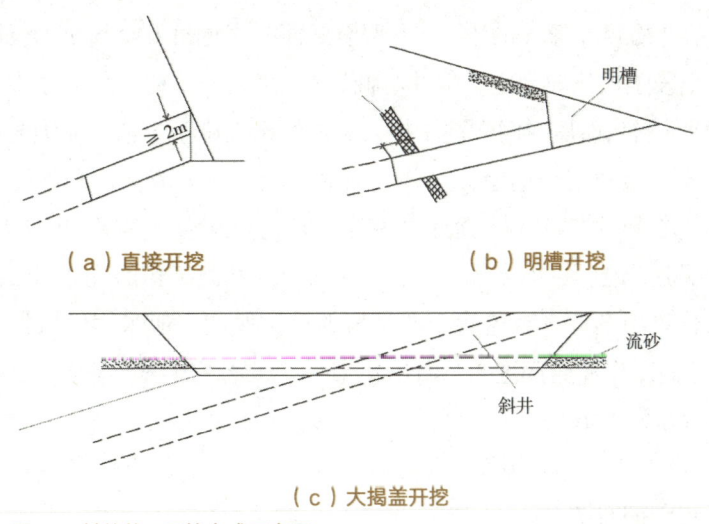

（a）直接开挖　　　　　　　　　（b）明槽开挖

（c）大揭盖开挖

图 6-1 斜井井口开挖方式示意图

6.2.1 井口明槽施工

（1）明槽挖掘方法

明槽挖掘有人工挖掘和机械挖掘两种方式。当有动力条件时,在较软的土层中可用人工挖掘,在坚硬的土层、砾石、风化岩中应选用风镐挖掘或松动爆破法破土,有条件时,宜采用长臂、大容量的挖掘机开挖,并根据坑道倾角、排土距离等条件选择适用的挖掘机,以减轻劳动强度,提高工效;当无动力条件时,土层中可用人工开挖,地面再用自卸汽车将土运至弃土场。必须妥善处理其涌水和工作面的积水,以便加快明槽挖掘速度,一般选用潜水泵排水为宜;当明槽内涌水量稍大时,槽内可设水泵排水。明槽弃土通常用于就近平整场地,并需留足回填用土,故排土距离一般较近。明槽开挖应尽量避开雨期,无法避开时,可搭设雨篷,四周做好排水沟,保证排水畅通。

（2）明槽的支护

当斜井井口的土质较坚硬稳定时，可用挡板将井口上部边坡护住，并用斜撑将挡板支撑牢固；当土质松软，正脸拐角部分容易冒落时，宜以木垛等支护，木垛与土帮之间用草袋背严。

6.2.2 井筒表土施工

1. 表土挖掘方法

在稳定表土段内，一般采用普通法施工。当表土段土质密实、坚硬，井筒涌水量不大，且其掘进宽度小于5m时，宜采用全断面一次掘进及金属拱形临时支护的施工方法；当表土段土质比较稳定，但井筒掘进宽度大于5m时，可采用在井筒中间先掘2m左右的深导洞，而后向两侧逐步扩大的短段掘砌施工方法，刷大时两侧要同时进行；当表土段土质稳定性稍差，且井筒断面又较大时，应采用顺井筒两侧分别掘进超前导洞的"先墙后拱"短段掘砌法，掘导洞时先架设临时支架，再在导洞内砌墙，之后掘砌拱顶部分，最后掘出下部核心土；当表土段井筒工作面进入岩石风化带后，土层渐薄、风化岩层渐厚，在这表土向基岩的过渡段内，应采用短段掘砌的"先拱后墙"法，在井筒工作面全部进入岩石风化带后，其施工方法与基岩部分大体相同，但应坚持采用放小炮的方法。

2. 井筒围岩围护方法

井筒围岩可以采用管棚法、帷幕法、井点降水法、冻结法和斜板桩密集支护配合工作面超前小井降低水位或井点降低水位的综合施工方法等进行围护。

3. 表土掘砌特点

表土掘进基本上以人工持风镐挖掘为主。装岩用人工或机械均可，提升运输与基岩段施工相同。表土段支护基本上以连续砌筑式为主。除此之外，锚喷支护、钢拱架喷射混凝土支护形式也得到了越来越多的应用。

砌筑式支护时，一般采用短段掘砌法施工。当井筒处于浅部围压最大值附近，且底板土质较差时，应将基础槽回填夯实，以免墙基下沉。砌筑时要防止土块掉入砌体，临时支架应尽可能回收复用，壁后充填必须密实。在有较大涌水的地段，井壁必须采用整体浇灌混凝土，必要时可在混凝土内掺入防水剂。施工时应排干水，井壁达到设计强度后再进行壁后注浆。在不稳定表土中砌墙基，为了保证基础达到设计深度，先将带有牙槽的铁模板依次打入底板，四周封闭后，将土体挖出，再将预制块放入墙基底部，然后浇筑混凝土。

6.3 斜井基岩施工方法

斜井基岩掘进与井筒支护的作业方式,可以根据围岩的特点、施工期限和施工方法等采用不同的施工方式,如采用掘砌平行作业或掘砌单行作业等。

斜井基岩掘进施工方法与平洞掘进的施工方法大致相同,但是斜井的井筒具有一定的倾角

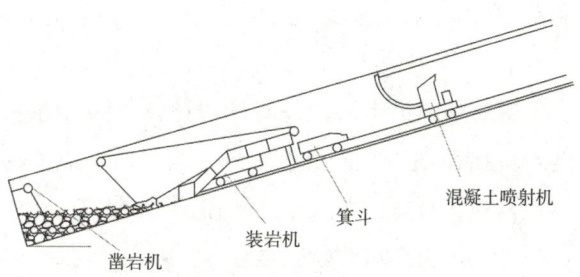

图 6-2 斜井设备布置示意图

(一般小于 30°),工作面容易积水。设计时,凿岩爆破参数可参照平洞,但是其炸药单耗量及掌子面单位面积的炮孔数应增加 10%~15%。

斜井掘进要防止底板抬高,为此,在打底眼前,必须排除工作面积水,使底眼与水平线夹角稍大于斜井的设计角度,同时还要加密炮眼。

斜井设备布置如图 6-2 所示。

6.3.1 钻眼爆破作业

斜井掘进一般都是由上往下进行,目前多采用中深孔光面爆破技术破岩。钻眼爆破工作是加快掘进速度、保证工程质量的关键环节。中深孔爆破的关键是掏槽方式的选择,可以采用直眼掏槽法,如菱形、螺旋形、柱状掏槽等方式,以增强爆破效果和一次爆破成井进尺。

由上向下掘进时,工作面往往会有积水,因此要选用具有抗水性能的乳化炸药和水胶炸药。

铁路与公路隧道施工规范规定,打眼时应严格掌握炮眼的方向,顶眼和辅助眼的方向应与斜井倾角一致,底眼眼底应较井底底板略低,以免形成台阶,不利铺轨。

在钻眼设备方面,斜井钻眼以多台气腿式风动凿岩机为主。但是,斜井中深孔、深孔光面爆破宜采用钻装一体机的凿岩台车钻眼。

对于炮眼定位、钻眼机具选择、爆破作业及爆破图表与平洞和竖井井筒施工相似,不再赘述。

6.3.2 装岩与提运

相比平洞，斜井装岩要困难得多。在斜井装岩时，装岩机或固定不动，或靠绞车移动。

（1）设备选择

在斜井施工中，国外有的以侧卸式或蟹爪式装岩机为主，我国目前常用的斜井装岩机械是耙斗装岩机，另外还有铲斗式斜井装岩机和正装侧卸式斜井装岩机。耙斗装岩机工作适应性强，同时耙斗机结构简单、制造容易，造价和维修费用低，而且掘进工作面相对比较安全。

在施工倾角不大的斜井时，也可采用无轨运输、铲运机或正装侧卸电动铲斗式装岩机装载，用自卸汽车或农用车出渣运输。

（2）提升与运输

斜井施工基本上采用箕斗或矿车提升。矿车提升方法简单，井口临时设施少，但提升能力低，掘进速度受到限制；与矿车提运相比，箕斗提运不必每次摘挂钩，节省摘挂钩、甩车和卸载等辅助时间，装载高度低，提升能力大，提升连接装置安全可靠，装卸载方便、速度快。使用大容量箕斗，在掘进断面和长度较大的倾斜坑道时效果更为显著。

采用耙斗机装岩、箕斗提升的装运配套方式，经过实践验证是非常成功的。但是，箕斗提升要求在井口有卸载装置，卸载于渣石漏斗或溜槽，然后由矿车转运走；箕斗提升过卷距离较短，故除要求司机有熟练的操作技术外，提升机还要有可靠的行程指示装置，如果操作不当，卸载冲击力很大，可能致使卸载架变形。因此，在使用时要采取适当措施，如在导向轮运行的导轨上设置提升机停止开关，增设视频监视箕斗的运行情况等。

斜井提升方式一般有一套单钩、一套双钩和两套单钩共三种提升方式。断面较小时可采用一套单钩提升；断面较大、在条件许可时可使用一套双钩或两套单钩提升。采用两套单钩时，一套主要用于提升渣石（主提升），另一套主要用于下放材料（副提升），有利于实现掘进与支护平行作业，加快施工速度。

斜井提升计算及设备、材料的选择与竖井类似，不再赘述。

6.4 斜井支护

目前，锚喷支护已成为斜井支护的主要形式。斜井使用锚喷支护时，由于普遍

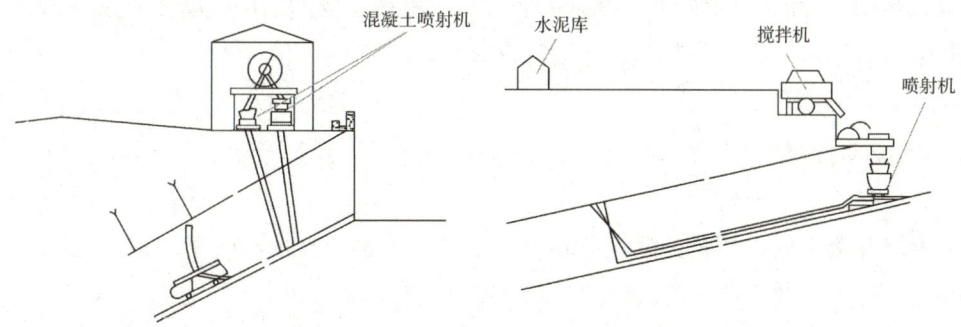

图 6-3 斜井喷射混凝土设备布置示意图

采用体积较小的转子式喷射机，喷射机可布置在井内，也可布置在井口。喷射机布置在井内时，喷射料在井口搅拌，用矿车送到喷射地点，用人工给喷射机喂料。

喷射混凝土施工设备常常采取集中固定式布置，通常都集中固定在井口，采用远距离管路输料方式，因此，必须妥善解决喷射站的工作风压、管路堵塞和输料管磨损等问题。斜井喷射混凝土设备布置如图 6-3 所示。

6.5 施工作业机械化

6.5.1 斜井岩石掘进机施工

斜井所用的掘进机分全断面式和部分断面式两种。与水平隧道使用的全断面掘进机不同点在于：加强了防止机体下滑的设计，在推进油缸的油路系统中设有单向阀液压锁；在井口设置凿井绞车，用钢丝绳牵引机体的尾部；机体需退出井筒时，由地面凿井绞车拉至井口。利用扩孔机施工斜井非常有利，其方法是从井底开始向上用一小直径掘进机先打一导洞，然后再用扩孔机从上向下扩孔。掘进导洞时，为防止掘进机下滑，需用一套防滑装置撑住洞壁；扩孔时，扩孔机支撑在拟扩大的断面上，可省去昂贵的防滑装置。

6.5.2 斜井反井钻机施工

斜井反井钻机的钻进设备、工艺与竖井基本一样，其最大难度是导孔的偏斜控制技术。倾斜钻进不同于垂直钻进，钻头由于受垂直分力、岩层的反作用力等影响，很容易发生偏斜，而且总是向下、向右偏斜，且随着钻井深度的增加而渐为明显。因此，在钻机安装和钻进时应充分考虑这种偏斜的影响。

6.5.3 机械化配套

所谓斜井施工的机械化配套是指凿岩、装岩、运输、支护的各工序设备之间相互协调与配合。斜井主要施工机械的配套方案主要有以下六种。

（1）多台凿岩机→耙斗式装载机或铲装机→箕斗或斗车

使用多台凿岩机钻眼，选择设备较方便，调动灵活，便于钻眼与装岩平行作业，常用气腿式中频凿岩机。这是一种有轨设备的配套方案，缺点是多台钻机作业劳动强度大、工效低。

（2）多台凿岩机→铲装机→自卸卡车

适用于在缺少凿岩台车时或倾角较小的斜井中施工，采用无轨运输方式；缺点是凿岩设备与装运设备在能力上配套不甚合理。

（3）凿岩台车→铲装机→自卸卡车

适用于长度和断面较大、倾角较小的地下工程，斜井的宽度需满足错车要求；优点是施工速度快，凿岩台车、铲运机、卡车均为轮胎行走，应用灵活。

（4）耙斗式钻装机→箕斗

优点是在钻装机钻臂上安装高频凿岩机，能在硬岩中钻凿探孔，钻眼与装岩虽为顺序作业，但各工序都可达到较高的生产率；缺点是由于钻装机在钻眼和装岩时，离工作面的距离要求不同，钻装机需反复前后移动，固定装置的拆装工作量较大。

（5）凿岩台车→侧卸式装岩机→转载机→梭式矿车

适用于断面较大的双轨斜井。优点是侧卸式装岩机生产率高，与梭式矿车配套较好；缺点是侧卸式装岩机需向旁侧转载机卸载，占用断面的宽度较大，梭式矿车容量由于受提升机牵引力的限制，不能一次将循环石渣全部装出，凿岩台车在工作面工作时，需要与装岩机调换位置，不适用于小断面斜井施工。侧卸式装载机多为履带行走，凿岩台车最好也不用轨轮式，以便钻眼和装岩两工序能在装岩后期分别在断面两侧平行作业。

（6）蟹爪式钻装机→转载机→运输机

优点是占用斜井断面较小，不仅钻、装工序平行作业，而且石渣运输与装岩可连续作业。掘进宽度较大时，可布置两台钻装机、两台转载机与大功率运输机配套使用。

思考题

6-1 简述斜井开挖特点。

6-2 简述斜井井口明槽施工方法。

6-3 简述斜井井筒表土施工方法。

6-4 简述斜井基岩施工方法。

6-5 简述斜井岩石掘进施工作业机械化。

第 **7** 章

盾构法施工

本章知识点

【主要内容】盾构法施工基本原理、盾构法施工的优缺点、盾构机基本构造、
盾构机的类型及选择、盾构法施工的进出洞技术、盾构推进
作业、管片制作与养护、管片拼装与衬砌、推进过程中对地
层的影响与监控。

【基本要求】熟悉盾构法施工基本原理、盾构法施工的优缺点；掌握盾构
机尺寸及推进系统推力的计算、盾构法施工的进出洞技术、
盾构推进开挖方法、盾构施工地面沉降监测、掘进管理、推
进中地面沉降槽计算。

【重　　点】盾构法施工的进出洞技术、盾构推进作业、管片拼装与衬砌、
推进过程中对地层的影响与监控。

【难　　点】进出洞施工、掘进管理、管片拼装、推进中地面沉降槽计算。

7.1 概述

盾构法（Shield-driven Tunneling）是在地表以下土层或软弱松散地层中暗挖隧道的一种施工方法，目前广泛应用在浅埋软土地层中修建地铁隧道、水下公路隧道、水工隧道及市政隧道等工程中。盾构机是由外形与隧道断面相同而尺寸比隧道外形稍大的钢筒或框架压入地层中构成保护掘削机的外壳和壳内各种作业机械、作业空间组成的组合体。盾构机是一种既能支承地层压力，又能在地层中推进的施工机具。以盾构机为核心的一套完整的建造隧道的施工方法称为盾构法。

7.1.1 盾构法基本原理

盾构法施工是使用盾构机在地下掘进，既可防止开挖面土、砂崩塌，又在机内安全地进行开挖和衬砌作业，从而构筑成隧道的施工方法。它是由稳定开挖面、盾构机挖掘和衬砌三要素组成的。盾构法施工是先在隧道某段的一端建造竖井或基坑，将盾构安装就位；盾构从竖井或基坑的墙壁预留孔处出发，在地层中沿着设计轴线，向另一端竖井或基坑的设计预留孔洞推进。盾构推进中所受到的地层阻力通过盾构千斤顶传至盾构尾部已拼装的隧道衬砌结构（如预制管片）上，再传到竖井或基坑的后靠壁上。盾构机大多为圆形，外壳由钢筒组成，钢筒直径稍大于隧道衬砌的外径。在钢筒的前面设置各种类型的支撑和开挖土体的装置，在钢筒中段内沿周边安装顶进所需的千斤顶，钢筒尾部是具有一定空间的壳体，在盾尾内可以安置数环拼装成的隧道衬砌环。在盾构推进过程中不断从开挖面排出适量的土方。盾构每推进一环距离，就在盾尾支护下拼装一环衬砌，并及时向盾尾后面的衬砌环外周的空隙中压注浆体，以防止隧道及地面下沉。

下面以泥水平衡盾构施工为例，介绍盾构法施工的主要工作原理（如图7-1所示）。

（1）泥水平衡盾构施工时，挖掘腔和工作腔通过水下埋墙隔开，而在工作腔之内2/3的空间充满着膨润土。通过进泥管将高质量的泥浆注入开挖面的土层，从而软化土层，通过气压的动态控制，维持土体的平衡状态，然后通过增压，刀盘将均

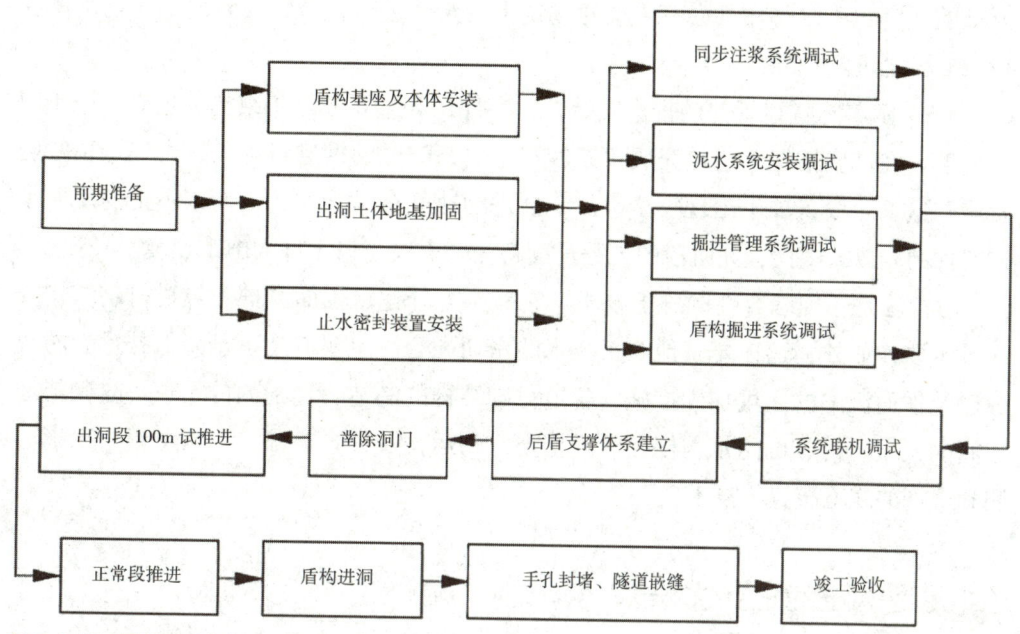

图 7-1 泥水平衡式盾构施工工艺流程图

匀地向前推进，整个开挖土层的过程稳定，均匀。

（2）泥水与挖掘下来的渣土在工作腔内混合、搅拌，但渣土在泥水中保持悬浮状态，且具有流动性；然后通过泥浆泵经管道将其排至地表，经泥水分离处理后，将渣土排出，泥水经过处理，各项性能指标满足要求后，重新注入泥水舱。为了使泥浆发挥其应有的作用，泥浆必须具有稳定性、良好的泥膜形成性、适当的相对密度与黏度和良好的流动性。而盾构施工便是一个不断形成泥膜、切削和再破坏泥膜的过程。理论上而言，泥膜能够提供开挖面一个瞬态的平衡，随后便被挖去，泥膜控制了切削土体的均匀度和湿润性，便于开挖的同时，也保证了盾构机不会出现超挖的情况。

（3）管片的拼装：即将安装的管片在预定位置准备就绪，通过调运管片装置，可以将管片吊起、平移、旋转，并安置在指定的位置，再通过液压千斤顶把管片固定在指定位置。管片的配置以"9+1"的形式为主，即9块相同的管片加上1块封顶的管片。

（4）在一环管片拼装完成结束后，盾构机将架上一道轨道板，以便盾构继续向前推进，与此同时，同步注浆的工作也在进行。由于盾构直径比管片直径要大，所以土体的实际开挖直径也要大于管片的直径且会有不均匀的可能，而同步注浆则是为了填补这一空隙。在浆液运输到前方之前，每一批都要经过严格的检测。因为隧道纵深较长，为了让泥浆早期强度小，便于运输，而在达到龄期后依旧能达到使用要求的强度，所以每次都会有人员对场地上的浆液进行检查，现阶段确保坍落度在12~16cm 之间。

（5）随着圆隧道管片的推进安装，口字件作为重要的施工结构，也必须同步跟上进度。在许多情况下，在完成车架转接之后，隧道的推进将进入一个完全正常的阶段，这一阶段只要不出现安全事故，推进的速度会是很快的，而跟不上的反而是口字件的安放。因此，此阶段的工程进度将完全取决于口字件的施工速度。

盾构法是一项综合性的施工技术，它除土方开挖、正面支护和隧道衬砌结构安装等主要作业外，还需要其他施工技术的密切配合。主要有地下水降低技术、防止隧道及地面沉陷的土壤加固措施、隧道衬砌结构的制造、隧道内的运输、衬砌与地层间的充填、衬砌的防水与堵漏、开挖土方的运输及处理方法、施工测量、变形监测和合理的施工布置等技术。

7.1.2 盾构法的主要优缺点

盾构法的主要优点有：

（1）除竖井外，施工作业均在地下进行，噪声和振动小，既不影响地面交通，又可控制地表沉陷，对施工区域的环境影响小。

（2）施工安全。在盾构设备掩护下，可在不稳定地层中安全地进行掘砌作业。施工不受地形、地貌、江河水域等地表环境的限制。

（3）地表占地面积小，征地费用少。

（4）隧道的施工费用受埋深的影响不大，适宜于建造覆土较深的隧道。在土质差、水位高的地方建设埋深较大的隧道，盾构法有较高的技术经济优越性。

（5）暗挖方式。施工时与地面建筑物及交通互不影响，不受风雨等气候条件影响。

（6）修筑的隧道抗震性能极好。

（7）对地层的适应性好，软土、砂卵石、软岩甚至岩层均可。

（8）盾构推进、出土和拼装衬砌等主要工序循环进行，易于管理，施工人员较少。

（9）采用盾构法进行水下隧道施工，不影响航道通航。

因此，盾构法已广泛应用于软土城市隧道（地铁隧道，污水排放隧道，引水、供水隧道，江、河、湖、海底隧道，电力、电信、供气工程等隧道）建造中，因此还有人将其称为城市隧道工法。

盾构法施工的主要缺点：

（1）在陆地建造隧道时，如隧道覆土太浅，开挖面稳定甚为困难，甚至不能施工；当在水下时，如覆土太浅则盾构法施工不够安全，要确保一定厚度的覆土。

（2）盾构法隧道上方一定范围内的地表沉陷一般很难完全防止，特别是在饱和含水松软的土层中，必须采取严密的技术措施才能把沉陷限制在很小的限度内。

（3）当隧道曲线半径过小时，施工较为困难。

（4）竖井施工时有噪声和振动。

（5）盾构法施工中采用全气压方法疏干和稳定地层时，对劳动保护要求较高，施工条件差。

（6）在饱和含水地层中，盾构法施工所用的拼装衬砌，对达到整体结构防水性的技术要求较高。

（7）用气压施工时，在周围发生缺氧等危险，必须采取相应的解决办法。

7.2 盾构的基本构造

盾构机由通用机械（外壳、掘削机构、挡土机构、推进机构、管片拼装机构、附属机构等部件）和专用机构组成。

盾构的外形主要有圆形、双圆搭接形、三圆搭接形、矩形、马蹄形和半圆形或与隧道断面相似的特殊形状等，但绝大多数为传统的圆形断面，如图7-2。

盾构在地下穿越，要承受各种压力，推进时，要克服正面阻力，故要求盾构具有足够的强度和刚度。盾构主要用钢板（单层厚板或多层薄板）制成，钢板一般采用Q235钢。大型盾构考虑到水平运输和垂直吊装的困难，可制成分体式，到现场进行就位拼装，部件的连接一般采用定位销定位，高强度螺栓连接，最后焊接成型。

盾构的基本构造主要由壳体、切削系统、推进系统、出土系统、拼装系统等组成。

图7-2 盾构外形图

7.2.1 盾构壳体

整个盾构的外壳是采用钢板制作的，并用环形梁加固支承，以便保护掘削、排土、推进、施工衬砌等所有作业设备和装置的安全。盾构壳体从工作面开始可分为切口环、支承环和盾尾三部分。

1. 切口环

切口环位于盾构的最前端，装有掘削机械和挡土设备，起开挖和挡土作用，施工时最先切入地层并掩护开挖作业。全敞开和部分全敞开式盾构切口环前端还设有切口以减少切入时对地层的扰动，通常切口的形状有垂直形、倾斜形和阶梯形三种，如图 7-3 所示。切口的上半部分较下半部突出，呈帽檐状。

切口环保持工作面的稳定，并由此把开挖下来的土砂向后方运输。因此，采用机械化土压式和泥水加压式盾构开挖时，应根据开挖下来的土砂状态，确定切口环的形状和尺寸。切口环的长度主要取决于盾构正面支承和开挖的方法。对于机械化盾构，切口环长度应由各类盾构所需安装的设备确定。泥水盾构，在切口环内安置有切削刀盘、搅拌器和吸泥口；土压平衡盾构，安置有切削刀盘、搅拌器和螺旋输送机；网格式盾构，安置有网格、提土转盘和运土机械的进口；棚式盾构，安置有多层活络平台、储土箕斗；水力机械盾构，安置有水枪、吸口和搅拌器。在局部气压、泥水加压、土压平衡盾构中，因切口内压力高于隧道内，所以在切口环处还需布设密封隔板及人行舱的进出闸门。

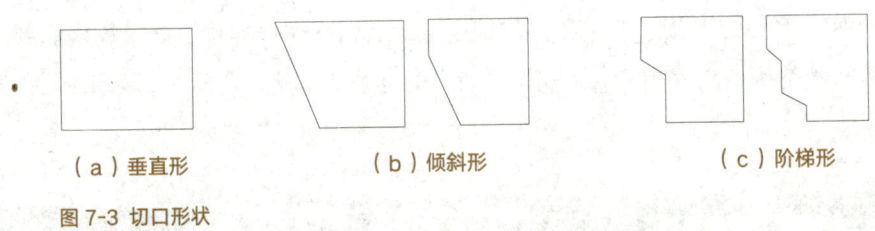

（a）垂直形　　　　　（b）倾斜形　　　　　（c）阶梯形

图 7-3 切口形状

2. 支承环

支承环紧接于切口环，是一个刚性很好的圆形结构，是盾构的主体构造部分。在支承环外沿布置有盾构千斤顶，中间布置拼装机及部分液压设备、动力设备、操纵控制台。因要承受作用于盾构上的全部荷载，所以该部分的前方和后方均设有环状梁和支柱。支承环的长度应不小于固定盾构千斤顶所需的长度，对于有刀盘的盾构还要考虑安装切削刀盘的轴承装置、驱动装置和排土装置的空间。

3. 盾尾

盾尾主要用于掩护管片的安装工作，盾尾末端设有密封装置。盾尾的长度必须根据管片宽度及盾尾的道数来确定，对于机械化土压式和泥水加压式盾构，还要根据盾尾密封的结构来确定，必须保证管片拼装工作的进行、修正盾构千斤顶和在曲线段进行施工等，故必须有一定的富余量。

盾尾密封装置要能适应盾尾与衬砌间的空隙，由于施工中纠偏的频率很高，因此要求密封材料要富有弹性、耐磨、防撕裂等，以防止水、土及压注材料从盾尾与衬砌间隙进入盾构内。盾尾长度要满足上述各项工作的要求；盾尾厚度应尽量薄，可以减小地层与衬砌间形成的建筑空隙，从而减少压浆工作量，对地层扰动范围也小，有利于施工，但盾尾也需承担土压力，在遇到纠偏及隧道曲线施工时，还有一些难以估计的载荷出现，所以其厚度应综合上述因素来确定。目前，常用的止水形式是多道、可更换的盾尾密封装置，密封材料有橡胶和钢丝两种，如图7-4所示。盾尾的密封道数根据隧道埋深、水位高低来定，一般取2道或3道。

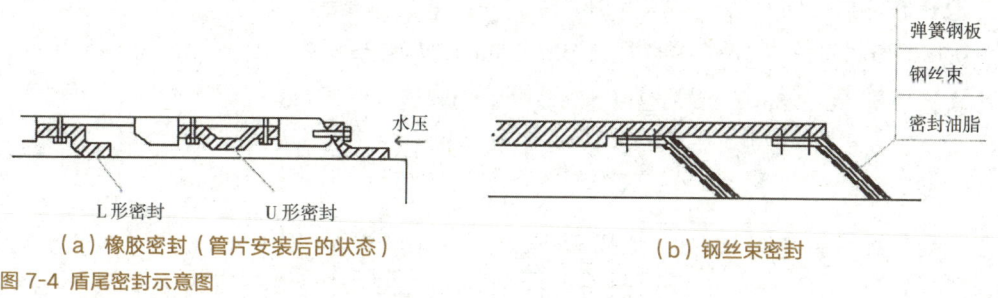

(a)橡胶密封（管片安装后的状态）　　　(b)钢丝束密封

图7-4 盾尾密封示意图

7.2.2 盾构机的尺寸

（1）盾构机的外径

盾构机外径 d 可由式（7-1）确定。

$$d=d_0+2(x+t) \tag{7-1}$$

式中　d_0——管片外径（mm）；

　　　x——盾尾间隙（mm）；

　　　t——盾尾外壳的厚度（mm）。

（2）盾构机的长度

盾构长度 L 主要取决于隧道的平面形状、开挖方式、地质条件、出土方式及衬砌形式等多种因素。

$$L=L_C+L_G+L_T \tag{7-2}$$

式中 L_C——切口环的长（m），全（半）敞开式盾构应根据切口贯入掘削地层的深度、挡土千斤顶的最大伸缩量和掘削作业空间的长度等因素确定；封闭式盾构应根据刀盘厚度、刀盘后搅拌装置的纵向长度和土舱的容量或长度等条件确定；

L_G——支承环的长度（m），取决于盾构千斤顶、排土装置和举重臂支承机构等设备的规格大小，不应小于千斤顶最大伸长状态的长度；

L_T——盾尾的长度（m），可按式（7-3）确定。

$$L_T=L_S+B+C_F+C_R \tag{7-3}$$

式中 L_S——盾构千斤顶撑挡长度（m）；

B——管片的宽度（m）；

C_F——组装管片的富余量（m），通常取 $C_F=（0.25\sim0.33）B$，如图7-5所示；

C_R——包括安装尾封材在内的后部富余量（m）。

一般把盾壳总长 L 与盾构外径 d 之比 ξ 称为盾构的灵敏度。ξ 越小，操作越方便。一般在盾构直径确定后，灵敏度值有一些经验数据可参考：大直径盾构（$d>6$m），$\xi=0.7\sim0.8$（多取0.75）；中直径盾构（3.5m $\leqslant d \leqslant 6$m），$\xi=0.8\sim1.2$（多取0.8）；小直径盾构（$d<3.5$m），$\xi=1.2\sim1.5$（多取1.5）。

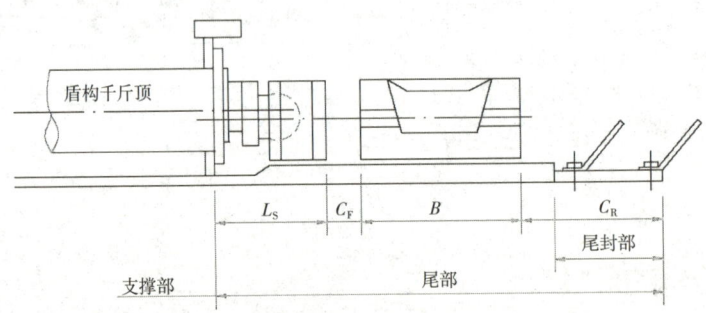

图 7-5 盾尾构成及尺寸分布状况图

7.2.3 推进系统

推进系统包括设置在盾构外壳内侧环形中梁上的推进千斤顶群及控制设备。其中，千斤顶是使盾构机在土层中向前推进的关键性构件，施工中要进行推力的计算。

1. 推力的确定

（1）设计推力

根据地层和盾构机的形状尺寸参数，按式（7-4）计算出的推力称为设计推力。

$$F_d=F_1+F_2+F_3+F_4+F_5+F_6 \qquad (7-4)$$

式中　F_d——设计推力（kN）；

　　　F_1——盾构外壳与周围地层的摩阻力（kN）；

　　　F_2——盾构推进时的正面推进阻力（kN）；

　　　F_3——管片与盾尾间的摩阻力（kN）；

　　　F_4——盾构机切口环贯入地层时的阻力（kN）；

　　　F_5——变向阻力，即曲线施工、纠偏等因素的阻力（kN）；

　　　F_6——后接台车的牵引阻力（kN）。

以上六种阻力的计算方法随盾构机型号、贯入地层性质的不同而异。一般情况下，无论是砂层还是黏土层，前两项之和约占总推力的95%~99%，即可用$F_d=F_1+F_2$计算设计推力，F_3~F_6对设计推力的贡献极小。

（2）装备推力

盾构机的推进是靠安装在支承环内侧的盾构千斤顶的推力作用在管片上，进而通过管片产生的反推力使盾构前进的。各盾构千斤顶顶力之和就是盾构的总推力，推进时的实际总推力可由推进千斤顶的油压读数求出。盾构的装备推力必须大于各种推进阻力的总和（设计推力），否则盾构无法向前推进。

① 由设计推力确定装备推力

盾构机的装备推力可在考虑设计推力和安全系数的基础上，按式（7-5）确定。

$$F_e=kF_d \qquad (7-5)$$

式中　F_e——装备推力（kN）；

　　　k——安全系数，通常取2。

② 经验估算法

根据盾构机外径和经验推力得到的估算公式如下。

$$F_e=0.25\pi d^2 P_J \qquad (7-6)$$

式中　d——盾构的外径（m）；

　　　P_J——开挖面单位截面积的经验推力（kN/m²），人工开挖、半机械化、机械化开挖盾构时，$P_J=700$~1100kN/m²；封闭式盾构、土压平衡式盾构、泥水加压式盾构时，$P_J=1000$~1300kN/m²。

2. 千斤顶的选择与布设方式

（1）盾构千斤顶的选择和配置

盾构千斤顶的选择和配置应根据盾构的灵活性、管片的构造、拼装管片的作业条件等来决定，选定盾构千斤顶必须注意以下事项。

① 千斤顶要尽可能轻，直径宜小不宜大，且经久耐用，易于维修保养，更换方便。

②采用高液压系统，使千斤顶机构紧凑。

③一般情况下，盾构千斤顶应等间距地设置在支撑环的内侧，紧靠盾构外壳；在一些特殊情况下，也可考虑非等间距设置。

④千斤顶的伸缩方向应与盾构隧道轴线平行。

（2）千斤顶的推力及数量

选用的每只千斤顶的推力范围是：中小口径盾构每只千斤顶的推力为600~1500kN，大口径盾构每只千斤顶的推力为2000~4000kN。

盾构千斤顶的数量根据盾构直径 d、要求的总推力、管片的结构、隧道轴线的情况综合考虑，数量 n 可按式（7-7）确定。

$$n=d/0.3+3 \tag{7-7}$$

（3）千斤顶的最大伸缩量

盾构千斤顶的最大伸缩量应考虑到盾尾管片拼装及曲线施工等因素，通常取管片宽度加上 10~20cm。

另外，成环管片有一块封顶块，若采用纵向全插入封顶时，在相应的封顶块位置应布置双节千斤顶，其行程约为其他千斤顶的两倍，以满足拼装成环需要。

（4）千斤顶的推进速度

盾构千斤顶的推进速度必须根据地质条件和盾构形式来定，一般取 5~10cm/min，且可无级调速。提高工作效率，千斤顶的回缩速度要求越快越好。

（5）撑挡的设置

在千斤顶伸缩杆的顶端与管片的交界处设置一个可使千斤顶推力均匀地作用在管环上的自由旋转的接头构件（撑挡）。盾构千斤顶伸缩杆的中心与撑挡中心的偏离允许值宜为 3~5cm。

7.2.4 掘削机构

机械式、封闭式（土压式、泥水式）盾构的掘削机构即切削刀盘；半机械式盾构的掘削机构即铲斗、掘削头；人工掘削式盾构的掘削机构即鹤嘴锄、风镐、铁锹等。

（1）刀盘的构成及功能

切削刀盘即做转动或摇动的盘状掘削器，由切削地层的刀具、稳定掘削面的面板、出土槽口、转动或摇动的驱动机构、轴承机构等构成。刀盘设置在盾构机的最前方，既能掘削地层的土体，又能对掘削面起一定支承作用，从而保证掘削面的稳定。掘削方式如图 7-6 所示。

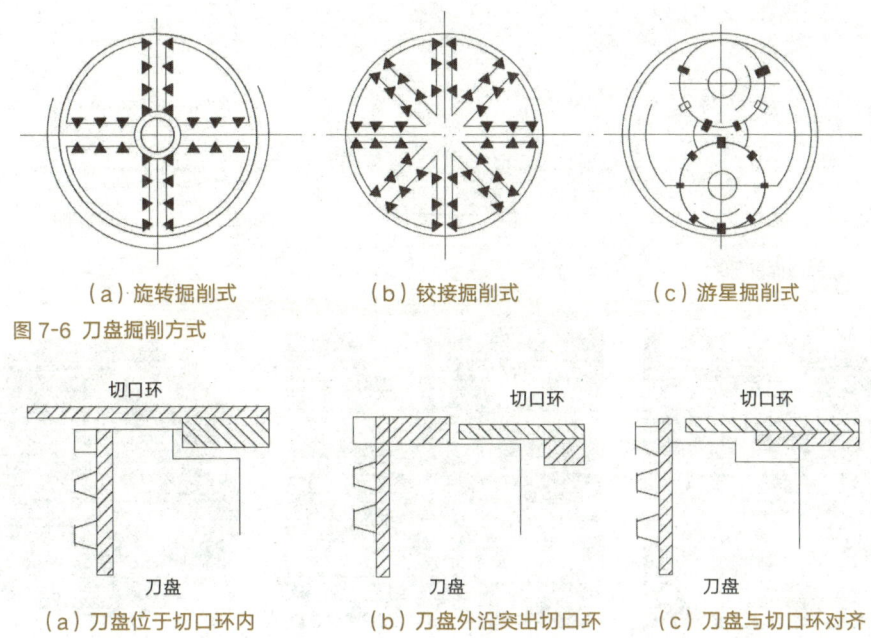

（a）旋转掘削式　　　　　（b）铰接掘削式　　　　　（c）游星掘削式

图 7-6 刀盘掘削方式

（a）刀盘位于切口环内　　（b）刀盘外沿突出切口环　　（c）刀盘与切口环对齐

图 7-7 刀盘与切口环的位置关系

（2）刀盘与切口环的位置关系

刀盘与切口环的位置关系有三种形式，如图 7-7 所示。图 7-7（a）是刀盘位于切口环内，适用于软弱地层；图 7-7（b）是刀盘外沿突出切口环，适用于大部分土质，适用范围最广；图 7-7（c）是刀盘与切口环对齐，位于同一条直线上，适用范围居中。

（3）刀盘的形状

刀盘的纵断面形状有垂直平面形、突芯形、穿顶形、倾斜形和缩小形五种，如图 7-8 所示。垂直平面形刀盘以平面状态掘削、稳定掘削面；突芯形刀盘的中心装有突出的刀具，掘削的方向性好，且利于添加剂与掘削土体的拌合；穿顶形刀盘设计中引用了岩石掘进机的设计原理，主要用于巨砾层和岩层的掘削；倾斜形刀盘的倾角接近于土层的内摩擦角，利于掘削的稳定，主要用于砂砾层的掘削；缩小形刀盘主要用于挤压式盾构。

刀盘的正面形状有轮辐形（图 7-9）和面板形（图 7-10、图 7-11）两种。轮辐形刀盘由辐条及布设在辐条上的刀具构成，属敞开式，其特点是刀盘的掘削扭矩小、排土容易、土舱内土压可有效地作用到掘削面上，多用于机械式盾构及土压盾构。面板式刀盘由辐条、刀具、槽口及面板组成，属封闭式，面板式刀盘的特点是面板直接支承掘削面，利于掘削面的稳定，另外，多数情况下面板上都装有槽口开度控制装置，当停止掘进时可使槽口关闭，防止掘削面坍塌。控制槽口的开度还可以调节土砂排出量，控制掘进速度。面板式刀盘对泥水式和土压式盾构均适用。

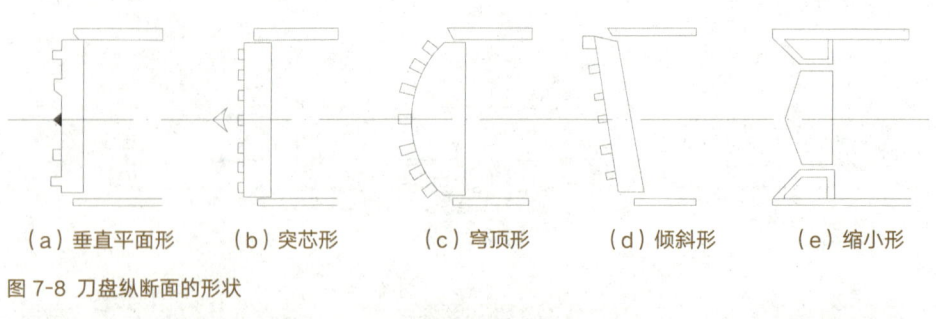

| （a）垂直平面形 | （b）突芯形 | （c）穹顶形 | （d）倾斜形 | （e）缩小形 |

图 7-8 刀盘纵断面的形状

图 7-9 轮辐形刀盘

图 7-10 槽口固定面板形刀盘

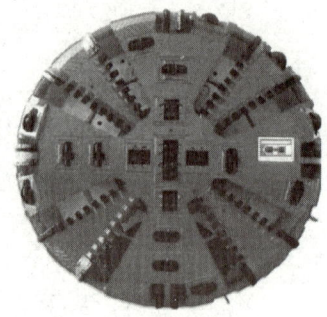

图 7-11 槽口可调节面板形刀盘

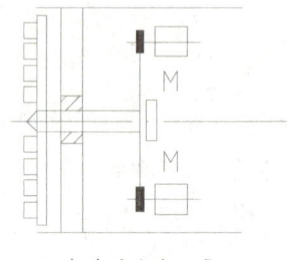

（a）中心支承式

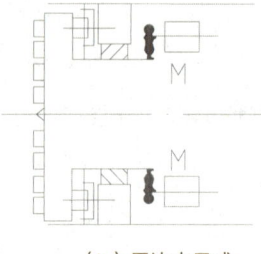

（b）周边支承式

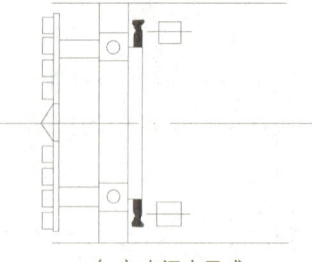

（c）中间支承式

图 7-12 刀盘支承方式构造示意图

（4）刀盘的支承形式。掘削刀盘的支承方式可分为中心支承式、周边支承式和中间支承式等三种（图 7-12），以中心支承式和中间支承式居多。支承方式与盾构直径、土质、螺旋输送机和土体黏附状况等多种因素有关，确定支承方式时必须综合考虑这些因素的影响。

7.2.5 排土系统

盾构施工的排土系统因机器类型的不同而异。

机械式盾构的排土系统由铲斗、滑动导槽、漏斗、皮带传送机或螺旋传送机、排泥管构成。铲斗设置在掘削刀盘背面，可把掘削下来的土砂铲起倒入滑动导槽，经漏斗送给皮带传送机、螺旋传送机、排泥管。

手掘式盾构的出土系统如图7-13所示。其掘出的土经胶带输送机装入斗车，由电机车牵引到洞口或工作井底部，再垂直提升到地面。

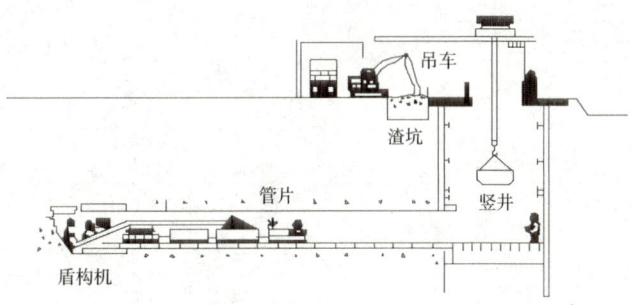

图7-13 手掘式盾构排土系统示意图

土压平衡盾构的排土系统由螺旋输送机、排土控制器及盾构机以外的泥土运出设备构成，出土系统如图7-14所示。盾构机后方的运输方式与手掘式类似或相同。

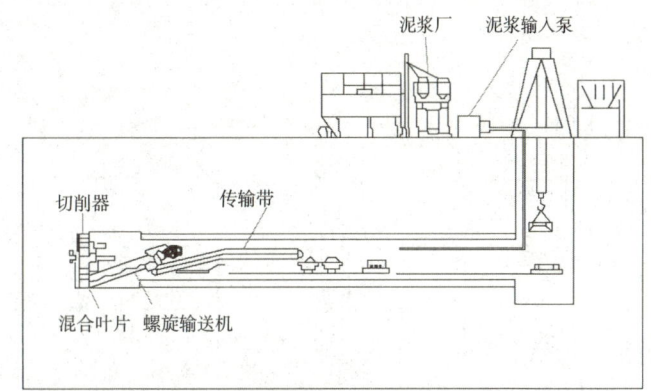

图7-14 土压平衡盾构排土系统示意图

泥水盾构的排土系统为送排泥水系统，泥水送入系统由泥水制作设备、泥水压送泵、泥水输送管、测量装置及泥水舱壁上的注入口组成；泥水排放系统由排泥泵、测量装置、中继排泥泵、泥水输送管及地表泥水储存池构成，如图7-15所示。

7.2.6 管片拼装机

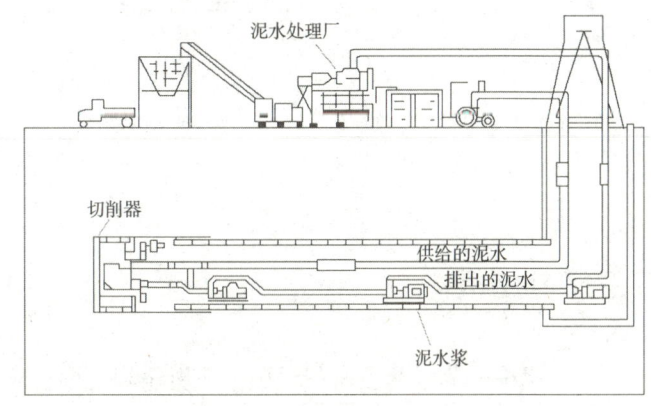

图7-15 泥水盾构送排泥水系统示意图

管片拼装机设置在盾构的尾部，由举重臂和真圆保持器构成。

（1）举重臂

举重臂是在盾尾内把管片按照设计所需要的位置安全、迅速地拼装成管环的装置。拼装机在钳捏住管片后，还必须具备沿径向伸缩、前后平移和360°（左右叠加）旋转等功能。

举重臂为油压驱动方式，有环式、空心轴式、齿轮齿条式等，一般常用环式拼装机（图7-16）。

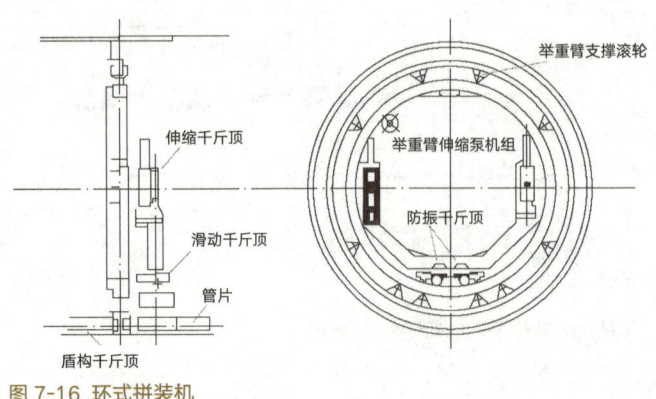

图 7-16 环式拼装机

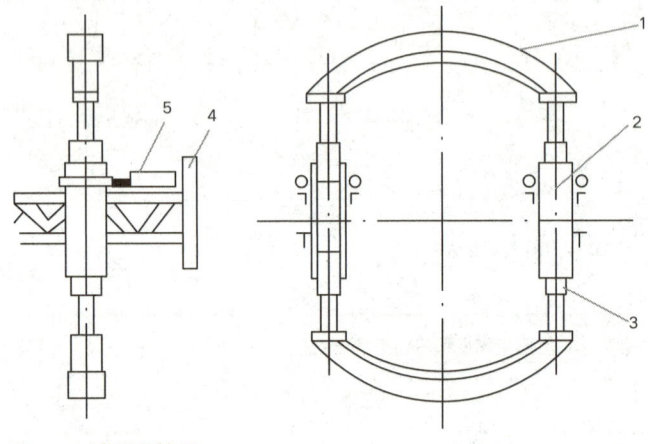

图 7-17 真圆保持器

1- 扇形顶块；2- 支撑臂；3- 伸缩千斤顶；4- 支架；5- 纵向滑动千斤顶

（2）真圆保持器

当盾构向前推进时，管片拼装环（管环）就从盾尾部脱出，管片受到自重和土压的作用会产生横向变形，使横断面成为椭圆形，已成环管片与拼装环在拼装时就会产生高低不平，给安装纵向螺栓带来困难。因此，就需要使用真圆保持器，使拼装后的管环保持正确（真圆）位置。

真圆保持器（图 7-17）支柱上装有可上、下伸缩的千斤顶和圆弧形的支架，它在动力车架的伸出梁上是可以滑动的。当一环管片拼装成环后，就将真圆保持器移到该管片环内，当支柱的千斤顶使支架圆弧面密贴管片后，盾构就可推进。

7.2.7 挡土机构

挡土机构是为了防止掘削时掘削面坍塌和变形，确保掘削面稳定而设置的机构。

挡土机构因盾构种类的不同而异。全敞开式盾构机的挡土机构是挡土千斤顶；半全敞开式网格盾构的挡土机构是刀盘面板；机械盾构的挡土机构是网格式封闭挡土板；泥水盾构的挡土机构是泥水舱内的加压泥水和刀盘面板；土压盾构的挡土机构是土舱内的掘削加压土和刀盘面板。此外，采用气压法施工时由压缩空气提供的压力也可起挡土作用，保持开挖面稳定。

7.2.8 驱动机构

驱动机构是指向刀盘提供必要旋转扭矩的机构。该机构是由带减速机的油压马达或电动机，通过副齿轮驱动装在掘削刀盘后面的齿轮或销锁机构；有时为了得到更大的旋转力，也有利用油缸驱动刀盘旋转的。油压式对启动和掘削砾石层较为有利；电动机式噪声小、维护管理容易，也可相应减少后方台车的数量。驱动液压系统由高压油泵、油马达、油箱、液压阀及管路等组成。

7.3 盾构的类型及选择

7.3.1 盾构机的类型

盾构可按盾构切削断面的形状、盾构自身构造、挖掘土体的方式、掘削面的挡土形式、稳定掘削面的加压方式、施工方法和适用土质的状况等进行分类。按稳定掘削面的加压方式，可分为压气式、泥水加压式、削土加压式、加水式、泥浆式和加泥式盾构；按切削断面的形状，可分为圆形和非圆形盾构；按盾构前方的构造，可分为敞开式、半敞开式和封闭式盾构；按盾构正面对土体开挖与支护的方法，可分为手掘式、挤压式、半机械式和机械式盾构四大类。下面介绍几种典型的盾构。

1. 土压平衡式盾构

土压平衡式盾构属封闭式机械盾构，如图 7-18 所示。它的前端有一个全断面切削刀盘，切削刀盘的后面有一个贮留切削土体的密封舱，在密封舱中心线下部装有长筒形螺旋输送机，输送机一头设有出入口。所谓土压平衡就是密封舱中切削下来的土体和泥水充满密封舱，并可具有适当压力与开挖面土压平衡，以减少对土体的扰动，控制地表沉降。这种盾构主要适用于黏性土或有一定黏性的粉砂土，是当前最为先进的盾构掘进机之一。

土压平衡式盾构的基本原理是：由刀盘切削土层，切削后的泥土进入土腔（工作室），土腔内的泥土与开挖面压力取得平衡的同时由土腔内的螺旋输送机出土，装于排土口的排土装置在出土量与推进量取得平衡的状态下，进行连续出土。土压平衡式盾构又分为：削土加压式、加水式、高浓度泥浆式和加泥式四类。

土压平衡式盾构的开挖面稳定机构，按地质条件可以分为两种形式，一种是适用于内摩擦角小且易流动的淤泥、黏土等的黏质土层；另一种是适用于土的内摩擦角大、不易流动、透水性大的砂、砂砾等的砂质土层。

（1）砂质土层中的开挖面稳定机构

在砂、砂砾的砂质土层中，要用水、膨润土、黏土、高浓度泥水、泥浆材料等混合料向开挖面加压灌注，并不断地进行搅拌，改变挖掘土的成分比例，以此保证土的流动性和止水性，使开挖面稳定。

（2）黏性土层中的开挖面稳定机构

在粉质黏土、粉砂、粉细砂等的黏性土层中，开挖面稳定机构的排土方式是由刀盘切削后的泥土先进入土腔内，在土腔内的土压与开挖面的土压（在黏性土中，开挖面土压与水压的混合、压力作用）达到平衡的同时，由螺旋输送机把开挖的泥土送往后部，再从出土闸门口出土。但是，当地层的含砂量超过某一限度时，由刀盘切削的土流动性变差，而且当土腔内泥土过于充满并固结时，泥土就会压密，难以挖掘和排土，迫使推进停止。此时，一般采取如下处理方法：向土腔内添加膨润土、黏土等进行搅拌，或者喷入水和空气，用以增加土腔内土的流动性。

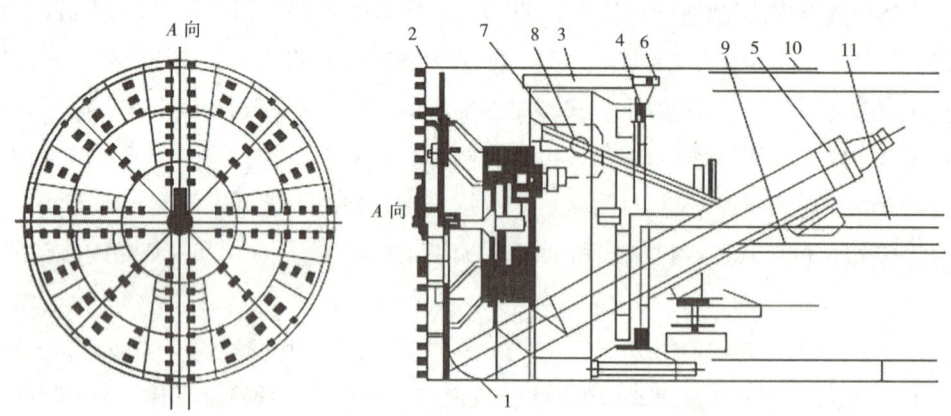

图 7-18 土压平衡式盾构总体结构示意图
1- 盾壳；2- 刀盘；3- 推进油缸；4- 拼装机；5- 螺旋输送机；6- 油缸顶块；7- 人行闸；8- 拉杆；9- 双梁系统；10- 密封系统；11- 工作平台

开挖面的稳定机构可分为：

（1）切削土加压搅拌方式：在土腔内喷入水、空气或者添加混合材料，来保证土腔内的土砂流动性。在螺旋输送机的排土口装有可止水的旋转式送料器（转动阀或旋转式漏斗），送料器的隔离作用能使开挖面稳定。

（2）加水方式：向开挖面加入压力水，保证挖掘土的流动性，同时让压力水与地下水压相平衡。开挖面的土压由土腔内的混合土体的压力与其平衡。为了能确保压力水的作用，在螺旋输送机的后部装有排土调整槽，控制调整槽的开度使开挖面稳定。

（3）高浓度泥水加压方式：向开挖面加入高浓度泥水，通过泥水和挖掘土的搅拌，以保证挖掘土体的流动性，开挖面土压和水压由高浓度泥水的压力来平衡。在螺旋输送机的排土口装有旋转式送料器，送料器的隔离作用使开挖面稳定。

（4）加泥方式：向开挖面注入黏土类材料和泥浆，由辐条形的刀盘和搅拌机构混合搅拌挖掘的土，使挖掘的土具有止水性和流动性。由这种改性土的土压与开挖面的土压、水压达到平衡，使开挖工作面得到稳定。

土压平衡盾构较适用于在软弱的冲积土层中推进，但在砾石层中或砂土层推进时，加进适当的泥土后，也能发挥土压平衡盾构的特点。

2. 泥水平衡式盾构

泥水平衡式盾构机（图7-19）是一种封闭式机械盾构。泥水平衡盾构主要由盾构掘进机、掘进管理、泥水处理和同步（壁后）注浆等系统组成。与土压平衡盾构相比，泥水平衡盾构需增加泥水处理系统，如图7-20所示。它是在敞开式机械盾构大刀盘的后方设置一道封闭隔板，隔板与大刀盘之间作为泥水舱；在开挖面和泥水舱中充满加压的泥水，通过加压作用和压力保持机构保证开挖面土体的稳定；刀盘掘削下来的土砂进入泥水舱，经搅拌装置搅拌后，含掘削土砂的高浓度泥水经泥浆泵泵送到地面的泥水分离系统，待土、水分离后，再把滤除掘削土砂的泥水重新压送回泥水舱。如此不断地循环，完成掘削、排土、推进。因靠泥水压力使掘削面稳定，故称为泥水加压平衡盾构，简称泥水盾构。

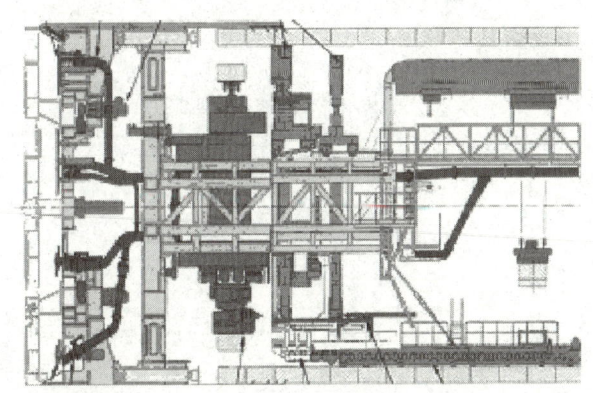

泥水同时具有三个作用：
① 泥水的压力和开挖面水土压

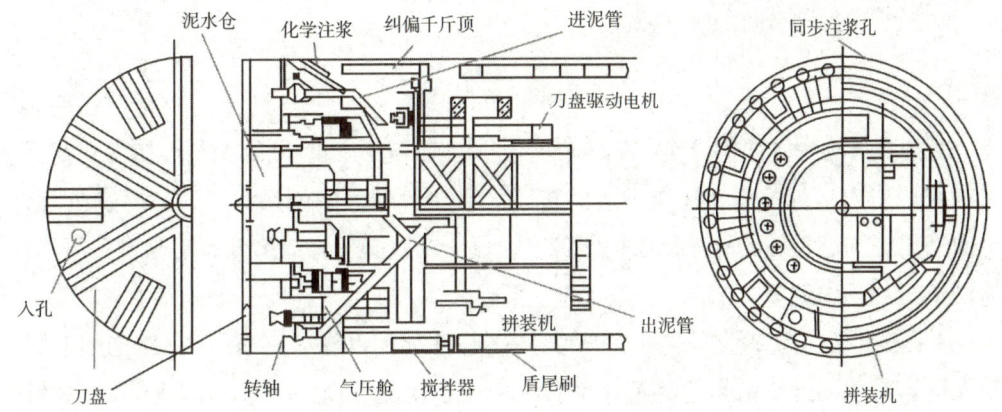

图 7-19 泥水平衡式盾构掘进机结构示意图

力平衡；②泥水作用到地层上后，形成一层不透水的泥膜，使泥水产生有效的压力；③加压泥水可渗透到地层的某一区域，使得该区域内的开挖面稳定。就泥水的特性而言，浓度和密度越高，开挖面的稳定性越好；而浓度和密度越低，泥水输送时效率越高。

泥水加压盾构适用于软弱的淤泥质土层，松动的砂土层、砂砾层、卵石砂砾层等地层。但是在松动的卵石层和坚硬土层中采用泥水加压盾构施工会产生逸水现象，因此在泥水中应加入一些胶粘剂来堵塞漏缝。

3. 手掘式盾构

手掘式盾构（图7-21）结构最简单，配套设备少，造价最低，制造工期短，适用于地质条件良好的工程。根据开挖、支护的方式不同，手掘式有敞开式、正面支撑式和棚式等。其开挖面由地质条件来决定，全部敞开式或用正面支撑开挖，一面开挖一面支撑。在松散的砂土地层可以按照土的内摩擦角大小将开挖面分为几层，这种盾构称为棚式盾构。

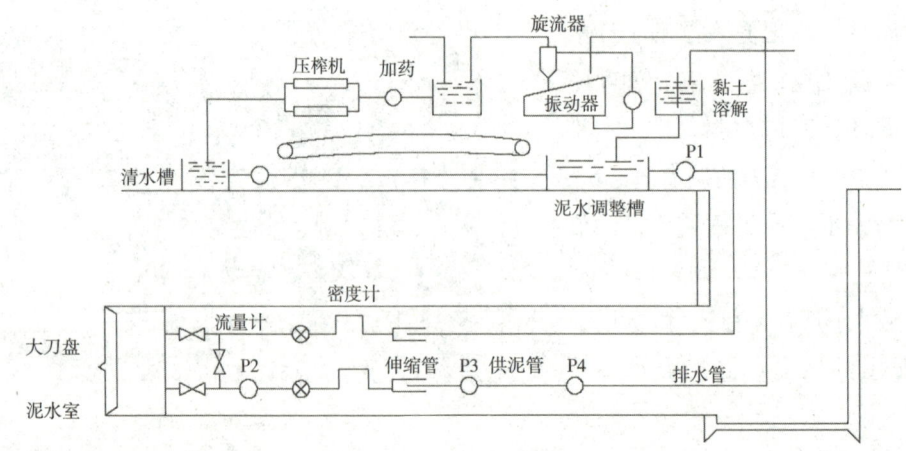

图 7-20 泥水加压盾构泥水处理系统

手掘式盾构的主要优点是：正面是敞开的，施工人员随时可以观测地层变化情况，及时采取应对措施；当在地层中遇到桩、大石块等地下障碍物时，比较容易处理；可向需要方向超挖，容易进行盾构纠偏，也便于曲线施工；造价低，结构设备简单，易制造，加工周期短。

手掘式盾构主要缺点是：在含水地层中，往往须辅以降水、气压等措施加固地层；工作面若发生塌方易引起危及人身及工程的安全事故；劳动强度大、效率低、进度慢，在大直径盾构中尤为突出。

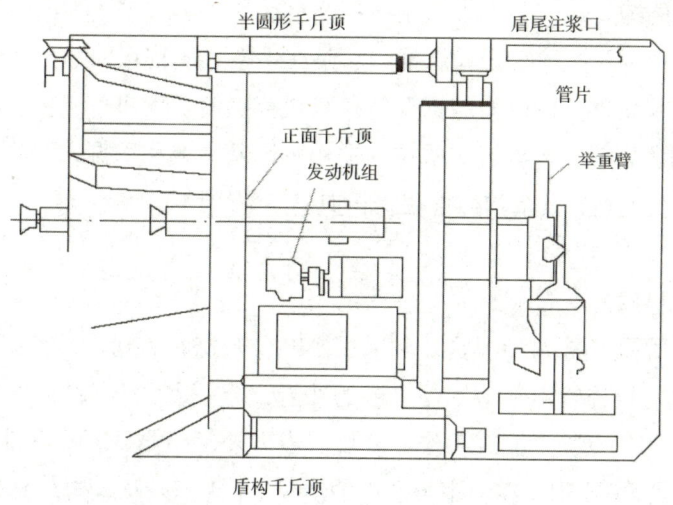

图 7-21 手掘式盾构

4. 挤压式盾构

挤压式盾构的开挖面用胸板封起来，把土体挡在胸板外，施工人员比较安全，结构可靠，没有坍方的危险。当盾构推进时，让土体从胸板局部开口处挤入盾构内，然后装车外运，不必用人工挖土，劳动强度小，效率也成倍提高。在特定条件下，也可将胸板全部封闭起来推进，成为全挤压盾构。

挤压式盾构仅适用于松软可塑的黏性十层，适用范围较狭窄。在挤压推进时，对地层土体扰动较大，地面产生较大的隆起变形，所以在地面有建筑物的地区不能使用，只能用在空旷的地区或江河底下、海滩处等区域。

5. 网格式盾构

网格式盾构是一种介于半挤压和手掘之间的一种半敞开式盾构，如图 7-22 所示。这种盾构在开挖面装有钢制的开口格栅，称为网格。当盾构向前掘进时，土体被网格切成条状，进入盾构后被运走；当盾构停止推进时，网格起到支护土体的作用，从而有效地防止了开挖面的坍塌，同时，引起地面的变形也较小。

网格盾构仅适用于松软可塑的黏土层，当土层含水量大时，尚需辅以降水、气压等措施。

图 7-22 网格式盾构

6.半机械式盾构

半机械式盾构也是一种敞开式盾构，它是在手掘式盾构正面装上机械来代替人工开挖。根据地层条件，可以安装正反铲挖土机或螺旋切削机；土体较硬时，可安装软岩掘进机的凿岩钻。半机械式盾构的适用范围基本上和手掘式一样，其优点除可减轻工人劳动强度外，其余均与手掘式相似。

7.敞开式机械盾构

敞开式机械盾构（图7-23）是一种采用紧贴着开挖面的旋转刀盘进行全断面开挖的盾构。它具有可连续不断地挖掘土层的功能，能一边出土，一边推进，连续不断地进行作业。其优点除了能改善作业环境、省力外，还能显著提高推进速度，缩短工期。与手掘式盾构相比，在曲率半径小的情况下，施工以及盾构纠偏都比较困难。一般适用于地质变化少的砂性土地层。

这种盾构的切削机构采用最多的是大刀盘形式，有单轴式、双重转动式、多轴式数种，以单轴式使用最为广泛。多根辐条状槽口的切削头绕中心轴转动，由刀头切削下来的土从槽口进入设在外圈的转盘中，再由转盘提升到漏斗中，然后由传送带把土送入出土车。

图7-23 敞开式机械盾构

7.3.2 盾构选型

选择盾构类型既要掌握不同盾构的特征，又要考虑开挖面有无障碍物、开挖面能否保持稳定以及其经济性。泥水加压盾构和土压平衡盾构是当前最先进的两种盾构形式，但是它们的造价一般比其他类型的盾构高。当某施工范围内的土层为软土，并且地质情况变化不大，地表控制沉降的要求不高时，可采用挤压盾构；当施工沿线有可能出现障碍物时，也可采用敞开手掘式盾构（手掘、机械兼用等）。

盾构的选型一定要综合考虑各种因素，不仅是技术方面的，还有经济和社会方面的因素，才能最后确定采用盾构的型号，如表 7-1 所示。

盾构选型比较表　　表 7-1

种类 项目	手掘 盾构	挤压 盾构	半机械 盾构	机械 盾构	泥水平衡 盾构	土压平衡盾构		
						削土式	加水式	加泥式
工作面 稳定	千斤顶、 气压	胸板、气 压	千斤顶、 气压	大刀盘、 气压	大刀盘、 泥水压	大刀盘、 切削土压	大刀盘、 加水作用	加泥作用
工作面 防塌	胸板、 千斤顶	调整 开口率	胸板、 千斤顶	大刀盘	泥水压、 开闭板	大刀盘、 土压	大刀盘、 水土压	泥水压
障碍物 处理	可能	非常困难	可能	困难	非常困难	非常困难	非常困难	非常困难
砾石处理	可能	—	可能	困难	砾石处理 装置	困难	砾石取出 装置	砾石取出 装置
适用土质	黏土、 砂土	软黏土	黏土、 砂土	均质土 为宜	软黏土、 含水砂土	软黏土、 粉砂	含水 粉质黏土	软黏土、 含水砂土
问题	可能涌水	地表沉降 或隆起	可能涌水	黏土多易 产生固结	黏土不易 分离	砂土时排水 施工困难	细颗粒少 施工困难	地表隆起 或沉降
经济性	隧道长度 短时较经 济	较经济， 但沉降或 隆起较大	长隧道时 较手掘式 经济	劳务管理 费较低	泥水处理 设备费昂 贵	介于机械式 和泥水式中 间	比泥水式 盾构经济	介于机械 式和泥水 式中间

7.4 出洞和进洞技术

在盾构法施工中，盾构机从始发工作井开始向隧道内推进称为出洞，到达接收井称为进洞。盾构机出洞、进洞是盾构法施工的重要环节，涉及工作井洞门的形式、洞门的加固、洞内设备布置等技术方案。

7.4.1 工作井

为了方便盾构安装和拆卸，一般需在盾构施工段的始端和终端建造竖井或基坑，称为工作井。盾构推进线路特别长时，还应设置检修工作井。工作井应尽量结合隧道规划线路上的通风井、设备井、地铁车站、排水泵房、立体交叉、平面交叉、施工方法转换处等设置。作为拼装和拆卸用的竖井，其建筑尺寸应依据盾构拼装、拆卸等确定，满足盾构装、拆的施工工艺要求。一般地，井宽应大于盾构直径 1.6~2.0m，长度应考虑盾构设备安装余地，以及盾构出洞施工所需最小尺寸。盾构拆卸井要满足起吊、拆卸工作的方便，一般比拼装井稍低，但应考虑留有进行洞门与隧道外径间空隙充填工作的余地。

7.4.2 基座与后座（后盾）

盾构基座置于工作井的底板上，用作安装及稳妥地搁置盾构，并通过设在基座上的导轨使盾构在施工前获得正确的导向。导轨需要根据隧道设计轴线及施工要求定出平面、高程和坡度，进行测量定位。基座可以采用钢筋混凝土（现浇或预制）或钢结构。导轨夹角一般为 60°~90°，图 7-24 所示为常用的钢结构基座。盾构基座除承受盾构自重外，还应考虑盾构切入土层后，进行纠偏时产生的集中荷载。

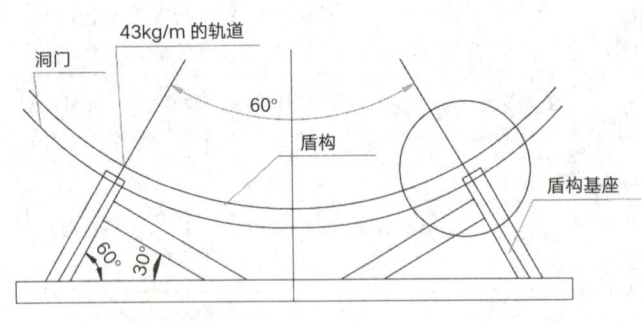

图 7-24 盾构基座示意图

盾构后座是指盾构刚开始向前推进（出洞）时在盾构与后井壁之间的传力设施，以承担其推力，通常由隧道衬砌管片或专用顶块与顶撑作后座。专用工作井后座由后盾环（负环）和细石混凝土组成，盾构掘进的轴向力由其传递至井壁上。可以利用地铁车站作为工作井时构筑的后座，由后盾环（负环）、工字钢柱和钢管支撑组成，盾构掘进的轴向力由其传递至站台的顶板、底板上。

后座不仅可用于传递推进顶力，而且也是垂直水平运输的转折点。所以，后座不能是整环，应有开口，以作垂直运输通口，而开口尺寸需由盾构施工的出进设备材料尺寸决定，在第一环（闭口环）上都要加有后盾支撑，以确保盾构顶力能够传至后井壁。当盾构向前掘进达到一定距离，盾构顶力可由隧道衬砌与地层间摩阻力来承担时，后座即可拆除。

7.4.3 出洞、进洞方式

盾构的出洞和进洞方式有工作井法、逐步掘进法和临时基坑法。目前，工作井出洞和进洞法应用较多；逐步掘进法的关键问题是盾构在逐渐变化深度中施工的轴线控制；临时基坑法一般只适用于埋置较浅的盾构始发端。

（1）工作井法

在垂直工作井上预留洞口及临时封门，盾构在井内安装就位；所有掘进准备工作结束后，即可拆除临时封门，使盾构进入地层。

（2）逐步掘进法

采用盾构法进行纵坡较大的、与地面有直接连通的斜隧道（如越江隧道）施工时，其后座可依靠已建敞开式引道来承担，盾构由浅入深进行掘进，直至盾构全断面进入土层。

（3）临时基坑法

在采用板桩或大开挖施工建成的基坑内，先进行盾构安装、后座施工及垂直运输出入通道的构筑，然后把基坑全部回填，将盾构埋置在回填土中，仅留出垂直运输出入通道口，然后拔除原基坑施工的板桩，盾构就在土中推进施工。

7.4.4 出洞

（1）盾构出洞准备工作

包括井内的盾构后盾管片布置、后座混凝土浇筑或后支撑安装、洞口止水装置的安装和洞门混凝土凿除等。

（2）盾构出洞

出洞口加固土体达到一定强度，后盾负环拼装、盾构调试完成后，拆除洞圈内钢筋混凝土网片，盾构靠上加固土体，调整洞口止水装置。

在盾构切口前端离洞口加固土体有一定距离时，利用螺旋机反转法向盾构的正面灌注黏土，使土压力达到施工要求，以防止盾构出洞时正面土体的流失。盾构推进前，在盾构基座轨道面上涂抹牛油，在刀头和密封装置上涂抹油脂，盾尾钢刷也须填满密封油脂。当第一环闭口环管片脱出盾尾后，立刻进行后盾支撑的安装；支撑完成后，在盾构推进时要密切观察后靠的变形情况，以防止变形过大而造成破坏。

7.4.5 进洞

盾构接收井施工完成后，测量确认洞门位置的中心坐标，安装盾构接收基座（参照出洞盾构基座安装形式），凿除接收井内混凝土洞门以及洞门封堵材料等各项工作全部准备就绪。

盾构进洞前 100m 进行隧道贯通测量，测量进洞口中心坐标，并复测两次。根据测量数据及时调整盾构推进姿态，确保盾构顺利进洞。

当盾构逐渐靠近洞门时，要在洞门混凝土上开设观察孔，加强对其变形和土体的观测，并控制好推进时的土压值。在盾构切口距洞门 50cm 左右时，停止盾构推进，尽可能掏空平衡仓内的泥土，使正面的土压力降到最低值，以确保混凝土封门拆除的施工安全。混凝土封门拆除的方法与出洞时基本相同。

在洞门混凝土吊除后，盾构应尽快连续推进并拼装管片，尽量缩短盾构进洞时间。

洞圈特殊环管片脱出盾尾后，用弧形钢板与其焊接成一个整体，并用水硬性浆液将管片和洞圈的间隙充填，以防止水土流失。

7.4.6 临时封门

盾构施工需先施作工作井或工作基坑，并在施工工作井或基坑的同时将隧道口预留出来，设置洞门并临时封闭，以确保洞口暴露后正面土体的稳定和盾构能够准确进洞、出洞。洞门的封闭形式与工作井构筑时的围护结构及洞口加固方法有关，还要考虑盾构进洞、出洞是否方便、安全和可靠。常用的临时封门按设置位置分有内封门和外封门；按结构形式分有钢结构形式和砌体形式。内封门一般用于进洞洞口，用于出洞口时洞圈内须用黏土夯实，形成一个土塞，以平衡井外土体的侧压力；外封门常用于出洞口。

7.4.7 洞门土体加固

（1）土体加固方法

盾构出洞、进洞门的施工中，土体的加固常用的有深层搅拌桩法、降水法、冻结法和注浆法等，如图 7-25 所示。搅拌桩法适用于软土加固；注浆法适用于含水丰富的砂土层加固；降水法较适用于含水丰富的流砂质土体加固。在软土盾构法施工中，一般可采用垂直冻结法加固盾构进出洞口，即在盾构进出洞口上部的土体内布置一定数量的冻结孔，经冻结后在洞门处形成板墙状冻土帷幕来抵御盾构进出洞破壁时的水土压力，防止土层塌落和泥水涌入工作井内。

（2）土体加固范围

一般地，土体加固范围应为盾构推进过程中，周围土体受到扰动、易出现塑性松动变形的范围。径向加固厚度需根据土层情况和加固方法确定；纵向厚度需根据水土压力进行设计计算，并且考虑一定的安全系数。一般来说，用冻结法加固时纵向厚度为 1~3m，注浆加固则更厚些，其他方法可根据经验取盾构长度再加长 1m 左右。

土体在深度上的加固范围有全深加固和局部加固两种。全深加固是隧道口上部

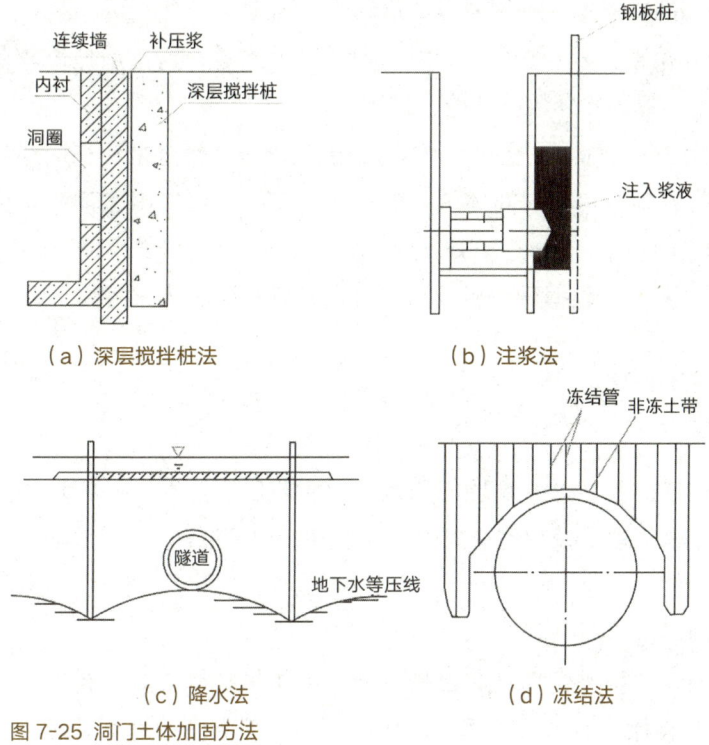

（a）深层搅拌桩法　　　　　（b）注浆法

（c）降水法　　　　　　　（d）冻结法

图 7-25 洞门土体加固方法

一直到地面的土层全部加固；局部加固是只对盾构周围须穿透的土层进行加固。加固深度与加固方法和隧道的埋深有关。注浆法一般为局部加固；降水法和深层搅拌桩法一般为全深加固；而冻结法既可全深加固也可局部加固。隧道埋深大时可采用局部加固；埋深较浅的隧道可全深加固。

7.5 推进作业

盾构出洞后，将开始正常的推进作业。推进作业包括工作面掘削、盾构掘进管理、盾构姿态控制和壁后注浆充填等工作，特别是控制排土量和壁后同步注浆，以控制掌子面土体稳定和地面沉降。

7.5.1 推进开挖方法

软土地层盾构推进的最基本过程是盾构在地层中推进，靠千斤顶顶力使盾构切入地层，然后在切口内进行土体开挖和外运。

（1）机械切削式开挖：利用刀盘的旋转来切削土体。

（2）敞开式挖土：其开挖方式是从上到下逐层掘进；若土层地质较差，还可借助支撑进行开挖，每环要分数次开挖、推进。

（3）网格开挖：盾构推进时，土体从格子里呈条状挤进来；在网格后面配有提土转盘，把土提升到盾构中心筒体端头的斗内，然后由筒体内运输机将土送到平板车上的土箱中运至地面。

（4）挤压式开挖：根据盾构机的形式有全挤压和局部挤压两种。

7.5.2 掘进管理

合理控制掘进速度是掘进管理的关键。封闭式盾构速度控制的核心是排土量与工作面压力的平衡关系，控制的要点是排土量和排土速度。

1. 土压平衡盾构的掘进管理

土压平衡盾构的掘进管理是通过排土机构的机械控制方式进行的。为了确保掘削面的稳定，必须保持舱内压力适当。压力不足易使掘削面坍塌；压力过大易出现地层隆起和地下水喷射。

土压平衡盾构的管理方法主要有以下两种。

（1）先设定盾构的推进速度，然后根据容积计算来控制螺旋输送机的转速。此外，还要将切削扭矩和盾构的推力值等作为管理数据。

（2）先设定盾构的推进速度，再根据切削密封舱内所设的土压计的数值和切削扭矩的数值来调整螺旋输送机的转速和螺旋式排土机的转速。

2. 泥水加压平衡盾构的掘进速度管理

泥水加压平衡盾构掘进中速度控制的好坏直接影响着开挖面水压稳定、掘削量管理和送排泥泵控制，也影响着同步注浆状态的好坏。掘进中，必须对开挖面泥水压力、密封舱内的土压力以及同掘土量平衡的出土量等进行必要的检测和管理。掘进速度控制过程中应注意以下五点。

（1）一环掘进过程中，掘进速度值应尽量保持恒定，减少波动，以保证切口水压稳定和送排泥管的通畅。如发现排泥不畅，应及时转换至"旁路"，进入逆洗状态。逆洗中应提高排泥流量，但不能降低切口水压。

（2）推进速度的快慢必须满足每环掘进注浆量的要求，保证同步注浆系统始终处于良好工作状态。

（3）盾构启动时，必须检查千斤顶是否靠足；开始推进和结束推进之前速度不宜过快。每环掘进开始时，应逐步提高掘进速度，防止启动速度过大。

（4）正常掘进时的扭矩应小于装备扭矩的50%~60%。若出现扭矩增大时，应降低掘进速度或使刀盘逆转。

（5）调整掘进速度的过程中，应保持开挖面稳定。

7.5.3 姿态的控制

盾构的姿态包括推进的方向和自身的扭转。目前，在泥水平衡和土压平衡等先进的盾构机中均采用电脑显示各种信息，可随时监控盾构的姿态。

1. 盾构偏向的判定

盾构偏向是指盾构掘削过程中，其平面、高程偏离设计轴线的数值超过允许范围。在盾构施工中的每一环推进前，可通过对盾构机现状位置的测量来制作盾构现状报表，从而反映盾构真实状态。该报表中包含如下信息：盾构切口、举重臂、盾尾三个中心的平面与高程的偏离设计轴线值，盾构的自转角，当前隧道的里程、环数，盾构的纵坡。

盾构偏向的原因：地层土质不均匀，以及地层有卵石或其他障碍物，造成正面及四周的阻力不一致，从而导致盾构在推进中偏向；机械设备的因素，如千斤顶工作不同步及其安装后轴线不平行等；施工操作的因素，如管片拼装质量不佳、环面不平整等。

目前，对盾构现状测量大多还是依靠于每环推进中或结束后，由人工进行测量。常规测量手段有以下四种。

（1）用激光经纬仪直接读出激光打在盾构前、后靶上的读数，可算出盾构的切口、举重臂和盾尾的三个中心的平面与高程偏离设计轴线值。

（2）丈量两腰千斤顶活塞杆伸出长度，估计平面纠偏效果。

（3）用水准仪测得盾构轴线两点，可算出盾构纵坡及高程偏差。

（4）坡度板法，这是一种施工人员可直接读出盾构纵坡、转角的值，以便能随时纠正的测量方法。

当今最为先进的测量手段是利用陀螺仪等高精尖技术，可克服不能使施工人员随时了解盾构现状的缺陷。

2. 盾构方向控制方法

盾构方向控制的操作方法主要有：

（1）调整不同千斤顶的编组

调整不同千斤顶的编组使其千斤顶合力位置与外力合力位置组成一个有利于纠偏的力偶，可调整盾构的纵坡，从而调整其高程位置及平面位置。

（2）调整千斤顶区域油压

可以通过调整千斤顶上、下、左、右四个区域的油压，起到调整千斤顶合力位置的作用，使其合力与作用于盾构上阻力的合力形成一个有利于控制盾构轴线的力偶。

（3）控制盾构的纵坡

稳坡法，盾构每推一环均用一个纵坡，以符合纠坡要求；变坡法，在每一环推进施工中，用不同的盾构推进坡度进行施工，最终达到预先指定的纵坡。

（4）调整开挖面阻力

当利用盾构千斤顶编组或区域油压调整无法达到纠偏目的时，可采用调整开挖面阻力的合力位置，从而得到一个理想的纠偏力偶，来达到控制盾构轴线的目的。敞开式挖土盾构可采用超挖，挤压式盾构可调整其进土孔位置和扩大进土孔。

3. 盾构自转的纠正

土质不均匀，盾构两侧的土体有明显差别，则土体对盾构的侧向阻力不一，从而引起旋转；在施工中为了纠正轴线，对某一处超挖过量，造成盾构两侧阻力不一而使盾构旋转，同样，安装在盾构上大的旋转设备顺着一个方向使用过多，也会引起盾构自转；由于盾构制作误差、千斤顶位置与轴线不平行、盾壳不圆、盾壳的重心不在轴线上等，使盾构在施工中产生旋转。

在盾构有少量自转时，可由盾构内的举重臂、转盘、大刀盘等大型旋转设备的使用方向纠正；当自转量较大时，则采用压重的方法，使其形成一个纠旋转力偶。

7.5.4 推进时的壁后充填

随着盾构的推进，在管片和土体之间会出现空隙。填充这些空隙的有效途径就是进行壁后注浆，壁后注浆的好坏直接影响对地层变形的控制。因此，衬砌壁后注浆是盾构法施工的一个必不可少的工序。

（1）注浆浆液的选择

盾构壁后注入材料主要有水泥、石灰膏、黏土、粉煤灰、水玻璃等。注浆浆液的选择受土质条件、工法种类、施工条件、价格等因素支配，故应在掌握浆液特性的基础上，按实际条件选用最合适的浆液材料。在砂砾层、砂层中，60% 使用双液型浆液；淤泥层、黏土层中使用双液型浆液的小于 50%；使用急凝充气砂浆与瞬凝型注浆材料的比例大致相等。另外，对砂层、淤泥层来说，使用砂浆中添加纸浆纤维的浆液比例占 10%。

（2）注入时机和注入方法

壁后注浆的最佳注入时机，应在盾构推进的同时进行注入或者推进后立即注入，且必须完全填充空隙。地层的土质条件是决定注入时机的先决条件，对易坍塌的均匀系数小的砂质土和含黏性土少的砂、砂砾及软黏土而言，必须在尾隙产生的同时对其进行壁后注浆；当地层土质坚固、尾隙的维持时间较长时，并不一定非得在产生尾隙的同时进行壁后注浆。

注入方法有后方注入式、即时注入式、半同步注入式和同步注入式。后方注入式是从数环后方的管片上注入；即时注入式是掘进一环后立即注入一环；半同步注入式是注浆孔从尾封层处伸出，在推进的同时进行跟踪注入；同步注入式是在盾构推进过程中进行跟踪注入。

同步注入法主要有：①由盾构机上的注入管直接向尾隙注入的方法；②利用管片上的前后两个注浆孔交替注入的方法；③把管片上注浆孔的位置设置在管片的端头，边推进边注浆的方法。

（3）注入压力和注入量

壁后注浆必须以一定的压力压送浆液，才能使浆液很好地遍及于管片的外侧，其压力大小大致等于地层阻力强度加上 0.1~0.2MPa。与先期注入的压力相比，后期注入的压力要比先期注入的大 0.05~0.1MPa，并以此作为压力管理的标准。

一般地，使用双液型浆液时，注入量通常为理论空隙量的 1.5~2.0 倍。施工中如果发现注入量持续增多，必须检查超挖、漏失等因素。而注入量低于预定注入量时，可能是注入浆液的配比、注入时机、注入地点、注入机械不当或出现故障所致，必须认真检查并采取相应的措施。

（4）二次注浆

对一次注入浆液的体积缩减部分、一次注入后未充填到部位的完全填充以及为了提高抗渗透等施工效果等情况的需要进行二次注入。

（5）注浆设备

壁后注浆设备基本上由拌浆机、贮浆槽（料斗、搅拌器）、注浆泵（压送泵、注入泵）、材料存储设备、计量设备、注入输浆管、注入控制装置、记录装置等构成。

7.6 管片制作与养护

7.6.1 施工准备

1. 技术培训和学习

为保证管片顺利生产，安排技术人员和技术工人到具备生产能力的管片生产厂进行较长时间的观摩学习，借鉴和总结主要工序的施工方法和技术要求。

2. 机具设备的准备与制造

（1）管片模具

根据盾构掘进工期、管片养护时间和等强时间、设备检修及一些不可预见因素，决定使用管片模具的数量，计算每月预计生产管片的环数。

管片模具的取材、定位、宽度、厚度、弧长、螺栓孔、密封情况等制作技术能否达到设计要求直接影响单片管片和拼装后整环精度，因此高精度的管模是决定管片质量的重要因素之一。

（2）生产设备、机具和材料

制作混凝土管片所需的生产设备、机具和材料如下：混凝土搅拌机、混凝土配料机、用于养护的蒸汽锅炉、水养护池、振动器(棒)、自制的钢筋笼加工台、轮式切割机、钢筋弯曲机、混凝土管片钢模、弧形(主筋)弯曲机、箍筋机、卷扬机、电焊机、翻斗车、叉车、液压翻转架、门型吊车。

3. 组织机构和选调技术工人

管片的高精度、高质量制作要求，使得各关键工序施作需有经验丰富的班长和技术工人，包括钢筋弯曲工、钢筋笼焊接工、混凝土拌合司机、混凝土捣固工、清模涂油工、蒸养工、起吊工、修补工。上述人员在生产前应进行有针对性的、时间较长的专门培训，技术过关后方可上岗操作，并要严格执行生产中施工技术人员和管理人员的现场值班制度，发现问题，及时解决。

7.6.2 管片制作

1. 管片制作流程

管片制作流程如图 7-26 所示。

2. 钢筋笼加工制作

（1）钢筋笼制作材料

钢筋笼制作的主要材料包括螺纹钢和圆钢等。

（2）钢筋笼检查

钢筋笼的制作加工应严格进行自检、监理检查，合格后方可存放场地。

（3）预埋件加工要求

① 预埋件有灌浆头、支架和圆形飞轮等三种，可按照混凝土保护层的设计厚度

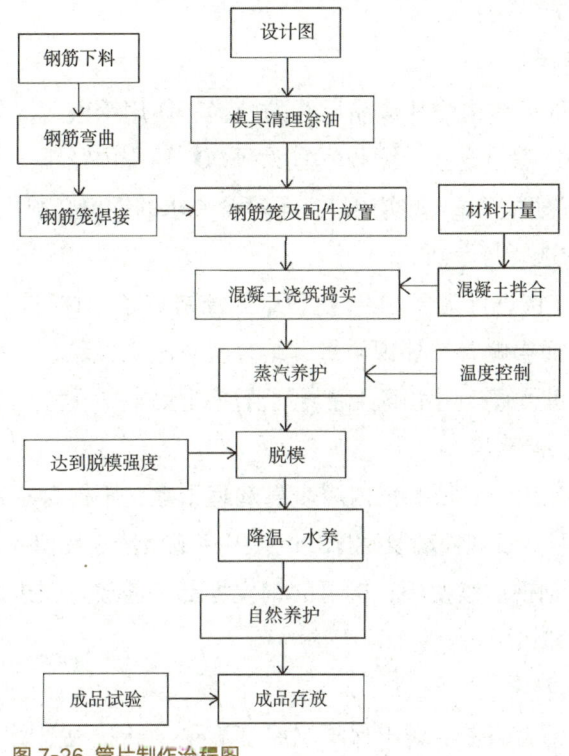

图 7-26 管片制作流程图

委外加工定做。

②入库前可由仓管人员通知质检工程师、监理检查其外观（无腐蚀、扭曲变形、油渍附着），超出允许标准的件应剔除，不得使用。

③为防止钢筋笼与钢模发生碰撞，在安放成型的钢筋笼之前，在钢筋笼四周各安设2个圆形飞轮卡具，在底部安设4个支架卡具，在中部预埋灌浆头1个。

（4）质量保证措施

①严格控制材料进场和检查相关证件，不符合要求的不准放置到钢筋堆放场地，各种材料未经试验合格后不准使用。堆放场地的材料应分类堆放，经常检查，防止腐蚀、生锈。

②对钢筋的下料尺寸随时抽查，不合格产品杜绝使用。

③日检和抽检钢筋笼，包括各位置钢筋是否正确，焊接是否牢固，焊缝是否出现咬肉、气孔、夹渣等现象，焊接后氧化皮及焊渣是否清理干净等。

④上道工序经自检和监理检查合格后方可进行下一道工序。

3. 模具准备及钢筋笼的安设

（1）模具的准备

钢模必须放置在平整的地面上，底部与四周地面接触处须垫实不可留有空隙，安放地面的高差不大于 5mm。

（2）模具精度控制

钢模的质量是保证盾构管片成品尺寸的前提，使用结束后，务必对钢模进行维护和保养，并逐件逐点检查。检测频率宜为每 200 环用内径千分尺检查内腔壁宽、大小侧弧长和模具深度一次，如实记录，不符合要求的钢模必须立即整改。

（3）隔离剂的选择与涂刷

隔离剂需要按比例进行调合，操作过程中如控制不好，对模具有极大的腐蚀作用，易使管模产生锈斑而影响管片外观质量。结合实际施工经验，可用煤油进行脱模清洗和色拉油涂刷，也可直接用水溶性隔离剂清洗和涂刷。

（4）钢模的保养

内置管片钢筋笼前，必须要把内腔表面清理干净，不得含有灰渣和积水；经常检查钢模上的紧固件，发现松动及时拧紧；振捣完成后清除残留在钢模上的混凝土，防止其干结，影响钢模后续使用；拆下的钢模零部件需放置在规定部位，不得掼摔和乱放，以免损伤和错用。

（5）钢筋笼的安设

安设钢筋笼时，为确保混凝土保护层厚度满足设计和规范要求，安放前在成型钢筋笼四周宜各安装 2 个圆形飞轮卡具、底部宜安设 4 个支架卡具、中部宜预埋灌浆头 1 个；安设完成后，管模的各部螺栓用扳手锁紧；组立完成后，再依次检查各预埋件、螺栓芯棒是否与钢筋接触，接触的必须予以调节。

4. 混凝土浇筑

（1）原材料

混凝土浇筑所需各项材料必须满足设计和规范要求。

（2）混凝土的浇筑与振捣

混凝土捣固质量的好坏与管片成型的外观质量有直接关系，如果捣固不到位，管片成型后外壁容易出现蜂窝和麻面，应按照以下步骤进行施作。

① 为防止管片模具碰损，宜采用小功率手持式振动器振捣。

② 混凝土铺料先两端后中间，并分层摊铺、分层振捣。振捣时要快插慢拔，使混凝土内的气体随着振捣棒慢慢拔出而排出混凝土体外，在一点的振捣时间以 12~15s 为宜，不可过振。可采用循环往复的捣固模式，单块管片振捣时间为 12~15min。

③ 振捣时振捣棒不得碰撞钢模螺栓芯棒、钢筋、钢模及预埋件。

④ 为防止混凝土在振捣过程中从端头溢出，一端振捣后，应盖上压板，压板必须压紧压牢，然后振捣另一端；待两端的压板都盖上后，继续往模具中间添加混凝

土并捣固，直至填满整个模具。

⑤混凝土浇捣后立刻沿模具外弧面边缘向弧面中央位置进行收面。

⑥管片模具压板拆除时间夏季以 30min 为宜，冬季以 60min 为宜，并随之进行管片外弧面整体的收面工作。

⑦静放 1~2h 再进行管片外弧面抹面两次。

⑧拔出螺栓芯棒的时间夏天为 60min，冬天为 90min。

⑨振捣完成后必须清除残留在钢模上的混凝土。

5. 管片拆模

（1）管片蒸汽养护结束后，管片混凝土拆模强度不得低于设计的轴心抗压强度值的 30%。

（2）脱模时先拆侧板，再卸端头板。在脱模时，严禁硬撬硬敲。

（3）管片脱模要用专门吊具，平稳起吊。

（4）起吊的管片在翻转架上翻成侧立状态。

7.6.3 管片养护

1. 蒸汽养护

混凝土浇筑完成后宜静放 1~2h 后开始蒸养，蒸养宜在四周封闭的蒸养棚内进行。

整个蒸养过程都应给管片盖上塑料薄膜（直接盖在管片外弧面）和帆布（宜离管片外弧面 20cm），并在每个模具帆布上安插温度计。升温过程宜匀速进行，控制在 16~18 ℃/h 为宜；蒸养温度一般控制在 45~55 ℃，最高不超过 60 ℃；蒸养时间一般为 2~3h。时间过长，管片易发生缩水，产生裂纹；时间过短，管片表面颜色不均匀，产生青斑，影响管片质量和性能。在蒸养过程中值班人员如发现某台模具温度上升较快，而同组中的模具温度正常，可堵塞该组 1~2 个蒸汽孔；若温度仍然较高，可将帆布掀起一小角，待降温达到要求后再盖上。蒸养结束，静放 1h 后，方可将帆布四周掀起进行自然降温；此时可把钢模端模打开辅助降温，降温时间控制在 2~3h，确保脱模时管片温度不超过大气温度 10℃。

2. 水养护

管片脱模后，冷却至与大气温度的差值符合要求后即可吊入水养护池养护。在水中养护不少于 14d，然后吊出水养护池，自然养护至 28d。管片水养护在长 28m、宽 20m、深 1.5m 的养护池内进行；养护池底部垫 10cm 厚的方木，防止管片在吊入池中时撞损。

管片脱模时，用温度计测管片螺栓孔内的温度，其温度与气温相差不超过 10℃ 方可吊出钢模。冬期施工时，管片脱模温度与外界温度的温差可能超过规定标准，为了给蒸汽养护留出更多的时间，可采用降温棚，并在其中设置类似空调的设施，把成型管片一片一片地从钢模吊入降温棚，使管片在其中得以匀速降温，待管片温度与大气温度的差值符合要求，再将管片集中吊装入水进行水养护。

3. 自然养护

管片从水养护池内吊出，进行同等条件下的试块试验，达到 7d 和 28 d 的试验强度，抗渗试验合格，经外观修饰后，放置管片堆放场地进行自然养护。

7.6.4 管片缺陷的修补

管片从养护池起吊后，按管片类型堆放。管片堆放整齐后，对管片出现掉角、蜂窝和麻面的部位进行修补。

掉角修补方法：修补前需将软弱部分凿去，用水和钢丝刷将基层清洗干净，不得有松动颗粒、灰尘、油渍，表面用清水湿润。宜采用 808 强力胶粘剂、白水泥、灰水泥配置灰浆进行修补，修补厚度在 3cm 以下可做一次修补，反之则分多次修补完成，在棱角部位用靠尺取直，修补完后进行保湿养护。

蜂窝和麻面修补方法：将松动颗粒、灰尘、油渍清理干净，并湿润。宜采用 808 强力胶粘剂、白水泥、灰水泥配置灰浆将蜂窝处填满补平后与原尺寸相符，修补面要刮平抹光。

7.7 管片储存及运输

7.7.1 储存堆置

（1）完成水养护之后，管片移入储存场依生产日期分批放置储存。

（2）储存场地以工地为主，管片厂临时储存场所为辅。

（3）储存场地面应铺设枕木，避免管片直接接触地面，管片之间应有适当间隔。

（4）管片堆置应平放整齐，堆放高度以一环（六片）为宜，防止倾倒。

（5）管片于生产、储存及运输期间应有适当保护以避免碰撞及其他损害。

7.7.2 管片运输

（1）管片用吊具及吊车（叉车）吊运储存或放置于管片专用运输车上。

（2）出厂前应通知质检工程师及现场监理，查验预出厂管片是否已达混凝土设计强度，外观品质是否合格，编号是否正确，待查验确认并经签核后，方可出厂。

（4）管片放置于平板车时，注意小心吊运，避免因碰撞产生破损，并力求稳定放置于固定的枕木垫块上，做好捆扎工作。

（5）每车装载重量不超过该车安全限重。

（6）值班守卫人员应于车辆出厂前核对出货单、清点数量、登记车号，经查验无误后方可出厂。

7.8 管片的拼装

管片拼装是建造盾构隧道重要工序之一，管片与管片之间可以采用螺栓连接（图 7-27）或无螺栓连接形式（图 7-28），管片拼装后形成隧道。

隧道管片拼装按其整体组合，可分为通缝拼装和错缝拼装。

（1）通缝拼装：各环管片的纵缝对齐拼装。这种拼装定位容易，纵向螺栓易穿，拼装施工应力小，但容易产生环面不平，并有较大累计误差，从而导致环向螺栓难穿，环缝压密量不够。

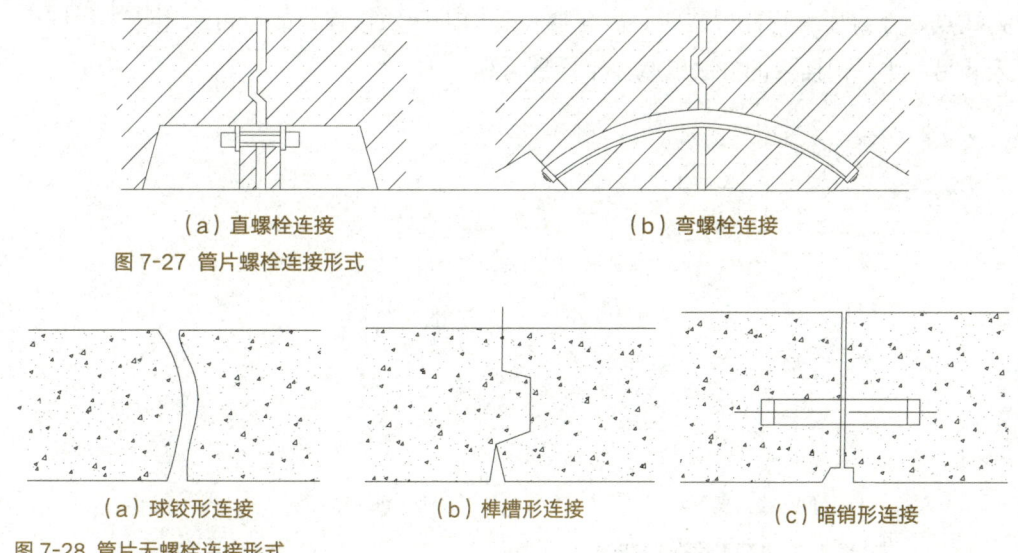

（a）直螺栓连接　　　　　　　　　（b）弯螺栓连接

图 7-27 管片螺栓连接形式

（a）球铰形连接　　　　（b）榫槽形连接　　　　（c）暗销形连接

图 7-28 管片无螺栓连接形式

（2）错缝拼装：前后环管片的纵缝错开拼装，一般错开 1/3~1/2 块管片的弧长。采用此法建造的隧道整体性较好，环面较平整，环向螺栓较易穿。但是，这种拼装方法施工应力大，管片容易产生裂缝，纵向穿螺栓困难，纵缝压密差。

目前，所采用的管片拼装工艺可归纳为先下后上、左右交叉、纵向插入、封顶成环。

针对盾构有无后退，可分先环后纵拼装和先纵后环拼装。

（1）先环后纵：先将管片拼装成圆环，拧好所有环向螺栓，在穿进纵向螺栓后再用千斤顶整环纵向靠拢，然后拧紧纵向螺栓，完成一环的拼装工序。采用此种拼装方法，成环后环面平整，圆环的椭圆度易控制，纵缝密实度好；但如前一环环面不平，则在纵向靠拢时，对新成环所产生的施工应力较大。这种拼装工艺适用于采用敞开式或机械切削开挖和盾构后退量较小的盾构施工。

（2）先纵后环：缩回一块管片位置的千斤顶，使管片就位，再立即伸出缩回的千斤顶，这样逐块拼装，最后成环。用此种方法拼装，其环缝压密好，纵缝压密差，圆环椭圆度较难控制，主要可防止盾构后退；但对拼装操作带来较多的重复动作，拼装也较困难。这种拼装工艺适用于采用挤压或网格盾构和盾构后退量较大的施工。

按管片的拼装顺序，可分先下后上及先上后下拼装。

（1）先下后上：使用举重臂从下部管片开始拼装，逐块左右交叉向上拼。这样拼装安全，工艺也简单，拼装所用设备少。

（2）先上后下：先采用拱托架拼装上部，使管片支承于拱托架上。此拼装方法安全性差，工艺复杂，需有卷扬机等辅助设备，适用于小盾构施工。

封顶管片的拼装形式有径向楔入和纵向插入（图 7-29）两种。径向楔入时其半径方向的两边线必须呈内八字形或者至少是平行，受荷后有向下滑动的趋势，受力不利。采用纵向插入式的封顶块受力情况较好，在受荷后，封顶块不易向内滑移；其缺点是在封顶块管片拼装时，需要加长盾构千斤顶行程，故也可采用一半径向楔入和另一半纵向插入的方法以减少千斤顶行程。

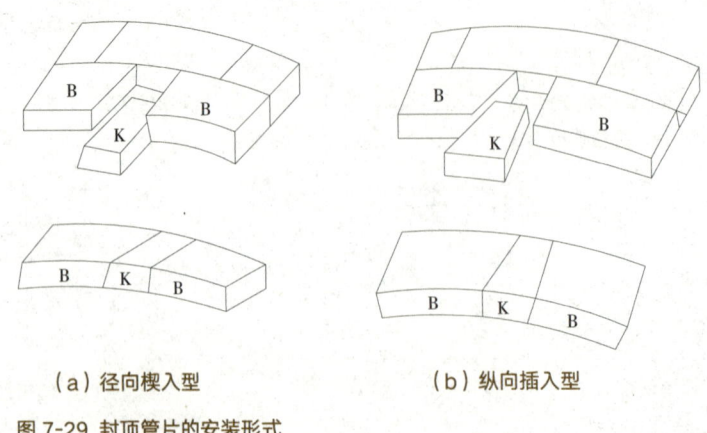

（a）径向楔入型　　　　　　（b）纵向插入型

图 7-29 封顶管片的安装形式

7.9 隧道的二次衬砌

盾构隧道施工时，在盾尾内组装的管片或现浇的混凝土叫作一次衬砌，而把其后施工的衬砌称为二次衬砌或内衬。二次衬砌多用于管片补强、防蚀、防渗、矫正中心线偏离、防震、使内表面光洁和装饰隧道内部等。根据隧道使用要求，可分成浇筑底板混凝土、浇筑 120° 下拱混凝土、浇筑 240° 下拱混凝土和浇筑 360° 全内衬混凝土等四种形式，如图 7-30 所示。

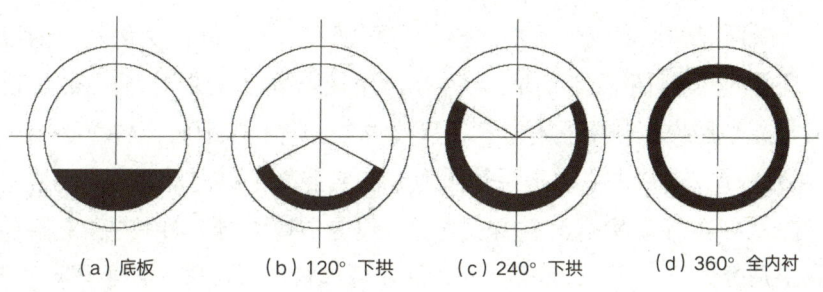

| (a) 底板 | (b) 120° 下拱 | (c) 240° 下拱 | (d) 360° 全内衬 |

图 7-30 混凝土内衬形式

盾构隧道全内衬混凝土现在多采用钢模台车结合泵送混凝土施工。在已完成的隧道内，采用特殊的钢模板作为浇筑内衬的成型胎模的模芯，其外模即管片衬砌，再借助模板台车端部的封堵板，把管片与模芯连成一个整体，此时构成环形空穴，由泵送来的混凝土连续不断地压力灌注、充填密实，形成具有设计厚度、呈 360° 的内衬混凝土整体结构。其施工要点有：

（1）全内衬台模定位立模

隧道全内衬混凝土浇筑的关键是上拱顶施工，为了浇筑好上拱顶混凝土，必须重视台模定位、立模的正确性。台模移动到位后，利用台模上液压设备中的油缸把收缩的台模伸展到设计的上拱顶直径位置，并复核台模外壁与隧道内壁的间隙距离是否达到要求的内衬壁厚，台模后尾模板必须与已浇筑好的上拱顶混凝土相叠20cm，在台模的另一端安装好封堵模板。台模定位无误后，在台模中间部位加设定位撑杆，分别撑在隧道上部和左右内壁，避免台模在浇筑混凝土时发生水平移位和上浮，最后在台模缝隙之间填上密封材料，防止漏浆。

（2）预埋件设置

根据盾构隧道使用要求，内衬预埋件设置在内衬混凝土结构内。施工前，按设计要求，对有规律分布的预埋件可在台模上开孔，用螺栓固定在台模模板背面；对无规律的预埋件可固定在台模上，也可在扎筋时固定在钢筋上，但必须固定牢靠，尺寸准确，便于以后寻找。

（3）浇筑设备准备

隧道内衬浇筑前对内衬混凝土搅拌设备、运输机械、装卸机具、泵送混凝土设备等都要作好充分准备，保证其完好率。混凝土可现场搅拌，也可使用商品混凝土。如果现场搅拌，可把混凝土搅拌机设置在井口，拌好的熟料可用溜管直接注入井下储料斗；采用商品混凝土时，搅拌车输送到井口卸料，通过溜管注入井下储料斗或直接注入隧道内的搅拌车，再运入台模浇筑点。混凝土泵车安装在平板车上，便于前后移动。

（4）上拱顶混凝土浇筑的质量保证措施

因为上拱顶混凝土浇筑采用不振捣的自落密实法或泵送压力灌注，所以混凝土一定要有良好的和易性和足够的坍落度，水泥用量应适当增加。拱顶混凝土在浇筑中，泵送到模板充填腔内下料要左右对称，高度基本相等，泵管插入深度为台模总长的2/3或距离台模尾部3m左右。当泵管压力升高或混凝土纵向延伸流动而涨过泵管口2m以上时，就可逐渐拔管后退，边泵送灌注，边退出管子，同时用铁锤敲击台模模板，检查混凝土是否到位、密实，当确认密实后才可继续拔管泵送。混凝土泵送到最后，采取快速抽管堵口法封好上拱顶最上一块封板，并用回丝快速堵口，防止局部混凝土流出造成空洞。

（5）拆模、清理和台模移位

内衬混凝土浇筑完成后，必须对所有浇筑机具进行清洗（包括混凝土输送管道），对外漏砂浆进行全面清除。由于隧道内温度一般为 20~25℃，混凝土养护时间超过6h 后便可拆开模板。拆模前必须先拆除所有预埋件固定螺栓和封堵板，其顺序是先拆下模板，再拆两侧中模板，最后拆拱顶模板，缩回所有固定用的丝杠千斤顶，模板收缩后即可利用台模上的行走机构移位到下一个浇筑地段，移位好的台模和已浇筑好混凝土要搭接 20cm，其目的是便于台模定位和阻止漏浆。

7.10 盾构掘进对地层的影响及监测

盾构法施工不可避免地会引起地层扰动，使地层发生变形，特别是软弱地层，当埋深较浅时变形会波及地表并使地表产生沉降。当地层变形超过一定范围，会严重影响周围邻近建（构）筑物及地下管网的安全，引起一系列的环境岩土工程问题。因此，在施工中必须采取合理的措施，减少和控制地表下沉。

7.10.1 致使地层变位的主要因素及阶段划分

盾构推进中，造成地表沉降的主要原因是施工过程中产生的地层损失。造成地层损失的主要因素有以下七个。

（1）土体受施工扰动后固结，从而产生地层损失。

（2）在水土压力作用下，隧道衬砌变形引起地层损失。

（3）壳体移动与地层间的摩擦和剪切作用引起地层损失。

（4）开挖面土体的移动。盾构掘进时，如果出土速度过快而推进速度跟不上，开挖面土体则可能出现松动和坍塌，破坏了原地层应力平衡状态，导致地层沉降或隆起；盾构机的后退也可能使开挖面塌落和松动，从而引起地层损失而产生地表沉降。

（5）采用降水疏干措施时，土体有效应力增加，再次引起土体固结变形。

（6）土体挤入盾尾空隙。主要原因是因注浆不当，使盾尾后部隧道周边土体向盾尾坍塌，产生地层损失引起地层沉降。

（7）盾构推进方向的改变、盾尾纠偏、仰头推进、曲线推进都会使实际开挖面形状大于设计开挖面而引起地层损失。

盾构施工引起的地面变形，依据实测曲线分析，大致分为五个阶段：盾构到达前的地面变形、盾构到达时的地面变形、盾构通过时的地面变形、盾构通过后的瞬时地面变形和地表后期固结变形。

（1）盾构到达前的先期变形。在盾构推进正面地层滑裂面范围，受到地层孔隙水压力的变化，导致地表略有隆起。该阶段的变形较小，一般小于总变形量的5%。

（2）盾构到达时的地面变形。盾构前方土体受到挤压会向前、向上移动，使地表有微量隆起；若开挖面土体支护力不足而向盾构内移动时，则盾构前方土体发生向下、向后移动；若开挖面前上方有建筑物存在，可能因为超载作用抵抗土体挤压上隆的作用力，而不发生隆起。该阶段的变形量约占总变形量的10%~15%。

（3）盾构通过时的地面变形。盾构两侧土体向外移动，地面发生变形，变形量占总变形量的10%~25%。

（4）盾构通过后的瞬时地面变形。盾构通过后，由于衬砌外壁与土壁之间有空隙，地表会有一个较大的下沉（占总变形量的20%~30%），而且沉降速率较大，这种沉降有时又称为施工沉降。

（5）地表后期固结变形。盾构施工过程会对周围土体产生扰动导致土中孔隙水压力上升，但随着孔隙水压力的消散，地层会发生主固结沉降；孔隙水压力趋于稳定后，土体的骨架仍会因蠕变而发生次固结沉降。在总变形量中，这部分变形仍占较大比例，约为25%~40%。

7.10.2 地层位移的计算和预测

目前，盾构隧道施工中多数采用 Peck 法估计盾构法施工引起的地面沉降和地层损失，但是 Peck 法未考虑地层特性和施工因素。随着有限元法数值分析的发展和计算机的普及，现在可采用考虑地层条件、盾尾空隙和壁后注浆等因素的有限元法对盾构施工引起的地层位移进行计算分析与预测。此外，国内外不少学者采用模型试验、智能决策理论等方法对地表沉降进行计算和预测。下面对 Peck 法进行介绍。

Peck 法假定不排水情况下隧道开挖所形成的地表沉降槽的体积应等于地层损失的体积；地层损失在整个隧道长度上均匀分布，隧道施工产生的地表沉降横向分布近似为一正态分布曲线（图 7-31）。图 7-31 中，$\tan\beta=\dfrac{W-R}{Z}$。其中，W 为隧道开挖所形成的地表变形影响范围的宽度；R 为盾构隧道的开挖半径；Z 为从地表到隧道中心的深度。

横向地表沉降的预估公式以及最大沉降量的计算公式如下：

$$S(x)=S_{\max}e^{\left(-\frac{x^2}{2i^2}\right)} \tag{7-8}$$

$$S_{\max}=\frac{V_l}{i\sqrt{2\pi}}\approx\frac{V_l}{2.5i} \tag{7-9}$$

式中　$S(x)$ ——距隧道中心轴线距离为 x 处的地面沉降（m）；

$S_{\max}$ ——隧道轴线上方地表最大沉降量（m）；

　　i ——地表沉降槽宽度，即曲率反弯点与隧道中心轴线在地表投影的距离（m）；

　V_l ——盾构隧道单位长度的地层损失量（m³/m）。

反弯点 i 处的沉降量约为 $0.61S_{\max}$，最大曲率半径点的沉降量约为 $0.22S_{\max}$，沉降槽断面面积约为 $\sqrt{2\pi}\,S_{\max}i$。

Peck 公式只需确定两个参数，使用简便。但是，由于其精度不高，只能作为定性分析，无法作为细致分析。工程实践中，地层损失量与多种因素有关，一般很难正确估计，所以预测地面沉降量也有一定难度，常直接类比而定。所以，国内外许多专家

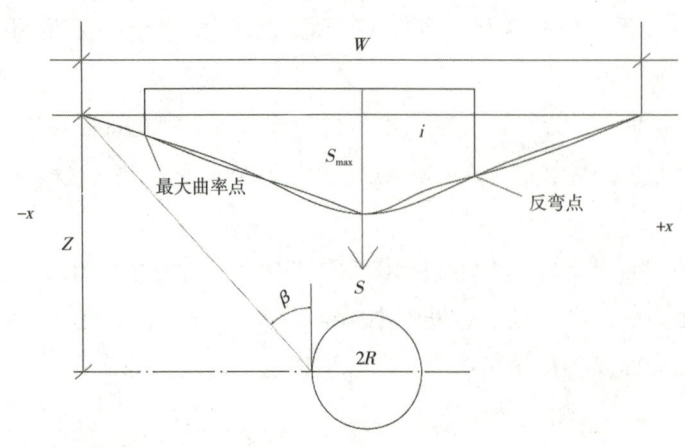

图 7-31 隧道横向地表沉降分布曲线示意图

都根据具体情况对 Peck 公式进行了部分修正。

7.10.3 地表沉降的监测与控制

盾构施工期间，必须进行施工监测，根据监测结果提出控制地表沉降的措施和保护周围环境的方法，以便保护周围的地表建筑、地下设施的安全。

1. 监测内容和方法

盾构施工监测的项目有地表沉降，土体沉降，土体变形，土压力，孔隙水压力，建筑物沉降、倾斜、裂缝，隧道衬砌土压力、应力、变形等。所用监测仪器和方法如表 7-2 所示。

（1）土体沉降测量。采用分层沉降仪量测不同深度处地层的隆陷。钻孔埋设塑料测管，钻孔深度应大于隧道洞底标高 2~5m，而位于隧道顶部的测管应高于隧道拱顶 0.5m 以上。塑料测管上埋设磁性沉降标或在测管外放置磁环作为测点，测点间距为 1~3m。

盾构施工监测项目和方法　　　　　　表 7-2

监测项目	监测仪器		监测方法
	名称	结构	
地表沉降	地表桩	钢筋混凝土桩	水准仪测量
土体沉降	分层沉降计	磁环	分层沉降仪测定
土体变形	测斜管	塑料、铝管	倾斜仪测定
土压力	土压计	钢弦式、电阻应变式	频率仪、应变仪测定
孔隙水压力	水压计	钢弦式、电阻应变式	频率仪测定
衬砌应力	钢筋计	钢弦式、电阻应变式	频率仪、应变仪测定
隧道变形	收敛仪	—	仪器测定
建筑物沉降	沉降桩	钢制	水准仪测量
建筑物倾斜	—	—	经纬仪测量
建筑物裂缝	百分表、裂缝观察仪	电子式、光学式	仪器测定

（2）地表变形测量。用于监测地表沉降的标准地表桩为预制的混凝土地表桩，中心埋钢制测点。地表桩底埋入原状土，在桩的四周用砖砌成保护井，加井圈和井盖，井盖应与地表持平。采用精密水准仪测量地表桩的高程变化。

（3）土体水平位移量测。采用倾斜仪放入埋设在土体中的测斜管测量。测斜管的材质应满足与土体共同变形的要求。测斜管采用钻孔埋设，管底用砂浆固定。量测时将倾斜仪沿测斜管十字槽缓缓放入管底，然后缓缓拉上，每隔 50cm 读数一次，拉出管口后将倾斜仪旋转 180°，再次放入，读数，取两次读数平均值计算，完成一个方向的量测；再把倾斜仪旋转 90°，测另一个方向的位移。

（4）土压力和孔隙水压力量测。通过埋设在土体中的土压计和孔隙水压计量测。土压计和孔隙水压计采用钻孔埋设。隧道衬砌的土压力量测一般采用在管片背面埋设土压计的方法。在预制管片时预留埋设孔，在管片拼装前将土压计埋设在预留孔内，土压计外膜必须与管片背面保持在一个平面上。

（5）隧道衬砌内力量测。一般通过量测管片中的钢筋应力后计算出隧道衬砌测点处的弯矩 M 和轴力 N。钢筋应力一般采用钢弦式钢筋应力计进行量测。钢筋应力计的埋设，是在管片钢筋笼制作时把钢筋应力计焊接在内、外缘的主钢筋上。

（6）隧道圆环变形量测。主要监测隧道横径和纵径的变化。在测点处的拱顶、洞底、拱腰处共埋设 4 个金属钩，将收敛仪的两头固定在小钩上，读出收敛仪上的读数。圆环变形以椭圆度来表示，实测椭圆度等于横径与竖径的差值。

（7）地面建筑物监测。建筑物沉降通过对承重墙、承重柱和基础进行沉降观测得到，采用水准仪量测其高程的变化。对高耸的建筑物必须进行倾斜监测，一般采用经纬仪进行量测；对重要建筑物可采用连通管测量仪进行沉降连续监测，采用倾角仪对建筑物倾斜进行连续监测。

2. 地表沉降的控制

用于控制地表沉降的措施有：

（1）施工中采用灵活合理的正面支撑或适当的气压值来防止土体坍塌，保持开挖面土体的稳定。条件许可时，尽可能采用泥水加压盾构和土压平衡盾构等先进的施工方法。

（2）盾构掘进时，严格控制开挖面的出土量，防止超挖，即使是对地层扰动较大的局部挤压盾构，只要严格控制其出土量，仍有可能控制地表变形。

（3）要控制盾构推进每一环时的纠偏量，以减少盾构在地层中的摆动和对地层的扰动，同时尽可能减少纠偏需要的开挖面局部超挖。

（4）提高隧道施工速度和连续性，避免盾构停搁，对减小地表变形有利。若盾构需要中途检修或其他原因必须暂停推进时，务必做好防止后退的措施，正面及盾尾要严格封闭，以尽量减少搁置期间对地表沉降的影响。

（5）要做好盾尾建筑空隙的充填压浆。确保压注工作的及时性，尽可能缩短衬砌脱出盾尾的暴露时间。

（6）确保合理的压浆数量，控制适当的注浆压力，但过量的压注会引起地表隆起及局部跑浆现象，对管片受力状态有影响。改进压浆材料的性能，施工时严格掌握压浆材料的配合比，通过试验不断改进其凝结时间、强度、收缩量，提高注浆材料的抗渗性。

（7）隧道选线时要充分考虑地表沉降可能对建筑群的影响，尽可能避开建筑群或使建筑物处于地表均匀沉降区内。对双线盾构隧道还应预计到先后掘进产生的二次沉降，最好在盾构出洞后的适当距离内对地表沉降和隆起进行量测，作为后掘进盾构控制地表变形的依据。

 思考题

7-1 简述盾构法施工基本原理。

7-2 简述盾构法施工的优缺点。

7-3 盾构机的类型如何选择？

7-4 简述盾构机的基本构造及其相应的功能。

7-5 简述盾构机尺寸及推进系统推力的计算方法。

7-6 简述盾构法施工的进出洞技术。

7-7 简述盾构推进开挖方法。

7-8 简述盾构管片制作、养护与运输需要注意的主要事项。

7-9 简述盾构推进中造成地层损失的主要因素。

7-10 盾构法施工致使地层变形的因素有哪些方面，地层变形可划分为哪几个阶段？

7-11 简述 Peck 隧道横向地表沉降分布曲线中反弯点、最大曲率半径点、沉降槽宽度系数的含义。

7-12 如何对盾构施工引起的地表沉降进行监测和控制？

第 8 章

岩石隧道掘进机施工

本章知识点

【主要内容】全断面岩石隧道掘进机施工的基本原理、优缺点、适用性及其施工准备、掘进作业和出渣与运输。

【基本要求】熟悉全断面岩石隧道掘进机法施工的基本原理、优缺点、适用性；掌握岩石隧道掘进机的选择，全断面岩石隧道掘进机施工的施工准备、掘进作业和出渣与运输；了解全断面岩石隧道掘进机的类型与结构、全断面岩石隧道掘进机的后配套系统。

【重　　点】岩石隧道掘进机的选择，全断面岩石隧道掘进机施工的施工准备、掘进作业和出渣与运输。

【难　　点】全断面岩石隧道掘进机施工方案选择与施工作业。

8.1 概述

　　全断面岩石隧道掘进机法施工是指利用全断面岩石隧道掘进机（简称隧道掘进机，Tunnel Boring Machine，缩写为 TBM）在岩质围岩中进行隧道开挖的方法，它利用掘进机上的回转刀盘和推进装置的推进力使刀盘上的滚刀切割或破碎岩石，以达到破岩开挖隧道的目的。

　　按岩石的破碎方式，其大致可分为挤压破碎式与切割破碎式两种。前者是给刀具较大的推力，通过刀具的楔子作用将岩石挤压破碎；后者是利用旋转扭矩在刀具的切线及垂直方向上切削破碎岩石。如果按刀具切削头的旋转方式区分，又可将其分为单轴旋转式和多轴旋转式两种。

　　全断面岩石隧道掘进机是一种采用滚压式切削盘在全断面范围内破碎岩石，集破岩、装岩、转载和支护于一体而用于圆形断面隧道的大型综合掘进机械。它由切削破碎装置、行走推进装置、出渣运输装置、驱动装置、机器方位调整机构、机架、机尾、液压、电气、润滑和除尘系统等组成。

　　全断面岩石隧道掘进机可一次切割出所需断面，且形状多为圆形，主要用于工程涵洞和隧道的岩石掘进；适用于直径为 2.5~10m 的全岩隧道，岩石的单轴抗压强度可达 50~350MPa。本章主要介绍全断面岩石隧道掘进机的选择与施工作业。

8.2 全断面岩石隧道掘进机

　　全断面岩石隧道掘进机利用圆形的刀盘破碎岩石，故又称为刀盘式掘进机，如图 8-1 所示。掘进机的基本施工工艺是刀盘旋转破碎岩石，岩渣由刀盘上的铲斗运至掘进机的上方，靠自重下落至溜渣槽，进入机头内的运渣胶带机，然后由带式输送机转载到渣车

图 8-1 全断面掘进机的外观

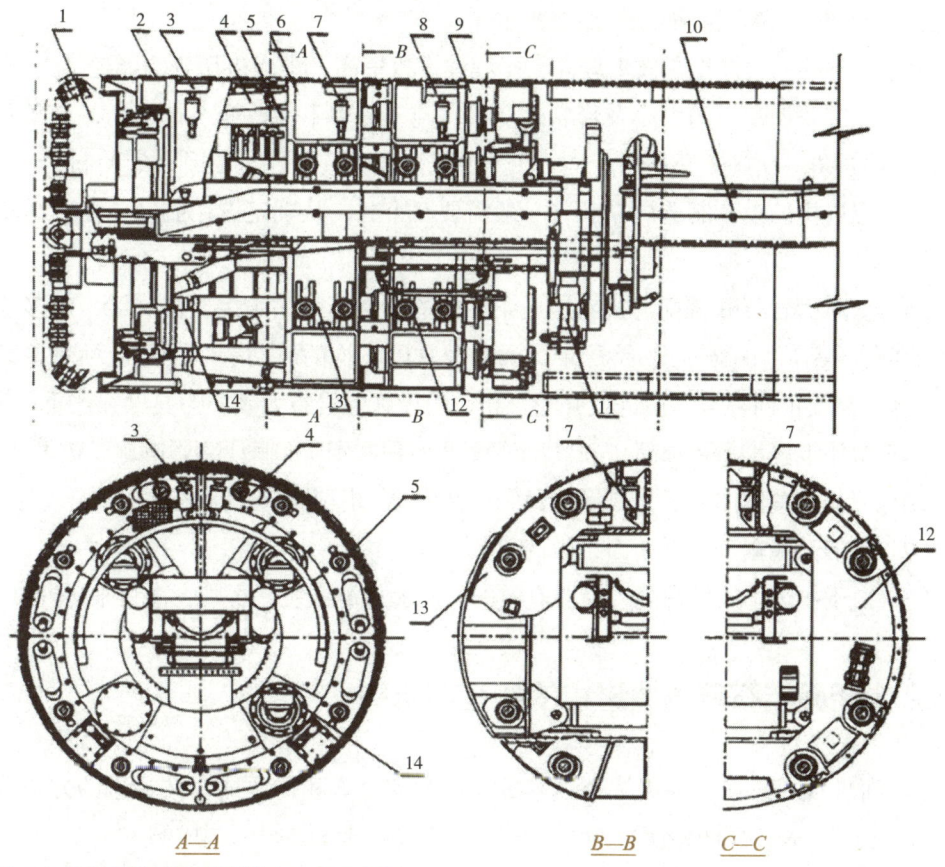

图 8-2 全断面岩石掘进机结构与工作示意图

1-刀盘部件；2-前护盾；3-前稳定靴；4-推进油缸1；5-推进油缸2；6-中护盾；7-中稳定靴；8-后稳定靴；9-后护盾；10-出渣皮带机；11-管片铺设机；12-后支撑靴；13-前支撑靴；14-刀盘回转驱动机构

内，利用电机车拉到洞外卸载。掘进机在推力的作用下向前推进，每掘够一个行程便根据情况对围岩进行支护。整个掘进工艺如图 8-2 所示。

8.2.1 全断面岩石隧道掘进机施工的优缺点及其适用范围

1. 全断面岩石隧道掘进机施工的优点

全断面岩石隧道掘进机有驱动动力大、能在全断面上连续破岩、操作自动化程度高和生产效率高等特点。全断面岩石隧道掘进机的主要优点是综合机械化程度高、掘进速度快、劳动效率高、人力劳动强度低、工作面条件好、隧道成型好、一次性成洞、衬砌量少、围岩不受爆破的震动和破坏、有利于隧道的支护等。以上优点可概括为以下四个方面：快速施工，掘进效率高；掘进机开挖施工质量好且超挖量少；对围岩的扰动小，安全性高；经济效果优。

2. 全断面岩石隧道掘进机施工的缺点

（1）设备的一次性投资成本较高，工程建设投资高，难以应用到短隧道。

（2）隧道开挖断面的大小及形状改变难，施工途中不能改变开挖直径，全断面岩石隧道掘进机一次施工只适用于同一个直径的隧道，在应用上受到一定的制约。

（3）掘进机的设计制造周期长，一般需要9个月，从确定选用到实际使用约需1年时间。

（4）全断面岩石隧道掘进机对地质条件的适应性不如钻眼爆破法灵活，对多变的地质条件（断层、破碎带、挤压带、涌水及软硬不均的岩石等）的适应性较差，不同的地质需要不同种类的掘进机并配置相应的设施。岩石太硬，刀具磨损严重。

（5）操作维修水平要求高，一旦出现故障，不能及时维修便会影响施工进度。

（6）刀具及整体体积大，更换刀具和拆卸困难，作业时能量消耗大。

（7）一般只能掘进圆形断面，限制了其发展前景。

（8）由于掘进生产效率高，需要有效的后配套排渣系统，否则会减慢推进速度。

8.2.2 全断面岩石隧道掘进机的类型与结构

全断面岩石隧道掘进机按是否带有护壳分为支撑式和护盾式，按掘进的方式分全断面一次掘进式（又叫一次成洞）和分次扩孔掘进式（又叫两次成洞）。

掘进机的结构部件可分为系统和机构两大类，系统包括驱动、出渣、润滑、液压、供水、除尘、电气、定位导向、信息处理、地质预测、支护、吊运等；机构包括刀盘、护盾、支撑、推进、主轴、机架及附属设施设备等。从掘进机头部向后的机构、结构、衬砌支护系统，支撑式掘进机和双护盾式掘进机有较大的区别。

1. 支撑式全断面岩石隧道掘进机

支撑式全断面岩石隧道掘进机（Gripper type full face rock TBM）又称开敞式（Open type）全断面岩石隧道掘进机，是利用支撑机构撑紧洞壁以承受向前推进力的反作用力及反扭矩的全断面岩石隧道掘进机（图8-3），它适用于岩石整体性较好的中硬岩及硬岩隧道掘进。支撑式掘进机主要由三大部分组成：切削盘、切削盘支承与主梁、支撑与推进。切削盘支承和主梁是掘进机的总骨架，两者联为一体，为所有其他部件提供安装位置。切削盘支承分顶部支承、侧支承、垂直前支承，每侧的支承用液压缸定位；主梁为箱形结构，内置出渣胶带机，两侧有液压、润滑、水气管路等。

支撑式掘进机的工作部分由切削盘、切削盘支承及其稳定部件、主轴承、传动系统、主梁、后支腿及石渣输送带组成。其工作步骤是：

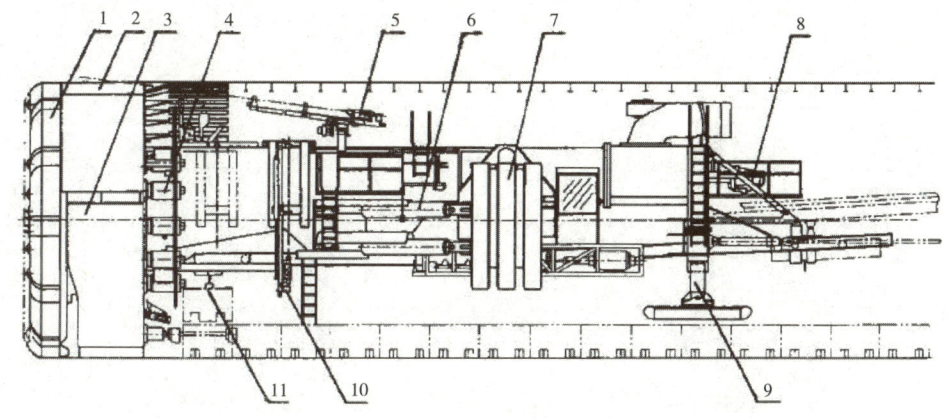

（a）罗宾斯机型

1-刀盘部件；2-顶护盾；3-刀盘支承壳体；4-刀盘回转传动机构；5-超前钻机；6-推进液压缸；

7-水平支撑；8-出渣皮带机；9-后下支承；10-锚杆钻机；11-仰拱安装机

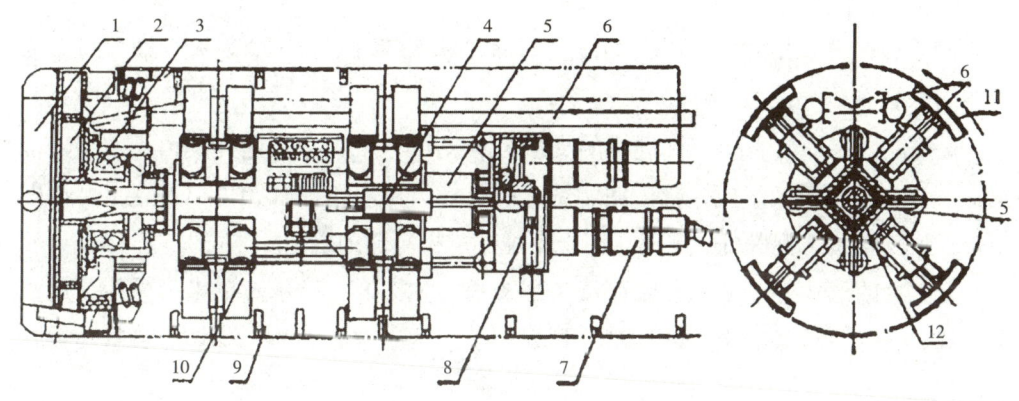

（b）佳划机型

1-刀盘部件；2-刀盘支承壳体；3-刀盘轴承；4-推进液压缸；5-机架；6-皮带机；7-刀盘回转传动机构；

8-后下支承；9-钢环梁；10-前X形支撑；11-支撑板；12-传动轴

图 8-3 支撑式全断面掘进机结构示意图

（1）主支撑撑紧洞壁，刀盘开始旋转。

（2）推进油缸活塞杆伸出，推进刀盘掘够一个行程，停止转动，后支撑腿伸出抵到仰拱上。

（3）主支撑缩回，推进油缸活塞杆缩回，拉动机器的后部前进。

（4）主支撑伸出，撑紧洞壁，提起后支腿，给掘进机定位，转入下一个循环。

支撑式掘进机掘进时由切削头切削下来的岩渣，经机器上部的输送带运送到掘进机后部，卸入其后配套运输设备中。掘进机上装备有打顶部锚杆孔和超前探测（注浆）孔的凿岩机。

支撑式掘进机掘进时，在顶护盾后进行支护。锚杆机安设在主梁两侧，每侧一台；

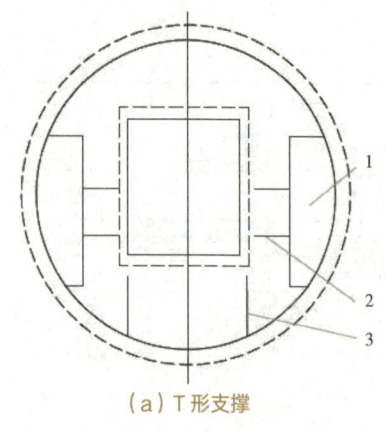

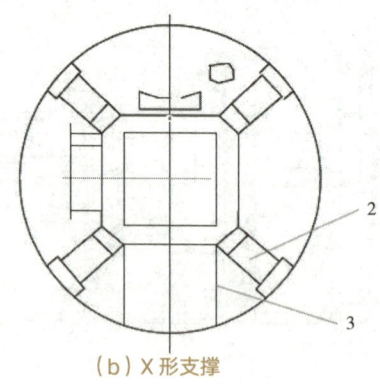

（a）T形支撑 （b）X形支撑

图 8-4 支撑式全断面掘进机的支撑形式
1- 靴板；2- 液压油缸；3- 支撑架

钢环梁安装机带有机械手，用以夹持工字钢或槽钢环形支架；喷射机、灌浆机等安设在后配套拖车上。

支撑式全断面岩石隧道掘进机的支撑分主支撑和后支撑。主支撑由支撑架、液压缸、导向杆和靴板组成，靴板在洞壁上的支撑力由液压油缸产生，并直接与洞壁贴合；后支撑位于掘进机的尾部，用于支撑掘进机尾部的机构。

主支撑的形式分单 T 形支撑和双 X 形支撑，如图 8-4 所示。单 T 形采用一组水平支撑，位于主机架的中后部；双 X 形采用前后两组 X 形结构的支撑，支撑位置在掘进机的中部。

2. 护盾式全断面岩石隧道掘进机

护盾式全断面岩石隧道掘进机（Shielded full face rock TBM）是在整机外围设置与机器直径相一致的圆筒形保护结构，以利于掘进破碎或复杂岩层的全断面岩石隧道掘进机，简称护盾式掘进机，如图 8-2 所示。护盾式全断面岩石隧道掘进机按其护壳的数量分有单护盾、双护盾和三护盾三种。

双护盾为伸缩式，非常适用于软岩且破碎、自稳性差或地质条件复杂的隧道，也适用于其他地层的隧道。双护盾式掘进机没有主梁和后支撑，除了机头内的主推进油缸外，还有辅助油缸，辅助推进油缸只在水平支撑油缸不能撑紧洞壁进行掘进作业时使用，辅助油缸推进时作用在管片上；护盾式掘进机只有水平支撑，不设 X 形支撑。

护盾式掘进机主要由装切削盘的前盾、装支撑装置的后盾（主盾）、连接前后盾的伸缩部分以及安装预制混凝土块的盾尾组成。该类型掘进机在围岩状态良好时，掘进与预制块支护可同时进行；在松软岩层中，两者需分别进行。机器所配备的辅助设备有：衬砌回填系统、探测（注浆）孔钻机、注浆设备、混凝土喷射机、粉尘控制与通风系统、数据记录系统、导向系统等。

刀盘支承用螺栓与上、下刀盘支撑体拧紧，组成掘进机机头。与机头相连的是前护盾，其后是伸缩套、后护盾、盾尾等构件。伸缩套的外径小于前护盾的内径，四周设有观察窗。后护盾前端与推进缸及伸缩套油缸连接；中部装有水平支撑机构，水平支撑靴板的外圆与后护盾的外圆相一致，构成了一个完整的盾壳；后部与混凝土管片安装机相接。后护盾内四周留有布置辅助推进油缸的孔位，盾壳上沿四周留有超前钻孔作业的斜孔。盾尾通过球头螺栓与后护盾连接，其尾部与混凝土管片搭接。

3. 扩孔式全断面岩石隧道掘进机

扩孔式全断面岩石隧道掘进机适用于较大断面的隧道掘进施工。扩孔式全断面掘进机是采用小直径全断面岩石隧道掘进机先行在隧道中心开挖导洞，再用扩孔机进行一次或两次扩孔。扩孔的孔径一般不超过导洞孔径的 2.5 倍，以确保掘进机有足够的撑紧力。

扩孔式全断面岩石隧道掘进机由一台小直径全断面导洞掘进机和一台扩孔机组成。扩孔机的切削盘由两半式的主体与六个钻臂组成，用螺栓装成一体并用拉杆相连。六个钻臂上装有刮刀，将石渣送入钻臂后面的铲斗中。切削盘转动，石渣经铲斗、圆柱形石渣箱与一斜槽送到输送机上运出。整个机架分前后两部分，前机架在导洞内，后机架在扩挖断面内。在扩孔机的前端和扩孔刀盘后均具有支承装置，用以将扩孔机定位在隧道的理论轴线位置。扩孔机主机后面在一台拖车上安置有出渣、支护、各个辅助系统的设备，独立于扩孔机自行前移。

采用扩孔机掘进的优点是：中心导洞可探明地质情况；扩孔时不存在排水问题，通风也大为简化；打中心导洞速度快，可早日贯通或与辅助通道接通；扩孔机后面的空间大，有利于后续进行支护作业；扩孔机成孔直径容易改变。

8.2.3 后配套系统

全断面岩石隧道掘进机的后配套系统包括出渣运输系统、支护系统、通风系统、液压系统、供电系统、降温系统、防尘系统、供水系统、生活服务设施和小型维修等。

根据使用掘进机的地质条件和选用机型的不同，全断面岩石隧道掘进机后配套系统按出渣运输方式的不同分为下列几种类型：轨行门架型、连续带式输送机型、无轨轮胎型。

设备配备必须具备能满足计划进度的能力，与工程规模和施工方法相适应，运转安全，并符合环境保护的要求。后配套设备因施工方法、围岩条件和施工环境的不同而异。

8.3 全断面岩石隧道掘进机的选择

8.3.1 选择原则

掘进机设备选型时首先根据地质条件确定掘进机的类型，然后根据隧道设计参数及地质条件确定主机的主要技术参数，最后按照生产能力与主机掘进速度相匹配的原则，确定配套设备的技术参数与功能配置。一般地，在围岩硬度为中硬以上且整体性较好的隧道中，宜选用支撑式掘进机；中等长度隧道且整条隧道地质情况相对较差的条件下使用单护盾式掘进机；双护盾式掘进机常用于复杂地层的长隧道开挖，一般适应于中厚埋深、中高强度、稳定性基本良好的隧道，其对各种不良地质和岩石强度变化有较好适应性。

掘进机设备选型应遵循下列原则。

（1）满足隧道外径、长度、埋深和地质条件，沿线地形以及洞口条件等环境条件。

（2）安全性、可靠性、实用性、先进性和经济性相统一。一般应按照安全性、可靠性和适用性第一，兼顾技术先进性和经济性的原则进行。经济性从两方面考虑，一是完成隧道开挖、衬砌的成洞总费用，二是一次性采购掘进机设备的费用。

（3）满足安全、质量、工期、造价及环保要求。

（4）考虑工程进度、生产能力对机器的要求，以及配件供应、维修能力等因素。

8.3.2 施工方案的选择

根据掘进工作面的设置和推进方向，掘进方式有单头单向掘进、双向对头掘进、多向多头掘进等方案。根据断面的大小，掘进方式有全断面掘进机一次掘进、分次扩孔掘进、机掘与钻爆混合掘进等方案。

只有一条隧道且长度不是很大时，可采用一台掘进机单头单向掘进；长度很大、工期较紧时宜用两台掘进机双向对头掘进，甚至通过设置竖井进行多向多头掘进。两条隧道并列且长度不大和工期许可时，可采用一台掘进机单向顺序施工两条隧道；长度大时，可采用两台掘进机单头单向掘进或者四台掘进机实行双向对头掘进，必要时甚至通过设置竖井进行多向多头掘进。

地层软弱、断面较小时，采用小直径掘进机毫无问题；坚硬地层中采用中小直径掘进机，在技术上已经成熟且经济上与钻爆法持平；在中硬、软岩地层，大、中、小型掘进机均取得成功经验；在地层坚硬、断面很大时，会带来电能不足、运输困难和造价过大等种种困难，选用大直径掘进机在技术上风险较大，建议先用小直径掘进机开挖导洞，然后用钻爆法扩大到设计断面的混合套打法，另外，也可先用小直径全断面岩石隧道掘进机开挖导洞，再用扩孔机扩挖；如果隧道中具有严重不适应掘进机施工的地段，还可采用掘进机和钻眼爆破法混合掘进施工方案。

8.3.3 掘进机主机的选择

技术上，掘进机设备选型时主要考虑以下因素。

（1）隧道的长度和弯曲度。隧道越长，使用掘进机的优越性越大。隧道的拐弯半径必须大于或等于所选全断面掘进机机型所要求的拐弯半径。

（2）隧道断面的形状与大小。全断面掘进机适用于圆形断面的隧道，断面大小基本上可决定掘进机机型的大小，选用机型时应考虑其最佳掘进断面面积。如断面过大，采用全断面掘进机时，可考虑扩孔机掘进或者先用小直径全断面掘进机掘进，再用钻爆法扩挖。

（3）岩石性质。掘进机对隧道的地层最为敏感，采用全断面掘进机施工首先应进行地质条件适应性评估。塑性、地压大的软弱围岩、砂类土软弱围岩和中等以上膨胀性的围岩、主要由碎裂岩及断层泥砾组成的宽大断层破碎带及其他的规模较大的软弱破碎带、涌漏水严重的地段及岩溶发育带等不良地质条件下，不宜采用全断面掘进机施工。

影响掘进机选型的地质因素有岩石的坚硬程度、结构面的发育程度、岩石的耐磨性、围岩的初始地应力状态、岩体的含水和出水状态等。一般情况下，岩石越硬，耐磨性越高，掘进越困难，刀具磨损越严重；节理较发育和发育的，掘进机掘进效率较高；节理很发育，岩体破碎，自稳能力差，掘进机支护工作量增大，会降低掘进机效率；处于高地应力状态、易发生岩爆的围岩，对掘进机及施工人员的安全有严重影响；富含水和涌漏水地段，会影响掘进机的工作效率；此外，潜在突涌水的隧道，不利于掘进机工作，也会降低掘进机的工作效率。

8.3.4 掘进机主要技术参数的选择

在确定了掘进机类型后，要针对具体工程的隧道设计参数、地质条件、隧道的掘进长度，确定主机的主要技术参数。掘进机的主要技术参数包括刀盘直径、刀盘转速、刀盘扭矩、刀盘驱动功率、掘进推力、掘进行程、贯入度等。

刀盘直径应按掘进机的类型、成洞洞径和衬砌厚度等确定，可按式（8-1）和式（8-2）计算。

支撑式：

$$D = d+2（h_1+h_2+h_3）\qquad\qquad（8-1）$$

护盾式：

$$D = D_0+2（\delta+h）\qquad\qquad（8-2）$$

式中　D——刀盘直径（m）；

　　　d——设计的成洞洞径（m）；

　　　h_1——预留变形量（考虑掘进误差、围岩变形量、衬砌误差，m）；

　　　h_2——初期支护厚度（m）；

　　　h_3——二次衬砌厚度（m）；

　　　D_0——管片内径（m）；

　　　δ——管片厚度（m）；

　　　h——灌注的碎石和砾石平均厚度（m）。

刀盘转速应根据围岩类别及刀盘直径等因素确定。刀盘转速的选择还与刀盘直径有关，可按式（8-3）计算。

$$n=60V_{max}/（\pi D）\qquad\qquad（8-3）$$

式中　　　n——刀盘转速（r/min）；

　　　V_{max}——边刀回转最大线速度（m/s），一般控制在 2.5m/s 以内；

　　　D——刀盘直径（m）。

刀盘转速与直径呈反比，刀盘直径越大，转速越低。

刀盘扭矩必须根据围岩条件、掘进机类型、掘进机结构、掘进机直径确定；刀盘驱动功率根据刀盘扭矩、转速及传动效率确定；推力必须根据各种推进阻力的总和及其所需要的富余量确定。

掘进行程宜选用长行程。护盾式掘进机的掘进行程必须根据管片环宽确定，选用合理长行程可减少换步次数，减少停开机次数。

对掘进机本身而言，掘进速度等于刀盘转速与贯入度的乘积。在相同的掘进速度情况下，刀盘转速高时的贯入度低，刀盘扭矩小，而此时推进力相对也较小。在软弱围岩的地质情况下，需要刀盘有较大的扭矩，刀盘转速主要选用低速。贯入度也称为切深，即刀盘每转动一周刀具切入岩石的深度。贯入度指标与岩石特性有关，如岩石类别、单轴抗压强度、裂隙发育、可钻性、耐磨度和孔隙率等。

8.3.5 后配套设备的选择

后配套设备选型时应遵循的原则：应满足连续出渣、生产能力与主机掘进速度相匹配的要求；后配套设备的技术参数、功能和形式应与主机配套；结构简单、体积小、布置合理；能耗小、效率高、造价相对较低；安全可靠；易于维修和保养。

匹配设备的生产能力，要考虑留有适当余地。对支撑式掘进机应配置及时支护围岩的所有设备，如超前钻机、注浆机、锚杆机、混凝土喷射机和钢架机械手等。进入隧道的机械，其动力宜优先选择电力机械。

配备的各种辅助设备必须与掘进机的类型及施工技术要求相适应，并配置备用设备。具体选择时应根据隧道所处的位置走向、隧道直径、开挖长度、衬砌方式等因素综合分析确定。

确定全断面岩石隧道掘进机主体的规格后，就要选择主体后配套、通风和出渣等临时设备。作为后配套设备，要考虑开挖能力、支护方法和衬砌方法，不但必须确定锚喷支护能力、运料能力、液压系统、变压器、控制室和集尘器等的能力和配置，而且还要确定出渣系统，以及通风、排水、动力、照明用电和给水等设备。洞内轨道线路应能保证岩渣的及时运出和管片、仰拱块、轨料及其他材料的运入。

出渣运输设备选型首先要与掘进机的生产能力相匹配，其次须从技术经济角度分析，选用技术上可靠、经济上合理的方案。出渣运输及供料设备有轨道出渣及供料和皮带机出渣及轨道供料两种方式。

8.4 全断面岩石隧道掘进机施工

8.4.1 施工准备

（1）技术准备

掘进施工前，应熟悉和复核设计文件和施工图，熟悉有关技术标准、技术条件、设计原则和设计规范。根据工程概况、水文工程地质情况、质量和工期要求、资源配备情况，编制实施性施工组织设计，对施工方案进行论证和优化，并按相关程序进行审批。施工前必须制定工艺实施细则，编制作业指导书。

（2）设备、设施准备

按工程特点和环境条件配备好试验、测量及监测仪器。长大隧道应配置合理的通风设施和出渣方式，选择合理的洞内供料方式和运输设备，并达到环境保护的要求。供电设备必须满足掘进机施工的要求，掘进机施工用电和生活、办公用电分开，并保证两路电源正常供应。管片和仰拱块预制厂应建在洞口附近，保证管片和仰拱块的制作、养护空间，并预留好管片和仰拱块存放场地。

（3）材料准备

隧道施工前应结合工程特点积极进行新材料、新技术、新工艺的推广应用工作，积极推进材料本地化。掘进机施工前，应当结合进度和地质制订合理的材料供应计划，满足施工所需要的各种材料，做好钢材、木材、水泥、砂石料和混凝土等材料的试验工作。所有原材料必须有产品合格证，且经过检验合格后方能使用。

（4）作业人员准备

隧道施工作业人员应专业齐全、满足施工要求，人员须经过专业培训、持证上岗。

（5）施工场地布置

隧道洞外场地应包括主机及后配套拼装场、混凝土搅拌站、预制车间、预制块（管片）堆放场、维修车间、料场、翻车机及临时渣场、洞外生产房屋、主机及后配套存放场、职工生活房屋等，洞外场地开阔时可适当放大。

施工场地布置应进行详尽的总平面规划设计，要有利于生产、文明施工、节约用地和保护环境。实现统筹规划，分期安排，便于各项施工活动有序进行，避免相互干扰。保证掘进、出渣、衬砌、转运、调车等需要，满足设备的组装和初始条件。

施工场地临时工程布置包括：确定弃渣场的位置和范围；有轨运输时，洞外出渣线、备料线、编组线和其他作业线的布置；汽车运输道路和其他运输设施的布置；确定掘进机的组装和配件储存场地；确定风、水、电设施的位置；确定管片和仰拱块预制厂的位置；确定砂、石、水泥等材料、机械设备配件存放或堆放场地；确定各种生产和生活等房屋的位置；场内供、排水系统的布置。

组装场地的长度至少等于掘进机长度、牵引设备和转运设备总长、调转轨道长度和机动长度之和。

（6）预备洞、出发洞

全断面岩石隧道掘进机正式工作前一般需要用钻爆法开挖一定深度的预备洞和出发洞。预备洞是指自洞口挖掘到围岩条件较好的洞段，用于机器支撑靴的撑紧；出发洞是由预备洞再向里按刀盘直径掘出，用以全断面岩石隧道掘进机主机进入的洞段。

8.4.2 掘进作业

掘进机在进入预备洞和出发洞后，即可开始掘进作业。掘进作业分起始段施工、正常掘进和到达出洞等三个阶段。

（1）掘进机始发及起始段施工

掘进机空载调试运转正常后开始掘进机始发施工。开始推进时，通过控制推进油缸行程使掘进机沿始发台向前推进。刀盘抵达工作面开始转动刀盘，直至将岩面切削平整后，开始正常掘进。在始发掘进时，应以低速度、低推力进行试掘进，了解设备对岩石的适应性，对刚组装调试好的设备进行试机作业。在始发磨合期，要加强对掘进参数的控制，逐渐加大推力。

推进速度要保持相对平稳，控制好每次的纠偏量。灌浆量要根据围岩情况、推进速度和出渣量等及时调整。始发操作中，司机需逐步掌握操作的规律性，班组作业人员逐步掌握掘进机作业工序，在掌握掘进机的作业规律性后，再加大掘进机的有关参数。

始发时要加强测量工作，把掘进机的姿态控制在一定的范围内，通过管片、仰拱块的铺设以及掘进机本身的调整来达到状态的控制。

掘进机始发进入起始段施工。一般根据掘进机的长度、现场及地层条件，将起始段定为 50~100m。起始段掘进是掌握和了解掘进机性能及施工规律的过程。

（2）正常掘进

掘进机正常掘进一般有自动扭矩控制、自动推力控制和手动控制等三种工作模式，应根据地质情况合理选用。在均质硬岩条件下，选择自动控制推力模式；在节理发育或软弱围岩条件下，选择自动控制扭矩模式；掌子面围岩软硬不均，如果不能判定围岩状态，选择手动控制模式。

掘进机推进时的掘进速度及推力应根据地质情况确定，在破碎地段施工应严格控制出渣量，使之与掘进速度相匹配，避免出现掌子面前方大范围坍塌。

掘进过程中，观察各仪表显示是否正常。检查风、水、电、润滑系统、液压系统的供给是否正常，检查气体报警系统是否处于工作状态和气体浓度是否超限。

施工过程中要进行实际地质的描述记录、相应地段岩石物理特性的试验记录、掘进参数和掘进速度的记录并加以图表化。硬岩情况下选择刀盘高速旋转掘进；节理发育的软岩情况下，采用自动扭矩控制模式时，要密切观察扭矩变化和整个设备振动的变化，当变化幅度较大时，应减小刀盘推力，保持一定的贯入度，并时刻观察石渣的变化，尽最大可能减少刀具漏油及轴承的损坏；节理发育且硬度变化较大的围岩，推进速度宜控制在额定值的 30% 以下；节理较发育、裂隙较多，或存在破碎带、断层等地质情况下作业，以自动扭矩控制模式为主选择和调整掘进参数，同时应密切观察扭矩变化、电流变化及推进力值和围岩状况，控制扭矩变化范围，降低推进速度、控制贯入度指标。

在掘进过程中发现贯入度和扭矩增加时，要适时降低推力和控制贯入度。

在软弱围岩条件下的掘进，应特别注意支撑靴的位置和压力变化。支撑靴位置不好，会造成打滑、停机，直接影响掘进方向的准确，如果由于机型条件限制而无法调整支撑靴位置时，应对该位置进行预加固处理。此外，支撑靴刚撑到洞壁时极易陷塌，应观察仪表盘上支撑靴压力值下降速度，注意及时补压，防止发生打滑。

硬岩条件下，支撑力一般为额定值，软弱围岩中为最低限定值。

掘进机推进过程中必须严格控制推进轴线，使掘进机的运动轨迹在设计轴线允许偏差范围内。双护盾掘进机自转量应控制在设计允许值范围内，并随时调整。双护盾掘进机在竖曲线与平曲线段施工应考虑已成环隧道管片竖、横向位移对轴线控制量的影响。

掘进中要密切注意和严格控制掘进机的方向。掘进机方向控制包括两个方面：一是掘进机本身能够进行导向和纠偏，二是确保掘进方向的正确。导向功能包含方向的确定、方向的调整、偏转的调整。掘进机的位置采用激光导向系统确定，激光导向、调向油缸、纠偏油缸是导向、调向的基本装置。在每一循环作业前，操作司机应根据导向系统显示的主机位置数据进行调向作业；采用自动导向系统对掘进机姿态进行监测；定期进行人工测量，对自动导向系统进行复核。

当掘进机轴线偏离设计位置时，必须进行纠偏。掘进机开挖姿态与隧道设计中线及高程的偏差控制在 ±5cm 内。

掘进机进入溶洞段施工时，利用掘进机的超前钻探孔，对机器前方的溶洞处理情况进行探测。在探测到的前方溶洞都已经被处理过后，再向前掘进。

（3）到达掘进

到达掘进是指掘进机到达贯通面之前 50m 范围内的掘进。掘进机到达终点前，要制定掘进机到达施工方案，做好技术交底，施工人员应明确掘进机适时的桩号及刀盘距贯通面的距离，并按确定的施工方案实施。

到达前，必须做好以下工作：检查洞内的测量导线；在洞内拆卸时，应检查掘进机拆卸段支护情况；检查到达所需材料、工具；检查施工接收导台；做好到达前的其他工作，如接收台检查和滑行轨的测量等，要加强变形监测，及时与操作司机沟通。

掘进机掘进至离贯通面 100m 时，必须做一次掘进机推进轴线的方向传递测量，以逐渐调整掘进机轴线，保证贯通误差在规定的范围内。到达掘进的最后 20m 要根据围岩情况确定合理的掘进参数，要求低速度、小推力和及时支护、回填灌浆，并做好掘进姿态的预处理工作。

做好出洞场地和洞口段的加固，保证洞内和洞外联络畅通。

8.4.3 出渣与运输

施工进料应采用有轨运输。出渣运输可根据隧道的长度、掘进速度选择有轨运输和皮带机运输方式。有轨运输时，应采用无砟道床；洞外应根据需要设调车、编组、卸渣、进料和设备维修等线路；运输线路应保持平稳、顺直、牢固，设专人按标准要求进行维修和养护；根据现场卸渣条件确定采用侧翻式或翻转式卸渣形式。

采用皮带机出渣时，应按掘进机的最高生产能力进行皮带机的选型。皮带机机架应坚固、平、正、直。皮带机全部滚筒和托辊必须与输送带的传动方向呈直角。运输皮带必须保持清洁。严格按照设备使用与操作规程进行皮带机操作；必须定期按照皮带机的使用与保养规程对皮带机电气、机械和液压系统进行检查、保养与维修；设专人检查皮带的跑偏情况并及时调整；严格按照技术要求设置出渣转载装置。

牵引设备的牵引能力应满足隧道最大纵坡和运输重量的要求。车辆配置应满足出渣、进料及掘进进度的要求，并考虑一定的余量。

列车编组与运行应满足掘进机连续掘进和最高掘进速度的要求。根据洞内掘进情况安排进料。材料装车时，必须固定牢靠，以防运输中途跌落。

掘进机由斜井进入隧道施工时，井身纵坡宜设计为缓坡，出渣可采用皮带运输，人、料可采用有轨运输；若受地形条件限制，斜井坡度较大时，出渣宜采用皮带运输，人、料运输应进行有轨运输与无轨运输的比较。

8.4.4 通风除尘工作

全断面岩石隧道掘进机通风方式有压入式、抽出式、混合式、巷道式、主风机局扇并用式等，施工时应根据所施工隧道的规格、施工方式、周围环境等选择，一般多采用风管压入式通风。压入式通风可采用由化纤增强塑胶布制成的软风管，风管压入式通风的最大优点是新鲜空气经过管道直接送到开挖面，空气质量好，且通风机不用经常移动，只需接长通风管。

掘进机施工的通风分为一次通风和二次通风两种方式。一次通风是指洞口到掘进机后面的通风；二次通风是指掘进机后配套拖车后部到掘进机施工区域的通风。一次通风采用软风管，用洞口风机将新鲜风压入到掘进机后部；二次通风管采用硬质风管，在拖车两侧布置，将一次通风经接力增压和降温后继续向前输送，送风口位置布置在掘进机的易发热部件处。

通风机的型号根据网路（阻力）特性曲线，按照产品说明书提供的风机性能曲线或参数确定。掘进机工作时产生的粉尘，是从切削部与岩石的结合处释放出来的，必须在切削部附近将粉尘收集，通过排风管将其送到除尘机处理。另外，粉尘还需用高压水进行喷洒。

8.4.5 支护作业

隧道支护按支护时间分初期支护和二次衬砌支护，按支护形式有锚喷支护、钢拱架支护、管片支护和模筑混凝土支护。

1. 初期支护

初期支护紧随着掘进机的推进进行，可用锚喷、钢拱架或管片进行支护。地质条件很差时，还要进行超前预支护或预加固。支撑式掘进机在软弱破碎围岩掘进时必须进行初期支护，以满足围岩支护抗力，确保施工安全。初期支护包括喷射混凝土、挂网、锚杆和钢架等。双护盾掘进机一般配置多功能钻机、喷射机、水泥浆注入设备、管片安装机、管片输送器等。

初期支护作业主要包括喷射混凝土施工、锚杆施工和钢架施工等。

（1）喷射混凝土施工。喷射混凝土前，采用高压水或高压风冲刷岩面。喷射混凝土的配合比应通过试验确定，满足混凝土强度和喷射工艺的要求。喷射作业应分段、分片、分层，由下而上顺序进行。喷射后应进行养护和保护，喷射混凝土的表面平整度应符合要求。

（2）锚杆施工。锚杆类型应根据地质条件、使用要求及锚固特性和设计文件确定。锚杆孔应按设计要求布置，孔径应符合设计要求。

（3）钢架施工。利用刀盘后面的环形安装器及顶升装置安装钢架。钢架与喷射混凝土应形成一体，钢架与围岩间的间隙必须用喷射混凝土充填密实，钢架必须被喷射混凝土覆盖，覆盖厚度不得小于 4cm。

2. 二次衬砌支护

二次衬砌支护一般采用模筑混凝土衬砌。

模筑衬砌必须采用拱墙一次成型法施工，施工时中线、水平、断面和净空尺寸应符合设计要求，衬砌不得侵入隧道建筑限界，衬砌材料的标准、规格、要求等应符合设计规范规定。防水层应采用无钉铺设，并在二次衬砌灌注前完成；衬砌的施工缝和变形缝应做好防水处理。混凝土灌注前及灌注过程中，应对模板、支架、钢筋骨架和预埋件等进行检查，发现问题应及时处理，并做好记录。

顶部混凝土灌注时，应按封顶工艺施工，确保拱顶混凝土密实。模筑衬砌背后需填充注浆时，应预留注浆孔。模筑衬砌应连续灌注，必须进行高频机械振捣。拱部必须预留注浆孔，并及时进行注浆回填。

隧道的衬砌模板有台车式和组合式，前者优于后者。全断面衬砌模板台车为轨行自动式，台车的伸缩和平移采用液压油缸操纵。模板台车应配备混凝土输送泵和混凝土罐车，并自动计量，形成衬砌作业线。

混凝土灌注应分层进行，振捣密实，防止收缩开裂。振捣时，不应破坏防水层，不得碰撞模板、钢筋和预埋件。模板台车的外轮廓在灌注混凝土后应保证隧道净空，门架结构的净空应保证洞内车辆和人员的安全通行，同时预留通风管位置；模板台车的门架结构、支撑系统及模板的强度和刚度应满足各种荷载的组合。

二次衬砌在初期支护变形稳定前施工的，拆模时的混凝土强度应达到设计强度的 100%；在初期支护变形稳定后施工的，拆模时的混凝土强度应达到 8MPa 以上。

 思考题

8-1 简述全断面岩石隧道掘进机施工的基本原理。

8-2 简述全断面岩石隧道掘进机施工的优缺点及其适用性。

8-3 简述岩石隧道掘进机的选择原则。

8-4 简述全断面岩石隧道掘进机施工方案的选择。

8-5 简述掘进机主要技术参数的选择计算。

8-6 简述全断面岩石隧道掘进机施工准备、掘进作业、出渣与运输和支护作业。

第 **9** 章

顶管法施工

本章知识点

【主要内容】顶管法施工分类与基本原理、顶管机类型及其选择、工作井
布置、顶管法施工作业、进出洞技术、顶管顶力和施工总推
力计算。

【基本要求】熟悉顶管工程计算，掌握顶管法施工作业、进出洞技术、施
工测量技术，了解顶管法施工分类与基本原理、顶管机类型
及其选择和顶进前施工准备。

【重　　点】顶管法施工作业、进出洞技术、顶管工程顶管顶力和施工总
推力计算。

【难　　点】进出洞段、顶管顶进的施工技术，顶管法施工测量技术。

9.1 顶管法施工的基本原理及分类

9.1.1 基本原理

顶管法施工的基本原理就是借助主顶千斤顶（油缸）及中继间等的推力，把工具管或掘进机从工作坑内穿过土层一直推到接收坑内，紧随工具管或掘进机把管道埋设在两坑之间。顶管法施工是一种非开挖的敷设地下管道的施工方法，也是一种边顶进边开挖地层并边将管段接长的管道埋设方法，其施工流程如图9-1所示。

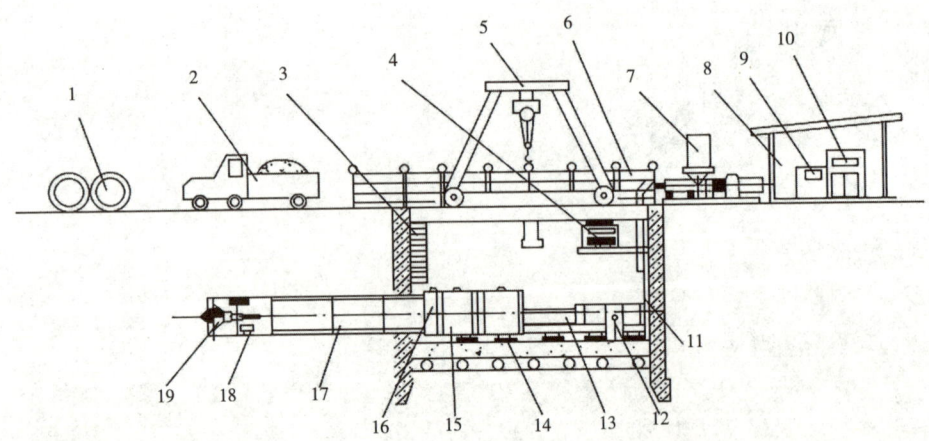

图 9-1 顶管施工示意图

1- 预制的混凝土管；2- 运输车；3- 扶梯；4- 主顶油泵；5- 行车；6- 安全护栏；7- 润滑注浆系统；
8- 操纵房；9- 配电系统；10- 操纵系统；11- 后座；12- 测量系统；13- 主顶油缸；14- 导轨；
15- 弧形顶铁；16- 环形顶铁；17- 已顶入的混凝土管；18- 运土车；19- 机头

顶管法施工时，先施作顶管工作井及接收井，作为一段顶管的起点和终点。工作井中有一面或两面井壁设有预留孔，作为顶管出口，其对面井壁是承压壁，承压壁前侧安装有顶管的千斤顶和承压垫板（钢后靠），千斤顶将工具管顶出工作井预留孔，而后以工具管为先导，逐节将预制管节按设计轴线顶入土层中，直至工具管后第一节管节进入接收井预留孔，施工完成一段管道。为进行较长距离的顶管施工，可在管道中间设置一到几个中继间作为接力顶进，并在管道外周压注润滑泥浆。顶管施工可用于直线管道，也可用于曲线管道。

　　整个顶管施工系统主要由工作基坑、掘进机（或工具管）、顶进装置、顶铁、后座墙、管节、中继间、出土系统、注浆系统、通风、供电和测量等辅助系统组成。其中，最主要的是顶管机和顶进系统。

　　顶进系统包括主顶进系统和中继间。主顶进系统由主顶千斤顶（油缸）、主顶油泵、操纵台及油管四部分构成。主顶千斤顶沿管道中心按左右对称布置。主顶进装置除了主顶千斤顶以外，还有支承主顶千斤顶的顶架、供给主顶千斤顶压力油的主顶油泵和控制主顶千斤顶伸缩的换向阀等，油泵、换向阀和千斤顶之间均用高压软管连接。主顶千斤顶（油缸）的压力油由主顶油泵通过高压油管供给。在顶管顶进距离较长时，顶进阻力超过主顶千斤顶的总顶力，无法一次达到顶进距离，需要设置中继接力顶进装置，即中继间。

　　采用顶管机施工时，其机头的掘进方式与盾构相同，但其推进的动力则改由放在始发井内的后顶装置提供，故其推力要大于同直径的盾构隧道。顶管管道是由整体浇筑预制的管节拼装成的。

　　顶管法的优点是：与盾构法相比，接缝大为减少，容易达到防水要求；管道纵向受力性能好，能适应地层的变形；对地表交通的干扰少；工期短，造价低，人员少；施工时噪声和振动小；在小型、短距离顶管使用人工挖掘时，设备少，施工准备工作量小；不需二次衬砌，工序简单。

　　顶管法的不足是需要详细的现场调查和开挖工作坑，多曲线顶进、大直径顶进、超长距离顶进、纠偏和处理障碍物存在一定难度。

9.1.2 顶管法施工分类

　　按所顶进的管子口径大小，顶管法施工可分为大口径、中口径、小口径和微型顶管四种。大口径多指直径为 2m 以上的顶管；中口径顶管的直径多为 1.2~1.8m，大多数顶管为中口径顶管；小口径顶管直径为 0.5~1.0m；微型顶管的直径通常在 0.4m 以下。

　　按一次顶进长度，顶管法施工可分为普通距离顶管和长距离顶管。目前，一般把 500m 以上的顶管称为长距离顶管。

　　按顶管机破土方式，顶管法施工分为手掘式顶管和掘进机顶管。手掘式顶管的推进管前只是一个钢制的带刃口的工具管，人在工具管内挖土；掘进机顶管的破土方式与盾构类似，也有机械式和半机械式之分。

　　按制作管节的材料，顶管法施工可分为钢筋混凝土顶管、钢管顶管以及其他管材的顶管。

按管子顶进的轨迹，顶管法施工可分为直线顶管和曲线顶管。曲线顶管技术复杂，是顶管施工的难点之一。

9.2 顶管机类型及其选择

9.2.1 顶管机的类型

顶管机有手掘式和机械式两类，机械式主要有泥水平衡式和土压平衡式等。

1. 手掘式顶管机

手掘式顶管机是非机械的开放式（或敞口式）顶管机，适用于能自稳的土体。在顶管的前端装有工具管，施工时，采用人工破碎工作面的土层，破碎辅助工具主要有镐、锹以及冲击锤等。如果在含水量较大的砂土中，需采用降水等辅助措施。

手掘式顶管机主要由切土刃脚、纠偏装置和承插口等组成，所用的工具管有一段式和两段式。一段式工具管存在以下缺点：它与混凝土管之间的结合不太可靠，常会产生渗漏现象；发生偏斜时纠偏效果不好；千斤顶直接顶在其后的混凝土管上，第一节管容易损坏。因此，现多用两段式，两段式前后两段之间安装有纠偏油缸，后壳体与后面的正常管节连接在一起。

2. 泥水平衡式顶管机

泥水平衡顶管机是指采用机械切削泥土、利用压力来平衡地下水压力和土压力、采用水力输送弃土的泥水式顶管机，是目前比较先进的一种顶管机。泥水平衡式顶管机按平衡对象分有两种：一种是泥水仅起平衡地下水的作用，土压力则由机械方式来平衡；另一种是同时具有平衡地下水压力和土压力的作用。

（1）泥水平衡式顶管机结构

泥水平衡工具管正面设刀盘，并在其后设密封舱，在密封舱内注入稳定正面土体的泥浆，刀盘切下的泥土沉在密封舱下部的泥水中而被水力运输管道运至地面泥水处理装置。泥水平衡式工具管主要由大刀盘装置、纠偏装置、泥水装置和进排泥装置等组成。在前、后壳体之间有纠偏千斤顶，在掘进机上下部安装进、排泥管。

（2）泥水平衡式顶管施工

泥水平衡式顶管施工的完整系统如图9-2所示，它由顶管机、进排泥系统、泥水处理系统、主顶系统、测量系统、起吊系统和供电系统等组成。泥水平衡顶管施工与其他形式的顶管相比，增加了进排泥系统和泥水处理系统。进排泥系统包括管路、泥泵、各种阀门、流量计和压力表等。泥水处理是指对顶进过程中排放出来的泥水的二次处理，即泥水分离；泥水处理通常采用沉淀法、过滤法和离心处理法等；泥水处理设备主要有振动筛、泥水分离器和旋流器等。

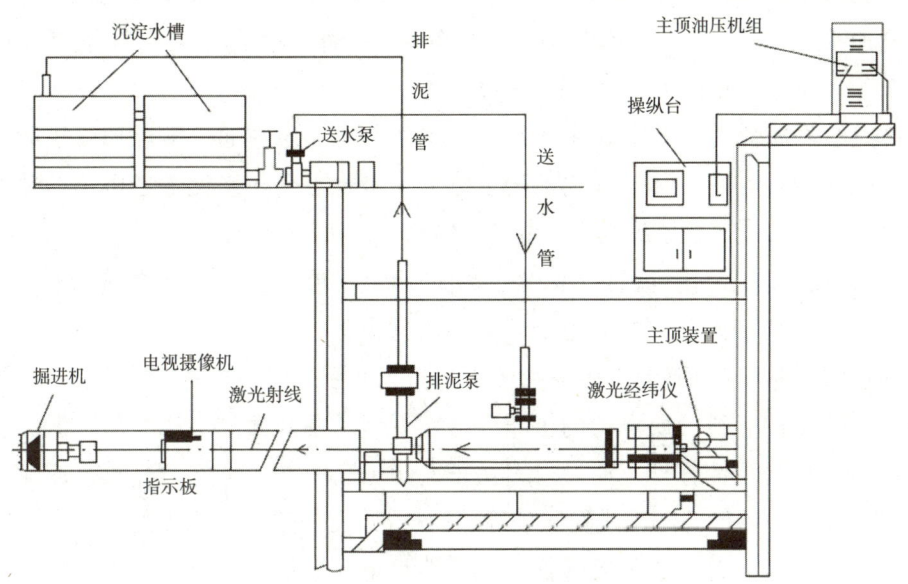

图 9-2 泥水平衡式顶管施工系统

泥水平衡式顶管施工中，应了解泥水的性质、加强泥水的管理。泥水管理包括泥水的流量、流速、压力和相对密度等各个方面的管理，它是泥水式顶管施工中最重要的一个管理环节。

泥水平衡式顶管比较适用于靠近江河湖海处的施工工程，它不仅可以解决水源，而且对泥水的处理也比较容易解决。

泥水平衡式顶管施工的优点是：

（1）它可以保持挖掘面的稳定，对周围土层的影响小，地面变形小；较适用于长距离顶管施工。

（2）适用的土质范围较广，尤其适用于施工难度极大的粉砂质土层。

（3）工作井内作业环境好且安全。

（4）可连续出土，施工进度快。

泥水平衡式顶管施工的缺点是施工场地大，设备费用高，需在地面设置泥水处理和输送装置，机械设备复杂，且各系统间相互关联，一旦某一系统故障，必须全面停止施工。

3. 土压平衡式顶管机

土压平衡式顶管机的平衡原理与土压平衡式盾构相同。与泥水平衡式顶管施工相比，其最大的特点是排出的土或泥浆一般不需再进行二次处理，并具有采用刀盘切削土体、开挖面靠土压平衡、对土体扰动小、地面和建筑的沉降较小等特点。

土压平衡式顶管机按泥土仓中所充的泥土类型可分为泥土式、泥浆式和混合式三种；按刀盘形式可分为带面板刀盘式和无面板刀盘式；按有无加泥功能可分为普通式和加泥式；按刀盘的机械传动方式可分为中心传动式、中间传动式和周边传动式；按刀盘的多少可分为单刀盘式和多刀盘式。

单刀盘式顶管机的工作原理是先由工作井中的主顶进油缸推动顶管机前进，同时大刀盘旋转切削土体，切削下的土体进入密封土仓与螺旋输送机中，并被挤压形成具有一定土压的压缩土体，再经过螺旋输送机的旋转，输送出切削的土体。密封土仓内的土压力值可通过螺旋输送机的出土量或顶管机的前进速度来控制，使此土压力与切削面前方的静止土压力和地下水压力保持平衡，从而保证开挖面的稳定，防止地面的沉降或隆起。由于大刀盘无面板，其开口率接近100%，所以，设在隔仓板上的土压计所测得的土压力值就近似于掘削面的土压力值。根据顶管机开挖面不同地层的特性，通过向刀盘正面和土仓内加入清水、黏土浆或膨润土浆和各种配比与浓度的泥浆或发泡剂等添加材料，使一般难以施工的硬黏土、砂土、含水砂土和砂砾土改变成具有塑性、流动性和止水性的泥状土，不仅能被螺旋输送机顺利排出，还能顶住开挖面前的土压力和地下水压力，保持刀盘前面的土体稳定。

多刀盘式顶管机是一种非常适用于软土的顶管机。四把切削搅拌刀盘对称地安装在前壳体的隔仓板上，伸入到泥土仓中。隔仓板把前壳体分为左、右两仓，左仓为泥土仓，右仓为动力仓。螺旋输送机按一定的倾斜角度安装在隔仓板上，螺杆是悬臂式，前端伸入到泥土仓中。隔仓板的水平轴线左右和垂直轴线的上部各安装有一只隔膜式土压力表。在隔仓板的中心开有一入孔，通常用盖板把它盖住，在盖板的中心安装有一向右伸展的测量用光靶。由于该光靶是从中心引出的，所以即使掘进机产生一定偏转，只需把光靶作上下移动，使光靶的水平线和测量仪器的水平线平行就可以准确地进行测量，而且不会因掘进机偏转而产生测量误差。前后壳体之间有呈井字形布置的四组纠偏油缸连接。在后壳体插入前壳体的间隙里，有两道V字形密封圈，它可保证在纠偏过程中不会产生渗漏现象。

9.2.2 顶管机的选型

顶管机类型选择应根据管道所处土层性质、管径、地下水位、附近地上与地下建（构）筑物和各种设施等因素，经技术、经济比较后确定，并应符合下列规定：

（1）在软土层且无障碍物的条件下，管顶以上土层较厚时，宜采用挤压式或网格式顶管法。

（2）在黏性土层中必须控制地面隆陷时，宜采用土压平衡顶管法。

（3）在粉砂土层中且需要控制地面隆陷时，宜采用加泥式土压平衡或泥水平衡顶管法。

（4）在黏性土或砂性土层，且无地下水影响时，宜采用人工式或机械挖掘式顶管法。

（5）在顶进长度较短、管径小的金属管时，宜采用一次顶进的挤密土层顶管法。

9.3 工作井布置

工作井按其作用分为始发井和接收井两种。始发井是安放所有顶进设备的场所，也是顶管掘进机的始发场所，是承受主顶千斤顶（油缸）推力的反作用力的构筑物，供工具管出洞、下管节、挖掘土砂的运出、材料设备的吊装、操纵人员的上下等使用。在始发井内，布置主顶千斤顶、顶铁、基坑导轨、洞口止水圈以及照明装置和井内排水设备等；在始发井的地面上，布置行车或其他类型的起吊运输设备。接收井是接收顶管机或工具管的场所，与工作井相比，接收井布置比较简单。

9.3.1 工作井的选择

工作井的选择应遵循以下原则：

（1）工作井的位置应尽量避开房屋、地下管线、河塘和架空电线等不利于顶管施工作业的场所。

（2）工作井的数量要根据顶管施工全线的情况合理选择。同时，还要尽可能地在一个顶进井中向正、反两个方向顶。

（3）在选取工作井的构筑方式时，应先全盘综合考虑，然后再不断优化。

工作井的构筑方式的一般选取原则有：在土质比较软，而地下水又比较丰富的条件下，首先应选用沉井法施工；在渗透性较好的砂性土中，宜选择沉井法或钢板桩法；在地下水非常丰富的淤泥质软土中，可采用冻结法施工；在土质条件比较好、地下水少的条件下，应优先选用钢板桩工作井，但始发井采用钢板桩时顶进距离不宜太长，如果地下水丰富可配合井点降水等辅助措施；在覆土比较深的条件下可采用多次浇筑和多次下沉的沉井法或地下连续墙法；在一些特殊条件下，如离房屋很近，则应采用特殊施工法；在一般情况下，接收井可采用钢板桩和砖等比较简易的构筑方式；拉森钢板桩用于较深和含水量较高的土质条件下的工作井。

9.3.2 顶进工作井的布置

顶进工作井的布置可分为地面布置和井内布置。

1. 地面布置

地面布置包括起吊、供电、供水、供浆、供油等设备的布置以及测量监控点的布置等。

（1）起吊设备布置。起吊设备可采用龙门行车或吊车。行车轨道与工作井纵轴线平行，布置在工作井的两侧。

（2）供电设备布置。供电包括动力电和照明电的供给。施工工期长、用电量大时，需砌筑配电间。接到管内的电缆必须装有防水接头，还必须把它悬挂在管节的一侧，且不要与油管及注浆管和水管挂在同一侧。

（3）供水设备布置。在人工式和土压式顶管的施工中，供水量小，一般只需接两只自来水龙头即可。但在泥水平衡顶管施工中，由于其用水量大，必须改为向在工作坑附近设置的一只或多只泥浆池供水。

（4）供浆设备布置。供浆设备主要由拌浆桶和盛浆桶组成，盛浆桶与注浆泵连通。除此以外，供浆设备一般应安放在雨篷下，防止下雨时浆液稀释。

（5）液压设备布置。液压设备主要指为主顶千斤顶油缸及中继站油缸提供压力油的油泵。油泵可以置于地上，也可在工作坑内后座墙的上方搭一个台，把油泵放在台子上，一般不宜把油泵放在井内。

（6）气压设备布置。在采用气压顶管时，空压机和储气罐及附件必须放置在地面上。为减少噪声影响，空压机宜离坑边远一点。

2. 井内布置

井内布置，包括前止水墙、后座墙、基础底板及排水井等的布置。后座要有足够的抗压强度，能承受主顶千斤顶的最大顶力。前止水墙上安装有洞口止水圈，在顶管工作井内，还布置有工具管、环形顶铁、弧形顶铁、基坑导轨、主顶千斤顶及千斤顶架、后靠背设备。

9.4 顶管法施工作业及进出洞技术

9.4.1 施工准备

顶管法施工准备包括地面准备、施作工作井、封堵洞门、测量放样、后座墙组装、导轨安装、主顶架安装和止水装置安装等工作。

（1）地面准备。顶进施工前，按实际情况进行施工用电、用水、通风、排水及照明等设备的安装；管节、止水橡胶圈、电焊条等工程用料应准备有足够的数量；建立测量控制网，并经复核、认可；同时，对参加施工的全体人员按阶段进行详细的技术交底，按工种分阶段进行岗位培训，考核合格方可上岗操作。

（2）施作工作井。工作井是顶管施工的必需工程，顶管顶进前必须按设计掘砌好。

（3）封堵洞门。不论是始发井或是接收井，在施工工作井时，一般预先将洞门用砖墙及钢筋混凝土相结合的形式进行封堵。在始发井，出洞前在砖封门前施工一排钢板桩，钢板桩的入土深度应在洞圈底部以下 0.2m，以保证顶管机顺利进出洞及防止土体坍塌涌入工作井。

（4）测量放样。根据始发井和接收井的洞中心连线，定出顶进轴线，布设测量控制网，并将控制点放到井下，定出井内的顶进轴线与轨面标高，指导井内机架与主顶的安装。

（5）后座墙组装。

（6）导轨安装。在安放基坑导轨时，其前端应尽量靠近洞口，左、右两边可以用槽钢支撑。在底板上预埋好钢板的情况下，导轨应和预埋钢板焊接在一起。

（7）主顶架安装。主顶架位置按设计轴线进行准确放样，安装时按照测量放样的基线，吊入井下就位。基座中心按照管道设计轴线安置，并确保牢固稳定。千斤顶固定安装在支架上，并与管道中心的垂线对称，其合力的作用点在管道中心的垂线上。油泵应与千斤顶相匹配。

（8）止水装置安装。在工作井洞门圈上安装止水装置，止水装置采用帘布止水橡胶带，用环板固定，插板调节，以防止工具管出洞过程中洞口外土体涌入工作井和顶进过程中润滑泥浆的流失。

9.4.2 进出洞段施工

1. 出洞段施工

一般将出洞后的 5~10m 作为出洞段。全部设备安装就位，经过检查并试运转合格后可进行初始顶进。出洞段的施工要点如下：

（1）拆除封门。顶管机出洞前需拔除封门用的钢板桩。拔除前，工程技术人员和施工人员应详细了解现场情况和封门图纸，制定拔桩顺序和方法。

（2）施工参数控制。需要控制的主要施工参数有土压力、顶进速度和出土量。初出洞时，宜将土压力值适当提高，以便有效地控制轴线。同时加强动态管理，及时调整，顶进速度不宜过快。出土量应根据不同的封门形式进行合理控制。

（3）管节连接。为防止顶管机突然"磕头"，应将工具管与前三节管节牢靠地连接。

（4）工具管开始顶进5~10m的范围内，允许偏差为：轴线位置3mm，高程+3mm；当超过允许偏差时，应采取措施纠正。

2. 进洞段施工

进洞段施工包括进洞前的准备、施工参数的控制、拆除封门和封堵洞门空隙等工作。

（1）进洞前的准备

在常规顶管进洞过程中，若洞口土体含水量过高，应对洞口外侧土体采取注浆和井点降水等措施进行加固，以防止洞口外侧土体涌入井内。在顶管机切口到达接收井前30m左右时，应进行一次定向测量。

顶管机在进洞前应先在接收井安装好基座，基座位置应与顶管机靠近洞门时的姿态相吻合。另外，应根据顶管机切口靠近洞口时的实际姿态，对基座进行准确定位与固定，同时将基座的导向钢轨接至顶管机切口下部的外壳处。

当顶管机切口距封门约2m时，在洞门中心及下部两侧位置设置应力释放孔，并在应力释放孔外侧相应安装球阀，以利于在顶管机进洞过程中根据实际情况及时开启或关闭应力释放孔。

宜将顶管机与第1节管节、第1~5节管节相邻两管节间连接牢固，以防止顶管机进洞时前几节管节间的松脱。

（2）施工参数的控制

随着顶管机切口距洞门的距离逐渐缩短，应降低土压力的设定值，确保封门结构稳定，避免封门过大变形而引起泥水流入井内等。在顶管机切口距洞门6m左右处，土压应降为最低限度。

顶管机处于进洞区域，正面水压设定值应低些，顶进速度不宜过快，尽量将顶进速度控制在1cm/min以内。在工具管进入洞门前应尽量挖空正面土体，以避免工具管切口内土体涌入接收井内。

（3）拆除封门

拆除封门前工程技术人员、施工人员应详细了解施工现场情况和封门结构，分析可能发生的各类情况，准备相应措施。

拆除封门前顶管机应保持最佳的工作状态，一旦拆除，立刻顶进至接收井内。在管道内应准备好聚氨酯堵漏材料，便于随时通过第 1 节管节的压浆孔压注聚氨酯，以防止封门发生严重漏水现象；在封门拆除后，顶管应迅速连续顶进管节；洞圈特殊管节进洞后，马上用弧形钢板将洞圈环板与进洞环管节焊成一个整体，并用浆液填充管节和洞圈的间隙。

（4）封堵洞门空隙

待顶管机进洞第 1 节管节伸出洞门 50cm 左右时，应及时用厚 16mm 环形钢板将洞门上的预留钢板与管节上的预留钢套焊接牢固，同时在环形钢板上等分设置若干个注浆孔，利用注浆孔压注足量的浆液填充洞门空隙。

9.4.3 顶管顶进施工

管子顶进 10m 左右后即转入正常顶进。顶进的基本程序是安装顶铁，开动油泵，待活塞伸出一个行程后，关油泵，活塞收缩，在空隙处加上顶铁，再开油泵，到推进够一节管子长度后，下放一节管道，再开始顶进，如此周而复始。

顶管顶进施工包括安装顶铁、开挖地层、顶进时地层变形控制、施工参数控制、顶进管节、压浆和布置管道设备等工作。

（1）安装顶铁

分块拼装式顶铁应有足够的刚度，并且顶铁的相邻面相互垂直。安装后的顶铁轴线应与管道轴线平行、对称，顶铁与导轨之间的接触面不得有泥土、油污。更换顶铁时，先使用长度大的顶铁，拼装后应锁定。顶进时工作人员不得在顶铁上方及侧面停留，并随时观察顶铁有无异常现象。顶铁与管口之间采用缓冲材料衬垫，顶力接近管节材料的允许抗压强度时，管口应增加 U 形或环形顶铁。

（2）开挖地层

采用人工式顶管时，将地下水位降至管底以下不小于 0.5m 处，并采取措施防止其他水源进入顶管管道。顶进时，工具管接触或切入土层后，自上而下分层开挖。

（3）顶进时地层变形控制

在顶管施工中要根据不同土质、覆土厚度及地面建筑物等，配合监测信息的分析，及时调整土压力值，同时要求坡度保持相对的平稳，控制纠偏量，减少对土体的扰动。根据顶进速度控制出土量和地层变形，从而将轴线和地层变形控制在最佳状态。

（4）施工参数控制

正常顶进时，应严格控制出土量，防止超挖及欠挖。顶进过程中应及时根据实际情况对土压力作相应调整，待土压力恢复至设计值后，方可进行正常顶进，以防止土层沉降。

（5）顶进管节

在中距离顶进中，实现管节按顶进设计轴线顶进，纠偏是关键，要认真对待，及时调节顶管机内的纠偏千斤顶，使其及时恢复到正常状态。要严格按实际情况和操作规程进行，勤测、勤出报表、勤纠偏。纠偏时，应采用小角度、顶进中逐渐纠偏。

在正常施工时，顶管机头及管节一般会产生自身旋转。在发生旋转后，施工人员可根据实际情况利用顶管机械的刀盘正反转来调节机头和管节的自身旋转，必要时可在管节旋转反方向加压铁块。

顶进管节视主顶千斤顶行程确定是否用垫块。为保证主顶千斤顶的顶力均匀地作用于管节上，必须使用O形受力环。当一节管节顶进结束后，吊放下一节管节。在对接拼装时，应确保止水密封圈充分入槽并受力均匀，必要时可在管节承口涂刷黄油。对接完成并检查合格后，可继续顶进施工。

顶进过程中应加强顶管机状态的测量，以防止顶管产生"磕头"和"抬头"现象。一旦出现"磕头"和"抬头"现象，应及时利用纠偏千斤顶来调整。

（6）压浆

应在管道外壁注润滑泥浆，并保证泥浆的稳定，使其性能满足施工要求，以减少土体与管壁间的摩阻力。

合理布置压浆孔。在管节断面一侧安装压浆总管，每一定距离接三通阀门，并用软管连接至注浆孔。压浆时，必须坚持"先压后顶，随顶随压，及时补浆"的原则。制定合理的压浆工艺，严格按压浆操作规程进行。

压浆顺序是地面拌浆→启动压浆泵→总管阀门打开→管节阀门打开→送浆（顶进开始）→管节阀门关闭（顶进停止）→总管阀门关闭→井内快速接头拆开→下管节→接总管→循环复始。施工中还要根据土质、顶进情况和地面沉降的要求等适当调整。顶进时，应贯彻同步压浆与补压浆相结合的原则，工具管尾部的压浆孔要及时有效地进行跟踪注浆，确保能形成完整有效的泥浆环套。对地表沉降要求高的地方，应定时进行重点补压浆。

（7）布置管道设备

一般地，在管道内每节管节上布置一压浆环管，在管道右下侧安装压浆总管及电缆等，在管道右上方安装照明灯，在管道底部铺设电机车轨道和人行走道板。

9.4.4 施工测量技术

按三等水准测量两井之间的进出洞门高程，计算顶进设计坡度。建立顶进轴线的施工观测台，在观察台架设经纬仪一台，后视出洞口红三角（即顶进轴线）测顶管机的前标及后标的水平角和竖直角，测一全测回，计算顶管头（切口）尾的平面和高程偏离值。为确保顶管施工测量的正确性，测量台的布置应牢靠地固定在工作井底板预埋铁板上，与顶进机架和后靠不相连接，并经常复测，消除工作井位移产生的测量偏差。

9.5 顶管工程施工荷载计算

9.5.1 顶力的计算

顶管顶力计算的目的是验算管段端面的局部承压能力，以及用于检验主顶千斤顶的能力，决定是否需要设置中继环千斤顶。

1. 摩阻力
（1）顶进距离较短、管壁外周不注润滑泥浆时，顶进中的摩阻力可按式（9-1）计算。

$$F_1 = f[\, k_1 \, (\, p_v + p_h \,) \, Dl + p_0 \,] \qquad (9-1)$$

式中　k_1——系数，管顶以上土体能保持形成土拱时取 1，管道顶部不能形成土拱时取 2，一般土层可取 1 $< k_1 <$ 2；

p_v——作用于管顶的垂直土压力（kN/m^2）；

p_h——管壁侧向水平土压力（kN/m^2）；

D——管道外径（m）；

l——单程顶进长度（m）；

p_0——全程管道自重（kN）；

f——管壁与土层的摩擦系数，一般取 0.4~0.6。

（2）顶进距离较长、管壁外周注润滑泥浆时，可按式（9-2）计算。

$$F_1 = f_1 \pi D l \qquad (9-2)$$

式中　f_1——摩阻力（kN/m^2），软土中一般可取 8~12kN/m^2；

D——管道外径（m）；

l——全部顶进长度（m）。

2. 迎面阻力（挤压力）
（1）管道采用挤压法时，需计算土体在工具管前端对管段产生的迎面挤压力。

$$F_2 = \pi D_c t R \qquad (9-3)$$

式中　D_c——锥形挤压口端面的平均直径（m）；

　　　t——锥形挤压口端面的平均厚度（m）；

　　　R——单位面积挤压阻力（kN/m²），一般取为被动土压力。

（2）封闭式工具管（土压平衡、泥水平衡）机头的迎面阻力。

$$F_2 = \frac{\pi D_j^2}{4} P_t \qquad (9-4)$$

式中　D_j——顶管掘进机外径（m）；

　　　P_t——机头底部 $D_j/3$ 处的被动土压力（kN/m²）。

不同土层开挖方式，顶进时所需克服的总阻力也不同。土压平衡法按迎面阻力 F_2 和注润滑泥浆的摩阻力 F_1 之和计算，人工开挖时按 F_1 计算，挤压法开挖时按 F_1 和 F_2 之和计算。

9.5.2 顶管施工总推力

顶管顶进过程中，为使各个油缸推力的反力均匀地作用在工作坑的后方土体上，一般都需浇筑一堵后座墙，在后座墙与主顶油缸尾部之间，再垫上一块钢制的后靠背。这样，由后靠背和后座墙以及工作坑后方的土体组成了顶管的后座。计算过程中，可把钢制的后靠背忽略并假设主顶油缸的推力通过后座墙而均匀地作用在工作坑后的土体上，其集中反力按式（9-5）计算。

$$R = \alpha B \left(\gamma h^2 \frac{K_p}{2} + 2ch\sqrt{K_p} + \gamma h h_1 K_p \right) \qquad (9-5)$$

式中　R——总推力的反力（kN），为确保安全，反力 R 应为总推力 P 的 1.2~1.6 倍；

　　　α——系数，一般取 1.5~2.5；

　　　B——后座墙的宽度（m）；

　　　γ——土的重度（kN/m³）；

　　　h——后座墙的高度（m）；

　　　K_p——被动土压力系数，按照朗肯土压力理论计算；

　　　c——土的内聚力（kPa）；

　　　h_1——地面到后座塔顶部土体的高度（m）。

9.5.3 掌子面稳定性验算

在敞开的手掘式顶管中，需进行工作面稳定性验算。现以砂土为例说明挖掘面可以保持稳定的条件。

根据朗肯土压力理论，总土压力按式（9-6）计算。

$$p_a = \frac{1}{2}\gamma h^2 K_a - 2c\sqrt{K_a} \qquad （9-6）$$

要求断面能自立，则必须是 $p_a \leqslant 0$，把 $p_a = 0$ 时的自立高度记为 h_0。

$$h_0 = 2\sqrt{\frac{c}{\gamma\sqrt{K_a}}} \qquad （9-7）$$

式中　c ——土的内聚力（kPa）；

　　　γ ——土的重度（kN/m³）；

　　　K_a ——主动土压力系数，按照朗肯土压力理论计算。

由上述计算可以认为，当工具管的外径小于 h_0 时，挖掘面就可以保持稳定。

 思考题

9-1 顶管法施工的基本原理是什么？

9-2 如何选择顶管机的类型？

9-3 简述工作井的选择。

9-4 简述顶管法施工作业及其进出洞技术。

9-5 顶管顶力和顶管施工总推力如何计算？

9-6 以砂土为例，说明顶管顶进中掌子面可以保持稳定的条件。

第 **10** 章

沉管法施工

本章知识点

【主要内容】沉管隧道的基本结构、施工工艺流程，干坞的设计与施工，
管节段制作，管段检漏与干舷调整，基槽施工，航道疏浚，
管段沉放与连接，基础处理及回填。

【基本要求】熟悉沉管隧道的基本结构、施工工艺流程，干坞的设计与施工；
掌握管段检漏、干舷调整、基槽设计与施工、管段沉放与连
接、基础处理及回填；了解干坞内的设施设备、管节段制作、
航道疏浚。

【重　　点】管段检漏、干舷调整、基槽设计与施工、管段沉放与连接、
基础处理及回填。

【难　　点】管段检漏，干舷调整，基槽施工，管段出坞、浮运、沉放、
水下连接，基础处理及回填。

10.1 概述

沉管法（沉埋管段法）是指在穿越江河流域时，按照隧道的设计形状和尺寸，先在隧址以外的干坞中或船台上预制隧道管段，并在两端用临时隔墙封闭，然后舾装好拖运、定位、沉放等设备，将其拖运至隧址位置，沉放到江河中预先浚挖好的沟槽中，并连接起来，最后充填基础和回填砂石将管段埋入原河床中。用这种方法修建的隧道又称为沉管隧道。

水下沉管隧道的整体结构由管段基槽、基础、管段和覆盖层等组成，整体坐落于江河（海）底。沉管隧道的横断面如图 10-1 所示。

沉管隧道管段断面结构形式按制作材料，可分为钢壳混凝土管段和钢筋混凝土管段两种；按断面形状可分为圆形、矩形和混合形；按断面布局可分为单孔式和多孔组合式。

沉管隧道在纵断面上一般由敞开段、暗埋段、沉埋段以及岸边竖井等部分组成。竖井通常作为沉埋段的起讫点以及通风、供电、排水、运料和监控等的通道。但是，根据具体的地形、地貌和地质情况，也可将沉埋段和暗埋段直接相连而不设竖井，如图 10-2 所示。

10.2 施工工艺流程

沉管隧道施工的主要工序流程如图 10-3 所示，包括管段制作、基槽浚挖、管段

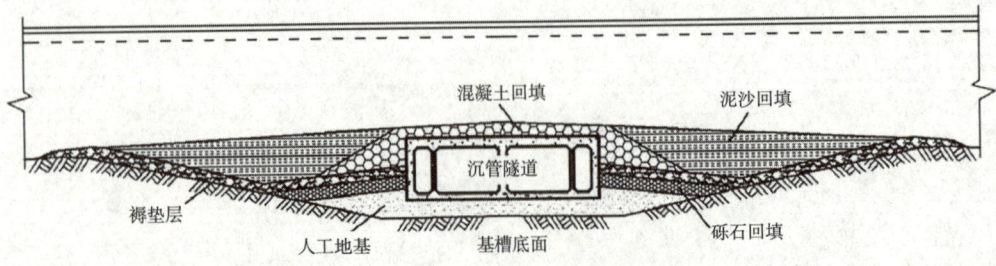

图 10-1 沉管隧道的横断面图

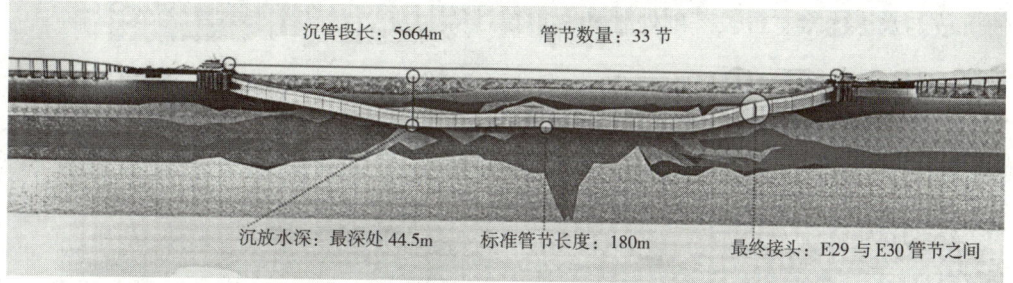

沉管段长：5664m　　　　管节数量：33 节

沉放水深：最深处 44.5m　　标准管节长度：180m　　最终接头：E29 与 E30 管节之间

图 10-2 沉管隧道纵断面结构示意图

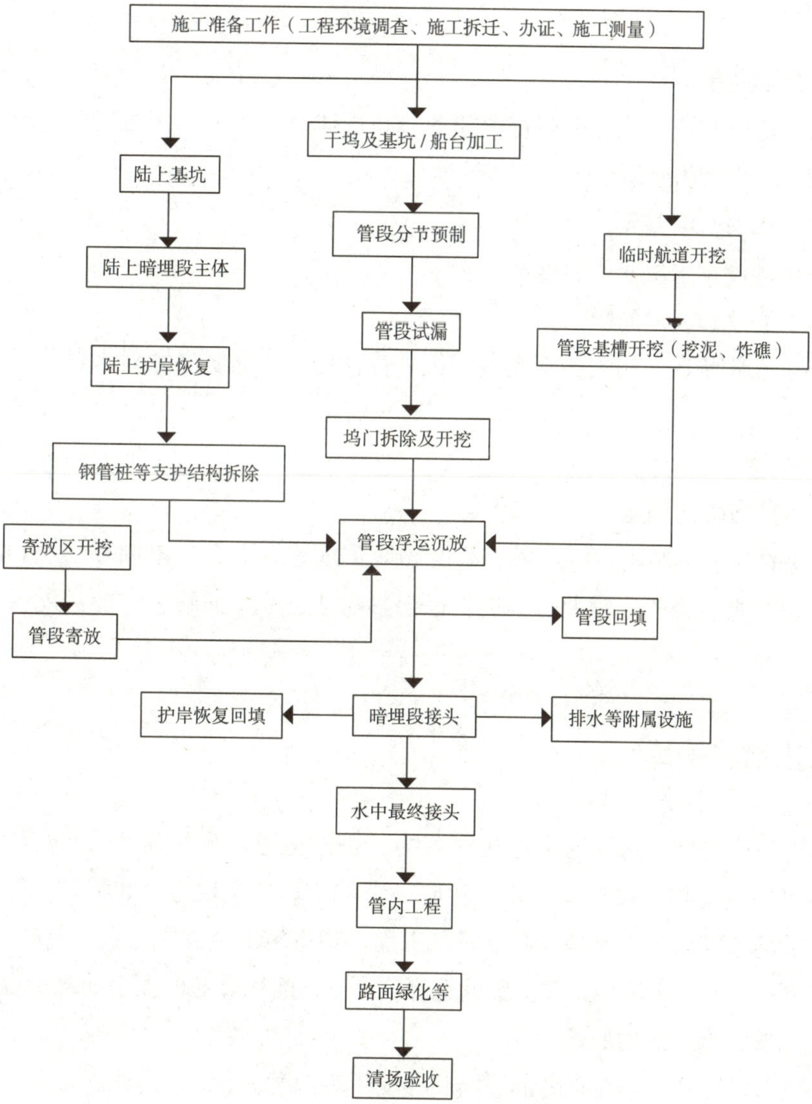

施工准备工作（工程环境调查、施工拆迁、办证、施工测量）

干坞及基坑 / 船台加工

陆上基坑

陆上暗埋段主体

陆上护岸恢复

钢管桩等支护结构拆除

寄放区开挖

管段寄放

管段分节预制

管段试漏

坞门拆除及开挖

临时航道开挖

管段基槽开挖（挖泥、炸礁）

管段浮运沉放

管段回填

护岸恢复回填

暗埋段接头

排水等附属设施

水中最终接头

管内工程

路面绿化等

清场验收

图 10-3 沉管隧道施工流程图

的沉放与水下连接、管段基础处理和回填覆盖等。

10.2.1 施工前的调查工作

在沉管隧道施工之前，主要调查内容有：

1. 地质调查
（1）确定地基承载力。
（2）沉管及其他水下障碍物的探测。
（3）根据浚挖技术，推断疏浚土方量。

2. 水利调查
（1）流速和流向，必须调查流速的分布规律及其季节变化的情况，或者调查潮水影响随时间变化的情况。
（2）水的密度差异。
（3）潮汐及水位变化的影响。
（4）海浪和波浪的影响。
（5）水质状况，当采用钢壳或钢板外皮做防水层时，必须对水做化学分析，以免腐蚀钢材。

3. 气象方面的调查
前期的调查工作还包括对风、温度和能见度等方面的气象调查。风和温度对水力性能和作业均会产生较大的影响，也会影响能见度，而较差的能见度可能会影响到定位系统。

10.2.2 临时干坞

干坞是坞底低于水面的水池式建筑物，是修建矩形沉管隧道的必需场所。通常是在隧址附近开挖一块低洼场地，建造一个与工程规模相适应的临时干船坞，用于预制沉管隧道管段。干坞是一项临时性工程，隧道施工结束便完成其使命。
干坞设计包括干坞形式和位置的选择，深度、面积等规模大小的确定以及坞坡、坞底、坞首、坞门结构的设计等。
干坞形式按其活动性有固定干坞和移动干坞两种。
固定干坞在陆地上建造，目前多为在隧址附近建造的临时性洼地式干坞。钢壳管节由于长度不大，下水时重量较轻，一般不需要在专门的干坞内进行预制，可在隧址附近的岸边平地上或在造船厂的船台上制造，利用船台制作时需对船台的承载能力进行验算。在船台上预制的管节形式一般都为钢与混凝土复合结构，钢结构制造完成后，浇筑内部部分混凝土，另一部分混凝土待管节下水后在浮态下浇筑。

移动干坞是在船上进行预制管段的方法。移动干坞法的施工方法主要是隧道沉管管节全部在移动干坞（半潜驳）上完成预制，之后运用拖轮将半潜驳连同其上的预制管节拖航到隧址附近的下潜坑进行下潜，管节与半潜驳分离并绞移出半潜驳后系泊在临时系泊区，然后进行二次舾装，最后将管段浮运就位后实施沉放对接，并与岸上段贯通。

固定干坞位置应根据以下原则选择：

（1）应距隧址较近，附近的航道具备浮运条件，以便管节浮运和缩短运距。

（2）干坞附近应有可浮存若干节预制好的管节的水域。

（3）具有适合建造干坞的地质条件，场地土应具有一定的承载能力，同时也有利于干坞挡土围闭及防渗工程实施。

（4）交通运输方便，具有良好的外部施工条件。

（5）征地拆迁费用低，具有可重复利用的开发价值。

干坞规模分大型干坞和小型干坞。大型干坞又称一次性预制管段干坞，小型干坞又称分次完成管段干坞。一次性预制管段是在干坞内一次完成所有管段的制作，因只需放一次水进坞，干坞不需要采用闸门，仅用土围堰或钢板桩围堰作坞首，大型干坞适合于工程量小、管段数量少、土地使用价格低的工程；分次预制管段是在干坞内分多批次制作管段，每批次管段预制完成，就放一次水进坞，使之浮运出坞，干坞的坞门需多次开启，小型干坞适合于工程量大、管段数量多、土地使用价格高的工程。

干坞的规模应根据工程规模、管节长度和数量、坞址的地形与地质条件、工期、土地使用费、施工组织等工程的实际情况综合考虑决定。临时干坞制作场地的规模取决于管段节数、每节宽度与长度及管段预制批量，同时还应考虑工期因素，根据工程的具体条件进行比较论证。

干坞的深度应确保管段制作完成后能顺利进行安装工作并浮运出坞。坞底的标高应根据管节的高度、管节浮起时露出水面的高度（称干舷）、管节浮起时底部至坞底要求的最小距离、水位和浮运要求等因素决定，保证管节能安全顺利出坞。

干坞是一项临时性工程，故其周边一般采用天然土坡或者进行简单的护坡，即必要时加铺塑料薄膜、植草皮、格栅或砌石等，以防雨水冲刷。坞边坡度的确定要进行抗滑稳定性的详细验算。在管段制作期间，干坞由井点系统疏干。在分批预制管段的中、小型临时干坞中，要特别注意干坞抽水和排水时的边坡稳定性问题。

坞底要有足够的承载力，要提前进行工程地质和水文地质勘察，进行土工试验。

坞底通常先铺一层砂砾或碎石，再在砂砾或碎石层上铺设一层 20~30cm 厚的素混凝土或钢筋混凝土，以防管段起浮时被"吸住"。

干坞的坞壁三面封闭，临水一面为坞首。在大型干坞中，因一次性预制所有管节，故可用土围堰或钢板桩围堰作坞首，而不设坞门；在小型干坞中，既要设坞首也要设坞门。坞首通常采用双排钢板桩围堰，坞门可用单排钢板桩。

临时干坞的机具设备，一般都是普通土建工程的通用设备，包括混凝土搅拌站设备、水平运输车辆、起重设备和钢筋成型设备、各种材料的堆放和储存仓库、各种加工车间以及交通、供电、防洪等设施。

干坞施工一般采用"干法"进行干坞内的土方开挖。通常先沿干坞的四周施作混凝土防渗墙，隔断地下水，然后用推土机、铲运机从里面向坞口开挖，挖出的一部分土用来回填作坞堤，大部分土运至弃土场。坞底和坞外设排水沟、截水沟和集水井；坡面用塑料薄膜满铺并压沙袋，以防雨水冲刷；坞底铺砂、碎石，再用压路机压实并平整；坞内修筑车道。

10.3 管段制作

沉管管段在地面干坞中预制，其工艺与地上制作其他大型钢筋混凝土构件类似。预制沉管管段的对称、均匀性和水密性要求很高，除了从构造方面采取措施外，必须在混凝土选材、温度控制和模板等方面采取特殊措施。管段上还需设置端封墙和压载设施，以保证浮运和下沉。

10.3.1 钢壳混凝土管段制作

钢壳混凝土管段有单层和双层两种。不管单层或双层，施工时都是先预制钢壳，然后将钢壳拖运滑行下水，接着在水中悬浮状态下浇筑混凝土。管段的外钢壳制作时，应保证钢壳的焊接和拼装的质量，保证不漏水。钢壳可在造船厂的船台上制作，充分利用船厂设备。

10.3.2 矩形管段的制作

矩形钢筋混凝土管段一般在临时干坞中预制，完成后往干坞内灌水使管段浮起，然后运至隧址沉放。管段制作对混凝土施工要求很严格，要保证干舷和抗浮安全系数以及防水要求。

1. 管段的对称、均匀性控制

管段制作时对称性控制是为了确保矩形管段在浮运时有足够的干舷。管段在浮运时，为了保证稳定，必须使管段顶面露出水面，具有一定干舷，管段遇风浪发生倾斜后，会自动产生一个反倾力矩，使管段恢复平衡。

矩形管段制作宜采用大刚度的模板，模板的制作与安装须达到高精度要求。在浇筑混凝土的全过程中必须严密地实时监测混凝土的密实度及其均匀性，以避免管段在浮运时浮不起来和发生倾斜事故。

2. 管段的水密性控制

水密性控制的目的是确保管段的防水性能，使隧道投入使用后无渗漏。管段的防水按材料可分为刚性防水和柔性防水，按防水部位可分为外防水、结构自防水和接缝防水。

3. 端封墙

在管段浇筑完成和模板拆除后，为了便于水中浮运，需在管段的两端离端面0.5~1.0m处设置封墙，称为端封墙。封墙可用钢材、钢筋混凝土、钢梁与钢筋混凝土复合结构。采用钢筋混凝土封墙变形小、易于防渗漏，但拆除时比较麻烦；采用防水涂料的钢封墙解决了密封问题后，装、拆均比钢筋混凝土封墙方便得多。

端封墙上设有鼻式托座（简称鼻托）、排水阀、进气阀、人员出入孔及拉合结构。排水阀设在下面，进气阀设在上面，人员出入孔应设置防水密闭门并应向外开启。

4. 压载设施

管段浮运就位后沉放，加载可用石渣、矿渣压载，也可用水箱压载。用水箱压载简单方便，采用较多。压载水箱在管段上对称设置，每节管段至少要设4个水箱，对称布置在管段四角，使管段保持平衡，平稳地下沉。压载水的容器要在封墙安装之前设置在管段内部。水箱的容量及数量取决于管段干舷的大小、下沉力的大小以及管段基础处理时抗浮所需的压重大小。

10.3.3 管段的检漏与干舷调整

管段在制作完成之后，须进行检漏，如有渗漏，可在浮运出坞之前进行补救。一般在干坞灌水之前，先往压载水箱里加水压载，然后再往干坞内灌水；在干坞灌水之后，进一步抽吸管段内的空气，对管段的所有外壁进行一次仔细的检漏。如发现渗漏，则需将干坞内的水排干，进行修补；若无问题，即可排出压载水，让管段浮起。

经检验合格后，管段浮起前，还需在坞中检查四边的干舷是否合乎规定，如有倾斜现象，可通过调整压载加以解决。

10.4 沉管隧道的浚挖

沉管隧道的浚挖工作一般有沉管基槽的浚挖、航道临时改线浚挖、出坞航道浚挖、浮运管段线路浚挖和舾装泊位浚挖。水底浚挖的工程费用较小，但它是工程的一个关键项目。当浚挖作业现场的通航环境较为复杂时，挖泥船在主航道作业时经常要松缆让航，施工难度较大。

10.4.1 沉管基槽施工

基槽施工主要是利用浚挖设备在水底沿隧道轴线按基槽设计断面挖出一道沟槽，用以安放管段。基槽浚挖是所有浚挖工作中最为重要的一环，应根据现场地质与水力资料确定合理的浚挖方式和浚挖设备。

1. 浚挖方式

选择浚挖方式时应尽量使用技术成熟、生产效率高、费用低的浚挖方式；应充分使用已有的浚挖设备，尽量避免采用需重新定制的设备；对航道和环境的影响要尽量小。

浚挖作业一般分层分段进行。在基槽断面上，分几层逐层开挖；在平面上，则沿隧道轴线方向，划分成若干段，分段分批进行浚挖。

管段基槽浚挖亦可分粗挖和精挖两次进行。粗挖挖到离管底标高约 1m 处；精挖在邻近管段沉放时超前 2 节或 3 节管段进行，这样可以避免因管段基槽暴露过久、回淤沉积过多而影响沉放施工。

2. 浚挖设备

基槽开挖可采用挖泥船进行，如图 10-4 所示。

一般情况下，挖深在水下 10m 以内时，可用吸泥船或链斗挖泥船；挖深在水下 16m 以内时，可选用 4m³ 铲斗挖泥船或轻型抓斗挖泥船；挖深在水下 16m 以上时，

图 10-4 深水定深平挖抓斗挖泥船

图 10-5 深水自动定位多耙基槽挖泥船

需用重型抓斗挖泥船。

（1）抓斗挖泥船。它构造简单，造价低，船体尺寸小，长与宽均显著小于其他挖泥船，浚挖深度大，施工效率高。它利用吊在旋转式起重把杆上的抓斗，抓取水底土壤，将泥土卸到泥驳上运走，当土质较硬时可使用重型抓斗。一般不能自航，靠收放锚缆移动船位，施工时需配备拖轮和泥驳。

（2）自航耙吸式挖泥船（图 10-5）。带有泥仓的自航吸泥船亦称开底船，挖泥时可不妨碍其他船舶的航行，适用于在船舶航行密集的地点挖泥。工作时，一面慢慢航行，一面用泥泵将水底的泥沙从耙头的吸泥口经过船侧吸泥管的耙臂泵吸到泥仓内，满载后航行到抛泥区，打开泥门将泥沙卸入水中。有的船还可以将船上的排泥管与陆地上排泥管连接起来，利用本船的泥泵，直接把泥沙输送到充填场地去。

（3）链斗式挖泥船。它用装在斗桥滚筒上、能连续运转的一串泥斗挖取水底土壤，通过卸泥槽排入泥驳，施工时需泥驳和拖轮配合。该挖泥船生产效率较高，浚挖成本较低，能浚挖硬土层，开挖后的泥面较平整；但定位锚缆较长，作业时水面占位较大。

（4）绞吸式挖泥船。它利用绞刀绞松水底土壤，通过泥泵作用，从吸泥口、吸泥管吸进泥浆，经过排泥管卸泥于水下或输送到陆地上。它对土质的适应性好，生产效率高，浚挖成本低，不需泥驳配合工作。

（5）铲斗挖泥船。它是利用悬挂在把杆钢缆和连接斗柄上的铲斗，在回旋装置操纵下，推压斗柄，使铲斗切入水底土壤内进行挖掘，然后提升铲斗，将泥土卸入泥驳。它适用于硬土层，不需锚缆定位，水面占位小；但挖泥船的造价高，浚挖费用亦高。

（6）其他设备。当浚挖作业遇到岩层时，需采用碎岩船、凿岩船；在离岸条件下的沉管隧道，在浅水中和基槽深度有限时可采用漂浮型或半沉型设备等。

浚挖施工时，挖泥船需有附属船只配合，组成船队进行作业。附属船只包括拖轮、顶推轮、泥驳、运输船、发电船、起锚船等。

3. 岩层基槽开挖

岩石基槽开挖需用水下钻眼爆破法进行。钻眼前要清除岩面以上的覆盖层；炮孔排距和孔距等爆破参数要根据地质条件决定，排炮需排与排错开。炮眼直径一般在108mm左右，炮眼深度一般超过开挖面以下0.5m，用电力起爆网路起爆。水下钻眼要使用炸礁船，多只船并排布置并抛锚定位。钻眼时，应采用多台钻机一排同时作业。爆破后的清挖用铲斗挖泥船或大型抓斗挖泥船。

4. 基槽开挖辅助工作

基槽开挖施工（包括航道疏浚）必须选择合适的卸泥区，选择的原则是要有足够的卸存量，最好选在江河区的深槽，运距最好在50km以内。

一般绞吸式挖泥船开挖基槽时，在挖泥船进场后，应按现场情况连接所需长度的输砂管，采用趸船作为临时码头，用来固定输砂管和停靠泥驳进行装泥作业。

要加强测量基槽开挖的坡度、深度和宽度。开挖深度的监控测量一般可采用声呐测距仪，并在吸泥船底部安装一台水下地形扫描仪，每挖10m测一次作为声呐基准调校点。

10.4.2 航道疏浚

航道疏浚包括临时航道疏浚和管段浮运航道疏浚。临时航道疏浚必须在基槽开挖以前完成；浮运航道是专门为管段从干坞浮运到隧址设置的，管段出坞拖运之前，浮运航道要完成疏浚，浮运路线的中线应沿着河道的深槽。浮运航道要有足够水深，根据河床地质情况应考虑一定的富余水深，并使管段在低水位（平潮）时能安全拖运。

10.5 管段沉放与连接

沉管基槽开挖及基础处理完成后，便可进行管段的出坞、浮运、沉放与水下连接工作，这是沉管隧道难度最大的一道工序。管段起运前，必须做好各项准备工作，编制一套严谨的施工组织设计，各项工作做到目标明确、技术措施可行，人员、设备和物资落实到位。

10.5.1 管段的出坞

管段在干坞内预制完毕，并对其安装全部浮运、沉放及水下对接的施工附属设备设施后，就可向干坞内灌水，使预制管段在坞内逐渐浮起，直到坞内外水位平衡为止，打开坞门或破坞堤，由布置在干坞坞顶的绞车将管段逐节牵引出坞。上浮时，要利用干坞四周预先布设的锚位，用地锚绳索对管段进行控制。管段出坞后，先在坞口系泊。分次预制管段时，也可在拖运航道边临时选一个水域抛锚系泊。

管段在坞内起浮前应对压载水仓注水调平，安装好系缆柱、缆绳导轮和系缆绞车等。起浮时，应逐步排出压载水仓内的水，保证管段慢慢安全地起浮。多管段一次预制时，可按出坞浮运的顺序一节一节地起浮。起浮后，管段的一侧可利用干坞的系缆柱系泊，另一侧可利用尚未起浮的管段系缆绳，要确保起浮的管段平稳无漂移。管段通过绞车系泊缆绳系统逐步牵引出坞。出坞作业应选在海水高潮的平潮前半小时进行。

10.5.2 管段浮运

将管段从存泊区或干坞拖运到沉放位置的过程称为浮运。管段浮运可采用拖轮拖运或岸上绞车拖运。当水面较宽、拖运距离较长时，一般采用拖轮拖运，拖轮大小与数量应根据管段几何尺寸、拖航速度及航运条件（航道形状、水流速度等）通过计算分析选定；水面较窄时，可在岸上设置绞车拖运。

10.5.3 管段的沉放

1. 沉放方式

管段的沉放方式可分为吊沉法和拉沉法。根据施工方法和主要起吊设备的不同，吊沉法又分为分吊法（包括起重船法和浮箱法）、扛吊法和骑吊法等。目前，使用最普遍的方法是浮箱吊沉法及方驳扛吊法。大中型管段多采用浮箱吊沉法；小型管段则以方驳扛吊法较为合适。

浮箱吊沉法的主要设备为4只1000~1500kN的方形浮箱。浮箱位于管段顶板上方，分前后2组，每组以钢桁架联系，并用4根锚索定位，管段本身另用6根锚索定位，浮箱通过吊索和管段起吊点连在一起。起吊提升机和浮箱定位提升机均安放在浮箱顶部，吊索起吊力要作用在各浮箱中心，定位提升机安设在定位塔顶部。目前，优化的浮箱吊沉法4只小浮箱由前后2只大浮箱或改装的驳船代替，并完全省掉浮箱上的锚索，较广泛应用于小型、中型和大型沉管。

方驳扛吊法又分为双驳扛吊法和四驳扛吊法。四驳扛吊法采用4艘方驳，左右

2艘方驳之间架设由型钢或钢板梁组成的"扛棒"，用它来承受吊索的吊力，前后2组方驳可用钢桁架联系构成一个船组，驳船组及管段分别用6根锚索定位；双驳扛吊法或称双壳体船法，是采用2艘船体较大的方驳船代替4艘小方驳，适用于沉放管段较多、建设多条隧道的情况。整体稳定性优于4艘小方驳组成的船组。

2. 定位

沉放和对接过程中，定位作业主要由锚碇系统完成，常用的锚碇方式有八字形和双三角形。

八字形锚碇系统通常在沉埋基槽轴线两侧各沉埋一排大型锚碇块，两排锚碇块呈对称埋设，锚碇块与管段之间由锚链连接，从八个不同的方向将管段拉住，不但安全可靠，而且施工简单。但是，八字形锚碇系统所占水域较大，特别是在管段轴线方向，对航道有不利影响，而"双三角形"锚碇系统占江面的水域宽度仅为管段的长度，对航道的影响较小。

管段拖运到沉放位置后，系好定位缆，管段位置调整和定位可通过测量塔上的卷扬机拉紧或放松定位缆来加以控制。锚碇块的位置用玻璃钢浮筒表示，正式使用前需对锚碇块进行拉力测试。

3. 沉放作业

管段沉放与对接作业受海上自然条件影响很大，进行施工前需对沉放阶段的水位、流速、气温和风力等水文气象条件进行资料收集分析，选择最佳时机。施工时，一般安排在夜间进行现场准备，翌日高潮的平潮时进行管段就位，午前低潮后进行沉放作业，午后结束沉放和对接作业。若一个潮期不能沉放好，应使管段保持在基槽内，减小水流对管段的影响，待下一个潮时再沉放，但应力争在一个潮期沉放完毕。

沉放时间选择应尽量保证沉放作业的最后阶段在平潮期进行；每一步操作完成后，应等管段恢复静止后，再进行下一步的操作；靠拢下沉和着地下沉的过程中，除常规测量仪器和水下超声波测距仪进行不间断监测外，尚需由潜水员进行水下实测和检查测量管段的相对位置和端头距离。

以下以浮箱吊沉法为例，介绍管段的沉放施工作业。

沉放作业前的准备工作：沉放的前两天，需派潜水员对基槽进行全面细致的验收，认真清除任何影响沉管就位的障碍；实行水上交通管制；对管段内部的水泵、闸阀、加载水箱、管路系统、定位千斤顶及油压系统、发电机、通信联络系统和测量定位系统等进行检查，及时排除故障，确保沉放工作顺利进行；对沉放过程中可能发生的紧急事件（气候突变等）做好预防工作，确保万无一失。

沉放作业一般可分初次下沉、靠拢下沉和着地下沉三个步骤进行。

（1）初次下沉。管段位置调节到与已沉的管段保持 10~20m 的距离，先往管段内压重水箱灌注一半下沉力的水，经位置校正后再继续加至设计值；然后通过钢浮箱上的卷扬机控制沉放速度，使管段下沉，直到管底离设计标高 5m 左右为止，下沉时要随时校正管段的位置。

（2）靠拢下沉。先将管段向前平移至距已沉的管段 2m 左右处，然后再将管段下沉到管底离设计标高 0.5~1m 处，并调整好管段的纵向坡度。

（3）着地下沉。先将管段平移至距已沉的管段约 0.5m 处，校正管段位置后即开始着地下沉。要严格控制最后 1m 的下沉速度，尽量减少管段的横向摆动，使其前端自然对中。着地时先将前端搁在"鼻式"托座上，通过鼻托上的导向装置自然对中，然后将后端轻轻搁置到临时支座上，即可进入管段的对接作业。

10.5.4 管段的水下连接

管段沉放就位后，还要与已连接好的管段连成一个整体，该项工作在水下进行，故又称水下连接。水下连接技术的关键是要保证管段接头不漏水。水下连接有混凝土连接和水力压接两种方法。目前普遍采用的水下连接是水力压接法，它工艺简单，施工方便，施工速度快，水密性好，基本上不用潜水工作。

水力压接法是利用作用在管段上的巨大水压力，使安装在管段前端面（靠近既设管段的那一端）周边上的一圈胶垫发生压缩变形，形成一个水密性可靠的接头。其具体方法是先将新设管段拉向既设管段并紧密靠上，这时接头胶垫产生了第一次压缩变形，并具有初步止水作用。随即将既设管段后端的封端墙与新设管段前端的封端墙之间的水（此时已与管段外侧的水隔离）排走。排水之前，作用在新设管段前后两端封端墙上的水压力是相互平衡的；排水之后，作用在前封端墙的压力变成了大气压力，于是作用在后封端墙上的巨大水压力就将管段推向前方，使接头胶垫产生第二次压缩变形。经两次压缩变形的胶垫，使管段接头具有非常可靠的水密性。

水下压接成功实施的关键部件是安装在管段前端面周边上的一圈接头胶垫，它是管段接头的第一道防水线。

采用水力压接法进行连接的主要工序是：对位→拉合→压接。

目前广泛采用"鼻式"定位托座对位。拉合是用一个较小的机械力，将刚沉没的管段拉向前节已设管段，使胶垫的尖肋部分产生初步变形，起到初步止水作用。拉合完成后，即可打开已设管段内的进气阀和排水阀，放出两节沉管封端墙之间的水。排完水后，作用在整个胶垫上的压力可达数万千牛。在全部水压力作用在胶垫上后，胶垫进一步被压缩，变形量一般为胶垫本体高度的 1/3 左右，从而起到加强封水的作用。压接结束后，即可从已设管段内拆除刚对接的两道端封墙，沉放对接作业即告结束。

10.5.5 管段的内部连接

管段在经上述的对位、拉合和压接后，还需在管段内部进行永久性连接，构筑永久接头。永久接头不仅应具有可靠的水密性，而且要具备抵抗基础不均匀沉降和地震造成的变形。接头形式主要有刚性接头和柔性接头两种。

刚性接头是在水下连接完毕后，在相邻两节管段端面之间和胶垫内侧，用钢筋将两个管段连接起来，然后浇筑混凝土，形成一个永久性接头，但在使用过程中常因不均匀沉降而开裂渗漏。

柔性接头是利用水力压接时所用的胶垫，吸收温度变化引起的伸缩与基础不均匀沉降造成的角度变化，以消除或减小管段所受温度变化与变形引起的应力。可通过焊接型钢和钢板构成简单的柔性接头，接头中的 Ω 形橡胶密封是管段对接缝的第二道防水线。

10.5.6 管段的最终接头

最后一节管段的最后一个端面连接处即最终接头。最终接头有两种情况，一是在水中进行最终接头，二是在岸上段（包括暗埋段和敞开段）进行最终接头。当两岸岸上段同时施工、同时完工、分别从两岸上段向隧道中间沉放对接管段（即对头施工）时，最后剩下 1m 左右的距离就要在水中进行最终接头施工。当管段只从一侧岸上段向另一侧施工（即单向施工）时，最终接头就必须在岸上进行。

在水中进行最终接头施工时，一般不采用传统的水下浇筑混凝土方式，而是利用水力压接法压接原理进行初密封，然后抽掉隔仓水，在隧管内进行最终接头处理。

在岸上施工最终接头的方法可分为干地施工方式、水下混凝土施工方式、防水板施工方式、接头箱体施工方式和 V 形（楔形）箱体施工方式。

10.6 基础处理及回填

为防止地基不均匀沉降导致沉管结构受到局部应力而开裂，必须进行基础处理（基础填平）。

沉管隧道基础处理方法主要是基础填平的方法，可分先铺法和后填法两大类。在管段沉放前进行的处理方法称先铺法，又叫刮铺法，包括刮砂法和刮石法；后填法是先将管段沉没在沟槽底的临时支座上，随后再补填垫实，它包括喷砂法、灌砂法、灌囊法、压砂法和压浆法等。

后填法的优点是在处理过程中基本上不干扰航运，不需特殊的专用设备，不受气象条件的影响，不需大量潜水作业，便于日夜连续施工，操作简易，省工省费用，全过程进行信息化控制。所以，目前大型沉管隧道的基础处理多用后填法，如喷砂法、压砂法、压浆法。

当沉管管段的地基土特别软弱时，仅靠上述"垫平"处理是不够的，还需进行特别处理。处理方法有置换法（以粗砂置换软弱土层，但地震时有液化危险，不安全）、打砂桩并加载预压法（需花费大量时间等待固结，影响工程进度，一般不用）和桩基法等。另外也可采用减轻管段重量的办法，但效果不大。

基础处理结束后，还要对管段两侧和顶部进行覆土回填，以确保隧道的永久稳定。回填材料为级配良好的砂石，为了使回填材料紧密地包裹在沉管管段上面和侧面不致散落，需要在回填材料上面再覆盖石块和混凝土块。全面回填工作需在相邻的管段沉放完后进行。采用喷砂法进行基础处理或采用临时支座时，则要等到管段基础处理完，落到基床上再回填；采用压注法处理时，先对管段两侧回填，但要防止过多的岩渣沉落在管段顶部。回填覆盖采用"沉放一段，覆盖一段"的施工方法，在低平潮或流速较小时进行。管段两侧应对称回填，回填应均匀，不要出现堆积和空洞现象。

 思考题

10-1 何谓沉管法隧道施工？

10-2 简述沉管隧道的施工工艺流程。

10-3 沉管沟槽是如何施工的？

10-4 管段是如何出坞、浮运和定位的？

10-5 简述管段的沉放作业步骤。

10-6 新管段沉到水下后是如何与已设管段进行连接的？

10-7 沉管隧道基础的处理方法有哪些？

第 **11** 章

施工辅助工法

本章知识点

【主要内容】冻结法施工原理，冻结法和注浆法的施工工艺、注浆材料及选择。

【基本要求】熟悉冻结法施工原理、注浆材料及选择、注浆法的施工要点，掌握冻结法和注浆法的施工工艺，了解冻结法制冷设备和注浆设备。

【重　　点】冻结法施工、注浆法施工的注浆材料选择和注浆参数的合理确定。

【难　　点】冻结法和注浆法的施工工艺。

11.1 概述

在饱和含水、松软和破碎等不良地层中修建地下工程时，一般先要采用冻结法、注浆法、混凝土帷幕法和降水法等辅助施工技术加固和处理这些不良地层，然后再进行正常的挖掘和砌筑工作。这些方法都有各自的专门技术工艺和要求，故可称之为辅助工法。本章主要介绍常用的是较为有效的两种辅助工法，即冻结法和注浆法。

11.2 冻结法施工

冻结法是利用人工制冷技术，将地层冻结之后再进行开挖的辅助施工技术。近年来，该工法已在城市地铁、深基坑、水利工程和水下隧道等地下工程得到推广应用。

11.2.1 冻结法施工原理

冻结法是在地下工程开挖之前，先在待开挖的地下工程周围打一定数量的钻孔，孔内安装冻结器，然后利用人工制冷技术对地层进行冻结，使地层中的水结成冰、天然岩土变成冻结岩土，在地下工程周围形成一个封闭的、不透水的帷幕冻结壁，用以抵抗地压、水压，隔绝地下水与地下工程之间的联系，然后在其保护下进行掘砌施工。其实质是利用人工制冷临时改变岩土性质以固结地层。人工冻结的基本原理是低温盐水吸取地层的热量，在盐水箱内进行热交换，把热量传给氨，氨经压缩机做功后，在冷凝器中把这部分热量传给冷却水，冷却水再把热量散发到大气中去。通过上述三大循环，三次热交换，便可使地层冻结。

形成冻结壁是冻结法的中心环节。冻结壁的形成依赖于冻结系统中盐水循环、氨循环和冷却水循环三大循环。完整的冻结系统如图 11-1 所示。

（1）盐水循环

盐水循环系统由盐水箱、盐水泵、去路盐水干管、配液圈、供液管、冻结管、回液管、

196

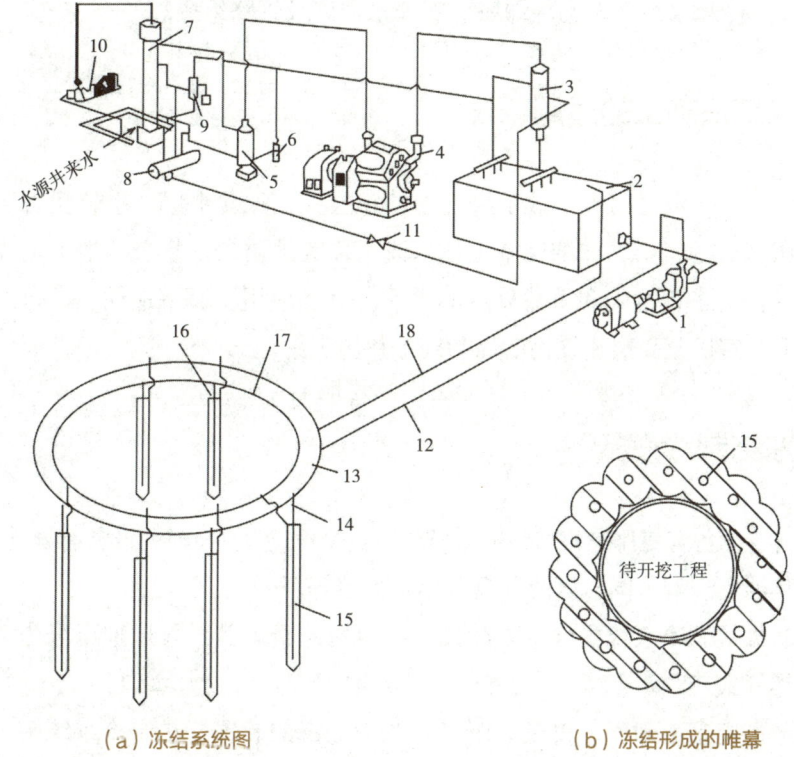

（a）冻结系统图   （b）冻结形成的帷幕

图 11-1 冻结施工原理图

1- 盐水泵；2- 盐水箱（内置蒸发器）；3- 氨液分离器；4- 氨压缩机；5- 油氨分离器；

6- 集油器；7- 冷凝器；8- 储氨器；9- 空气分离器；10- 水泵；11- 节流阀；12- 去路盐水干管；

13- 配液圈；14- 供液管；15- 冻结管；16- 回液管；17- 集液圈；18- 回路盐水干管

集液圈及回路盐水干管组成，其中供液管、冻结管、回液管组合称为冻结器。低温盐水（-35~-25℃）在冻结器中流动，吸收其周围地层之热量，形成冻结圆柱，冻结圆柱逐渐扩大并连接成封闭的冻结壁，直至达到其设计厚度和强度为止。通常将冻结壁扩展到设计厚度所需要的时间称为积极冻结期，而将维护冻结壁的时间称为维护冻结期。盐水循环在制冷过程中起着冷量传递作用，工程中使用的盐水通常为氯化钙溶液。

（2）氨循环

吸收了地层热量的盐水返回到盐水箱，在盐水箱内将热量传递给蒸发器中的液氨，使液氨变为饱和氨蒸气，再被氨压缩机压缩成高温高压的过热氨蒸气，进入冷凝器等压冷却，将地热和压缩机产生的热量传递给冷却水。冷却后的高压常温液氨经储氨器和节流阀转变为低压液态氨，再进入盐水箱中的蒸发器进行蒸发，吸收周围盐水之热量，又变为饱和氨蒸气。如此，周而复始，构成氨循环。

（3）冷却水循环

冷却水循环以水泵为动力，通过冷凝器进行热交换。冷却水把氨蒸气中的热量释放给大气。冷却水由水泵、冷却塔、冷却水池以及管路组成。

11.2.2 冻结法施工的适用条件

冻结法施工技术适用于松散不稳定的冲积层、孔隙含水层、松软泥岩层以及含水量和水压特大的岩层。冻结法施工技术既可作为地质条件复杂的地下工程施工的方法，又可作为工程抢险和事故处理的手段。其已应用于城市地铁、港口、桥涵、大容积地下洞室以及高层建筑物的深基础工程施工中。

11.2.3 冻结制冷设备

主要制冷设备有氨压缩机、冷凝器、蒸发器、中间冷却器，辅助设备有氨油分离器、储氨器、集油器、调节阀、氨液分离器和除尘器等。

氨压缩机是制冷系统中最主要的设备。氨压缩机就其工作原理可分为活塞式、离心式和螺杆式三种。

冷凝器是用来冷却氨、将氨气由气态变为液态的装置，是制冷系统中的主要热交换设备之一。冷凝器有立式、淋水式、卧式及组合式等种类，按其冷却介质不同又可分为水冷式、空气冷却式和蒸发式三大类。在冻结法施工中，多使用立式冷凝器。

蒸发器是热交换系统中不可缺少的热交换设备。蒸发器置于盐水箱中，是制冷系统输出冷量的设备。

中间冷却器用于两级压缩制冷系统，对低压级压缩机的排气也起着油分离器的作用。

节流阀调整供给蒸发器的制冷剂的流量，对高压制冷剂进行节流降压，保证冷凝器和蒸发器之间的压力差，使冷凝器中的气态制冷剂在给定的高压下放热和冷凝。

11.2.4 冻结法施工工艺

冻结法的施工工艺主要由以下几个阶段组成：

（1）冻结站的安装。冻结站主要由压缩机、蒸发器、冷凝器、中间冷却器、节流阀和盐水循环系统设备等组成。

（2）冻结器铺设。根据设计要求钻冻结孔，然后在冻结孔内铺设好冻结器，把各个冻结孔内的冻结器连接形成一个系统，再与冻结站相连接。

（3）积极冻结期。冻结开始时，各个冻结管的周围先形成各自的冻结圆柱并不断向外扩展，随着冻结的发展，各个冻结圆柱交圈连成一片形成冻土墙，其强度随土体平均温度的逐步降低而逐步增大，直至达到设计要求。

（4）维护冻结期。本阶段的主要目的是补充土体损失的冷量，使地层温度维持在设计要求的温度范围内。

（5）解冻期。在地层开挖以及永久结构施工完成后，停止冻结，土层解冻，设备拆除。

冻结法施工流程如图 11-2 所示。

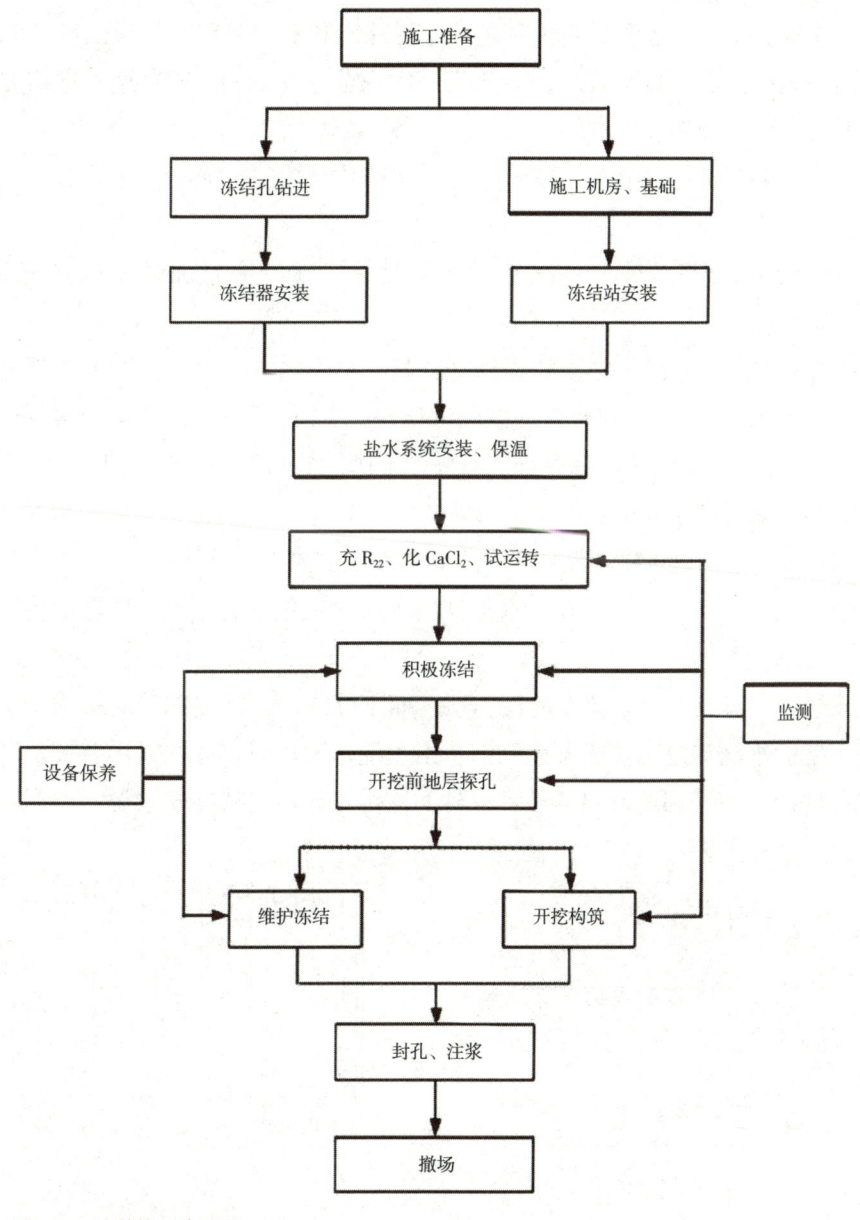

图 11-2　冻结施工流程图

结合某城市地铁隧道采用人工冻结加固地铁盾构隧道浅覆土的案例，介绍冻结法施工的工艺。

某市地铁建设中使用了大型加压泥水盾构，盾构直径达12m，它在推进中，要求上部覆土至少为盾构直径的1~1.5倍，而在交通繁忙路段的覆土最小厚度仅为2.5m，路面下有上水、煤气、高压电缆等管线。若不对覆土进行加固，盾构无法推进，故决定采用冻结加固。此处，冻结法施工工艺如下。

1. 合理制定冻结方案

冻结方案是指根据地下工程所穿过的工程地质和水文地质条件确立冻结深度、冻结时期和冻结范围等技术策略，可分为一次冻全深方案、分段（期）冻结方案、长短管冻结方案和局部冻结方案。

一次冻全深方案是集中在一段时间内将冻结孔全深一次冻好，然后掘砌地下工程的方法。

当一次冻结深度很大时，可将全深分为数段，从上而下依次冻结，即为分段冻结，又称为分期冻结。

长短管冻结又叫差异冻结，即冻结管分长、短管间隔布置，长管进入不透水层5~10m，短管则进入土层和风化带或裂隙岩层5m以上。下部孔距比上部大一倍，上部冻结壁形成很快，有利于早日进行上部掘砌工作，待上部掘砌完后，下部恰好冻好。长短管冻结方案适用于岩土层很厚（200m以上）、需要较长时间冻结的情况，或浅部和深部需要冻结的含水层相隔较远、中间有较厚的隔水层的情况，如图11-3（a）所示，或者表土层下部有较厚且含水丰富的土层和风化基岩或裂隙岩层的情况，如图11-3（b）所示。

当冻结段上部或中部有较厚的黏土层，而下部或两头需要冻结时；或者上部已掘砌，下部因冻结深度不够或其他原因，出现涌水事故时；或在采用普通法和插板法或沉井法施工而局部地段突然涌水冒砂和冻结设备不足或冷却水源不够时，均可

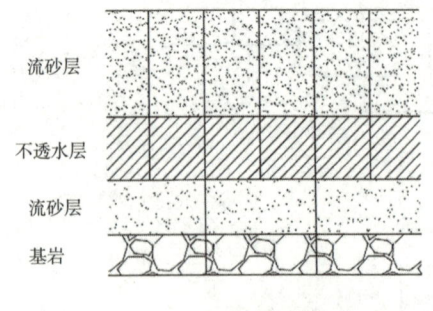

（a）含水层相隔较远

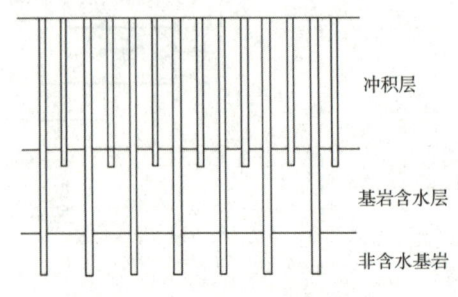

（b）冲积层下有含水岩层

图11-3 长短管冻结示意图

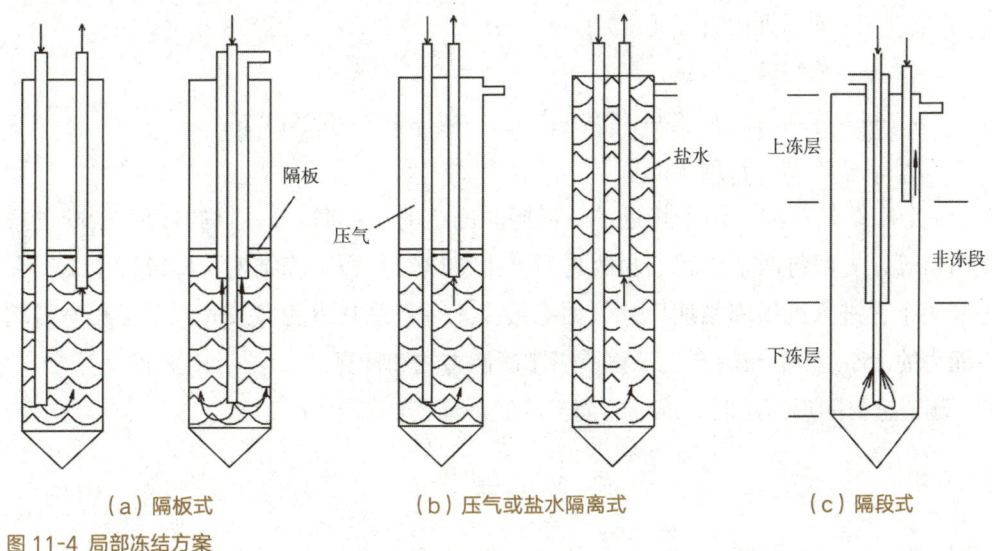

| （a）隔板式 | （b）压气或盐水隔离式 | （c）隔段式 |

图 11-4 局部冻结方案

采用局部冻结方案。实施局部冻结方案常用的冻结器结构如图 11-4 所示。

2. 合理确定冻结法工艺参数

冻结法工艺参数主要包括冻结深度、冻结壁的厚度、钻孔布置、冻结站制冷能力和冻结时间。

冻结深度主要取决于工程地质和水文地质条件。冻结壁在掘砌施工中起临时支护作用，其厚度取决于地压大小、冻土强度及冻结壁变形特征。

冻结法施工所需钻孔按用途分为冻结孔、水位观测孔和测温孔三种。

冻结孔一般靠近地下工程的边缘布置。封闭式冻结时，布置在待挖工程的四周；挡墙式冻结时，则在待挖工程的一侧或一端呈线性布置。冻结孔的布置形式因待冻结工程的形式而异。

在冻结区域内布置一定数量的水位观测孔，以便掌握冻结壁交圈时间和合理确定开挖时间。在冻结壁内必须打一定数量的测温孔（一般布置在冻结壁外缘界面上），以便确定冻结壁的厚度和开挖时间。冻结孔数目根据需要而定。

本案例加固范围为 37m×16m，由西向东布置 31 排冻结孔，每排间距 1.2m。设计冻结孔 430 个，测温孔 16 个，测变形孔 14 个。由于地下情况复杂，实际施工冻结孔 410 个，测温孔 18 个，测变形孔 16 个，最大孔距 2.5m。

冻结站实际制冷能力按式（11-1）计算。

$$Q_0 = \lambda \pi d N_d H_d q \qquad (11-1)$$

式中 Q_0——冻结一个地下工程项目时的实际制冷能力（kW）；

λ ——管路冷量损失系数，一般取 1.10~1.25；

d ——冻结管内直径（m）；

N_d ——冻结管数目；

q ——冻结管的吸热率（kW/m²），一般 $q=0.26\sim0.29$ kW/m²；

H_d ——冻结管长度（m）。

一个冻结站服务于两个相近的、需同时冻结的工程时，如盾构隧道并列的进口或出口等，一般将两个工程安排为先后开工，以错开积极冻结期，即第二个工程在先开工工程进入维护冻结期后才开始冻结。此时，总制冷能力按先开工工程所需制冷能力的 25%~50% 与后开工工程所需制冷能力之和计算。

隧道呈封闭形冻结时，冻结时间的经验计算式如式（11-2）。

$$t_d = \frac{\eta_d b}{v_d} \qquad (11-2)$$

式中 t_d ——冻结时间（d）；

b ——冻结壁设计厚度（mm）；

η_d ——冻结壁向井筒或隧洞中心扩展系数，$\eta_d = 0.55\sim0.60$；

v_d ——冻结壁向井心扩展速度（mm/d），根据现场经验，砾石层中
$v_d=35\sim45$ mm/d，砂层中 $v_d=20\sim25$ mm/d，黏土层中 $v_d=10\sim16$ mm/d。

该计算式简单可靠，已在施工中广为采用。

开始冻结后，必须经常观察水位观测孔的水位变化。只有在水位孔冒水 7d 以上、水量正常并确认冻结壁已交圈后，方可进行试挖。冻结和开凿过程中，要经常检查盐水的温度和流量、洞壁位移以及工作面渗漏盐水等情况。检查应有详细记录，发现异常，必须及时处理。掘进施工过程中，必须有防止冻结壁变形、片帮、掉石和断管等安全措施。只有在永久支护施工全部完成后，方可停止冻结。

3. 设备选择

根据现场特点，在闹市区施工，场地小，采用 2 个冷冻站，站内设置螺杆冷冻机组 1 台，标准制冷量约为 590kW；配套 150F-22A 盐水泵站，流量约 180m³/h；清水泵 1 台，流量 200m³/h；单级离心泵 1 台，流量 200m³/h；分配冷却塔 1 台。

4. 冻结运转

冻结孔运转分东、中、西三个区，东区与中区形成一个冻结系统。

5. 加固情况判断

分析冻结过程中的土体温度、压力和变形的变化，由计算机进行控制、处理和监测，对所测试数据进行全面分析。当整个冻土层呈封闭状态时，最薄弱区土体的

冻结交圈的土体温度基本达到 −10℃设计要求，即加固成功，盾构可进入冰冻区。

11.3 注浆法施工

注浆法是用于地下工程中地层加固和堵水的技术。它是将具有充填和胶结性能的材料配制成浆液，用注浆设备注入地层的孔隙、裂隙或空洞中，浆液经扩散、凝固和硬化后，减小岩土的渗透性，增加其强度和稳定性，从而达到封水或加固地层的目的。

注浆法按注浆材料种类可分为水泥注浆、黏土注浆和化学注浆；按注浆施工时间不同可分为预注浆和后注浆；按注浆对象不同可分为岩层注浆和土层注浆；按注浆工艺流程可分为单液注浆和双液注浆；按注浆目的可分为堵水注浆和加固注浆；按作用机理可分为渗透注浆、压密注浆、劈裂注浆、充填注浆和喷射注浆等。

注浆法的主要优点是所需设备较少、工艺简单、方法可靠、造价低和效果好。

11.3.1 注浆材料及选择

注浆材料是注浆堵水与加固技术的关键，它直接关系到注浆成本、注浆效果和注浆工艺等问题。因此，采用注浆法进行堵水或加固时，首先应正确选择注浆材料及其配方。

1. 注浆材料的要求

注浆材料的种类很多，但理想的注浆材料应满足以下要求：

（1）黏度低，流动性和可注性好，能进入细小裂隙或粉细砂层内。

（2）浆液无毒、无臭，对环境不污染，对人体无害。不易燃易爆，对设备、管路无腐蚀性。

（3）浆液凝固时间可调并能准确控制，凝胶固化过程在瞬间完成。

（4）浆液固化时不收缩，结石率高，结石体抗渗性能好，抗压、抗拉强度高，与砂石黏结力大。

（5）浆液稳定性好，便于保存运输。

（6）材料来源广泛，价格便宜，注浆工艺简单，浆液配制方便。

（7）结石体抗地下水侵蚀的能力强，能长期耐酸、碱、盐和生物细菌等侵蚀，耐老化性能好。

2. 注浆材料的主要性能

注浆材料的主要性能有黏度、凝胶时间、抗渗性和抗压强度等。

（1）黏度

黏度是表示浆液流动时，因分子间相互作用而产生的阻碍运动的内摩擦力。黏度的大小影响着浆液的可注性及扩散半径。

（2）凝胶时间

凝胶时间是指从浆液各组合成分混合时起，直至浆液凝胶不再流动的时间间隔。凝胶时间对注浆作业、浆液扩散半径和浆液注入量等都有明显的影响，能否正确确定和准确控制浆液的凝胶时间是注浆成败的关键之一。

（3）抗渗性

抗渗性是指浆液固化后结石体透水性的高低或强弱。

（4）抗压强度

抗压强度指的是注浆材料自身的抗压强度和浆液结石体的抗压强度。当以加固为注浆的主要目的时，就应选择高结石体强度的浆材；当以堵水为注浆的主要目的时，浆材结石体的强度可低些。

3. 常用注浆浆液

注浆浆液按其主剂可分为有机系和无机系两大类。无机系主要包括单液水泥浆、水泥－水玻璃浆液和水玻璃类浆液等；有机系主要包括丙烯酰胺类、铬木素类、脲醛树脂类等。

4. 注浆材料的选择

选择注浆材料时必须结合工程地质条件、水文地质条件、工程要求、原材料供应及施工成本等因素，确保注浆法施工既有效又经济。其一般原则是：

（1）在含水砂砾层中，粗砂以上可采用水泥－水玻璃浆液；中砂以下可采用化学浆液，如丙烯酰胺类和聚氨酯类等。开凿地下工程穿过流砂层时，应选用强度高的化学浆材。在动水条件下，可采用非水溶性聚氨酯浆材。

（2）在基岩裂隙含水层中注浆，需浆量大，往往又要求有足够的固结体强度。因此，当裂隙开度较大时，可选择水泥浆、黏土浆或水泥－水玻璃浆液；当裂隙开度较小时，可采用水泥－水玻璃浆液或水玻璃类浆液。

（3）对于特殊地质条件（如破碎带、断层和岩溶等），应先注入惰性材料，如砾石、砂子、岩粉和炉渣等，然后注入单液水泥浆或水泥－水玻璃浆液。

（4）壁后注浆可采用单液水泥浆或水泥－水玻璃浆液。

（5）壁内注浆可采用聚氨酯类和铬木素类浆液等；当裂隙较大时，亦可采用水

泥 – 水玻璃浆液。

（6）应优先选择水泥和水玻璃等货广价廉的材料，化学浆材是松散含水层注浆不可缺少的浆材，但价格较贵，有的还有毒性。因此，只有在必须用化学浆材的条件下才使用。

11.3.2 合理确定注浆参数

注浆材料选定以后，必须选择合理的注浆参数与之相适应，才能获得理想的注浆效果。通常所说的注浆参数主要包括注浆压力、注浆时间、浆液有效扩散半径、浆液流量、浆液注入量、浆液起始浓度和凝胶时间等。当被注介质条件、浆液条件和设备条件等确定以后，影响注浆效果的主要参数是注浆压力和浆液注入量。在注浆参数选择中，多以注浆压力为主，其他注浆参数均要适应注浆压力的变化。在实际施工时，要结合施工的具体情况对确定的注浆压力进行必要的调整。

1. 注浆压力
注浆压力是指克服浆液流动阻力进行渗透扩散的压强，通常指注浆结束时受注点的压力或注浆泵的表压。当地面预注浆时，主要观察和控制表压；当工作面预注浆时，主要观察和检查工作面上孔口（受注点）的表压。目前，通常采用经验公式和经验数据或者通过注浆现场试验来确定注浆压力。

注浆压力的选择应同时考虑两方面的因素。其一，应考虑受注介质的工程地质和水文地质条件；其二，应考虑浆液性质、注浆方式、注浆时间、浆液扩散半径和结石体强度等。工作面预注浆还要考虑支护层的强度和止浆垫的强度等。

2. 浆液注入量
浆液注入量是指一个注浆孔的受注段注入的浆液量，其计算以浆液扩散范围为依据，但目前很难精确计算，只能估算。

3. 浆液有效扩散半径
在注浆压力作用下浆液在岩层裂隙或砂层孔隙间流动扩散的范围称为扩散半径，而浆液充塞胶结后起堵水或加固作用的有效范围称为有效扩散半径。有效扩散半径的大小与被注地层裂隙或孔隙的大小、浆液的凝胶时间、注浆压力和注浆时间等呈正比，与浆液的黏度及浓度呈反比。

在实际工作中，通常按经验值选取浆液有效扩散半径，可通过控制浆液的黏度和浓度以及调整注浆压力和注浆时间等途径确定合理的有效扩散半径。

4. 注浆段长

注浆段长是指一次注浆的长度。注浆段长的划分应以保证注浆质量、降低材料消耗及加快施工速度为原则。

11.3.3 注浆设备

注浆设备是指注浆钻孔、配制和压送浆液的机具。注浆设备主要包括钻孔机械、注浆泵、搅拌机、混合器、止浆塞、流量计、孔口封闭器和输浆管路等。当注浆量较大时，通常在地面设注浆站。

1. 注浆站

注浆站是布置造浆和压浆设备的临时建筑，其面积的大小主要与设备的型号、数量及选用的注浆材料有关。注浆站应尽量靠近受注点，使注浆管路短、弯头少。当附近同时有几个大的注浆工程时，最好用同一注浆站，其位置要适中。

2. 钻孔机械

钻注浆孔主要使用地质钻机、潜孔钻机、风锤、气腿式凿岩机和钻架式钻机等设备。其中，地质钻机用于深孔注浆。选择钻孔机械的依据主要有钻孔深度、钻孔直径和钻孔的角度等。

3. 注浆泵

注浆泵是注浆施工的主要设备。注浆泵要依据设计的供浆量和最大注浆压力来选择。双液注浆时，注浆泵应能使双液吸浆量保持一定的比例，泵压应大于或等于注浆终压的 1.1~1.3 倍。

4. 搅拌机

搅拌机是使浆液拌合均匀的机器，它的能力应与注浆泵的最大排浆量相适应。

5. 止浆塞

止浆塞是把待注浆的钻孔按设计要求上下分开，借以划分注浆段长，使浆液注到本段内岩石裂隙部位的工具。它在孔中安设的位置，应是围岩稳定和孔型规则的地方。止浆塞应结构简单、操作方便和止浆可靠。目前使用的止浆塞可分为机械式和水力膨胀式两大类。

11.3.4 注浆法施工工艺

注浆施工工艺与注浆工况有关，例如：

（1）小导管注浆施工工艺流程，如图3-11所示。

（2）地下工程周边浅孔注浆施工工艺流程，如图11-5所示。

（3）初期支护背后回填注浆施工工艺流程，如图11-6所示。

（4）跟踪注浆施工工艺流程，如图11-7所示。

（5）径向注浆施工工艺流程，如图11-8所示。

下面对隧道小导管注浆、地下工程周边浅孔注浆、初期支护背后回填注浆、跟踪注浆和径向注浆等的施工要点进行介绍。

1. 小导管注浆

小导管注浆的施工要点有：

（1）确定小导管参数。小导管注浆设计应根据地质条件和隧道断面大小及支护结构形式选用不同的设计参数。实际施工中的小导管参数应通过现场试验调整和确定。小导管沿隧道周边布设，一般为单层布置；大断面隧道和松软围岩地层也可以双层布置，环向间距为 30~40cm。

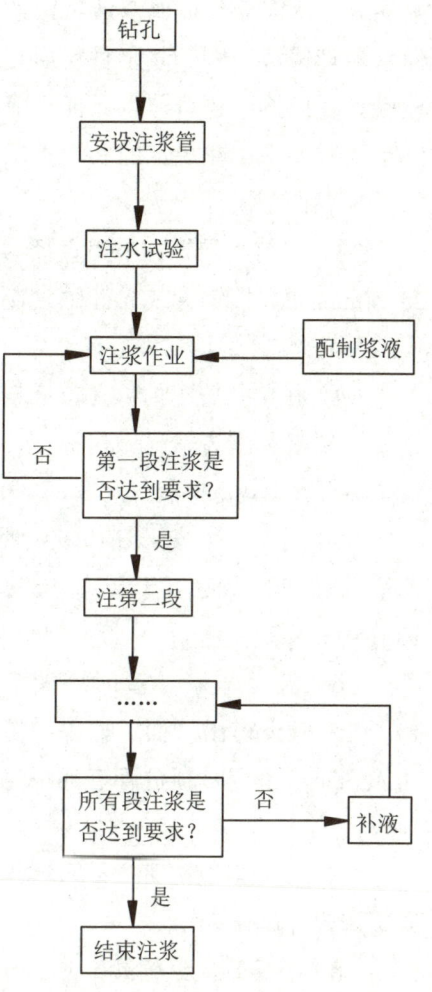

图 11-5 地下工程周边浅孔注浆施工工艺流程图

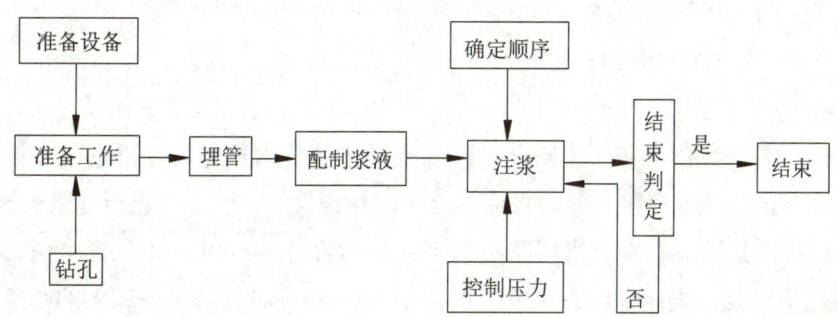

图 11-6 初期支护背后回填注浆的施工工艺流程图

（2）小导管注浆通常采用单液水泥浆、水泥－水玻璃双液浆或改性水玻璃浆液三种。注浆材料质量检验工作应连续进行，以保证产品满足规范要求，非规定的和非批准的材料不准使用。

（3）超前小导管宜采用直径为25~50mm的焊接钢管或无缝钢管制作。

（4）在钻孔施工前，孔位应根据设计要求和围岩情况做出标记，误差不得大于规范要求。

（5）小导管安设前，导管孔钻眼的孔深应小于导管长度10~15cm。

（6）打设注浆导管时应留有10~20cm杆头露出岩面。如果导管插入困难，可用带顶进管套的风钻顶入。

（7）用吹风管将管内砂石吹出或用掏钩将砂石掏出。

（8）小导管尾缠棉纱，使小导管与钻孔固定密贴，并用棉纱临时堵塞孔口。

（9）为防止注浆过程中工作面漏浆，小导管安设后必须对其周围一定范围的工作面喷射混凝土进行封闭。喷射混凝土厚度视地质情况，以5~8cm为宜。

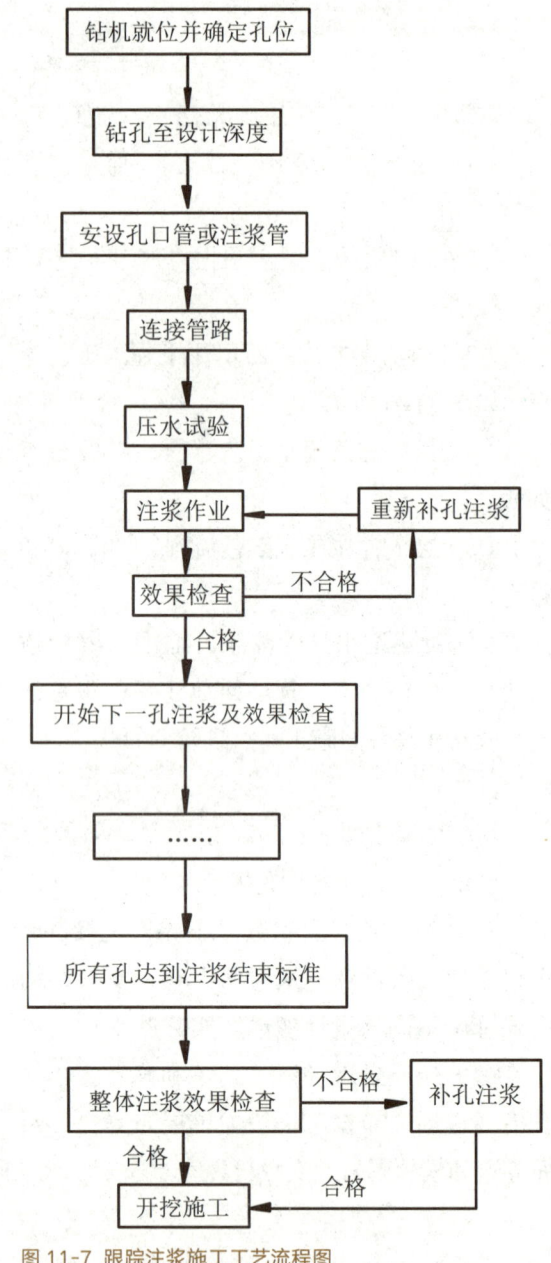

图 11-7 跟踪注浆施工工艺流程图

（10）在确保孔径和孔深符合设计要求和清除管内积物后，再进行注浆。注浆顺序宜由下向上跳跃注浆，保证浆液不流失。在送管后，宜及时进行注浆处理。

（11）注浆结束标准。当注浆量达到或超过设计注浆量，孔口管出现冒浆现象时可以结束注浆；当注浆压力超过或达到终压的80%时，若出现较大的跑浆，经间歇注浆后也可结束注浆。水泥净浆注完、注浆压力稳定后，关闭球阀。

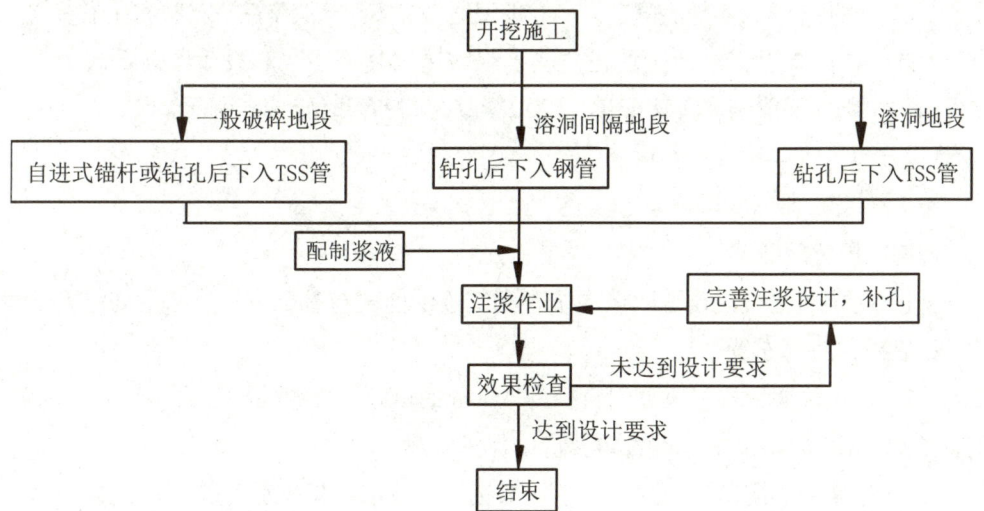

图 11-8 径向注浆施工工艺流程图

（12）注浆后不得随意碰撞，不得随意敲击。

（13）在导管注浆完成后，把导管尾端焊接到钢拱架上，增加联结作用。

2. 地下工程周边浅孔注浆

地下工程周边浅孔注浆的施工要点有：

（1）注浆孔的布置。应根据工程的实际情况、地质、周边环境等因素进行注浆孔布置，常采用梅花形和环形等形式布置。

（2）注浆孔间距。注浆孔布置的实际间距与设计间距的孔位误差应在 10cm 以内。

（3）注浆段的长度。注浆段的长度取决于破裂面的情况，注浆段的长度一般为隧道高度增加 2m。

（4）注浆方案的设计参数应经过现场试验确定，并在施工中不断调整。

（5）应严格控制注浆孔布设的间距和排距，钻孔水平误差应不大于 10cm。

（6）保证料源固定和材料供应及时，如需更换材料，应及时进行配比试验，确定注浆参数。

（7）注浆过程中应做好详细的注浆记录，加强周边环境巡视，并对浆液进行凝胶时间的测定，确保注浆施工质量和安全。

（8）注浆应谨防跑浆。如发生跑浆，应在注浆管周围施作止浆墙或喷射混凝土，并调节浆液凝胶时间，或采用间歇注浆。

（9）注浆中谨防发生串浆。如发生串浆，应加大跳孔距离，调整注浆参数，必要时，可对多个孔同时注浆。

（10）注浆中若发生地表隆起，应立即根据工程实际，调整注浆材料和注浆参数。

（11）在注浆过程中，应加强监测，观察周围是否冒浆和发生隆起等现象。若发生隆起，则应采取调整浆液配比、缩短凝胶时间和瞬时封堵孔洞等措施。

3. 初期支护背后回填注浆

初期支护背后回填注浆的施工要点有：

（1）孔位布置与钻孔是回填注浆顺利实施的前提与基础。孔位布置应结合工程实际，在隧道拱部布置。

（2）回填注浆埋管一般采用直径为 25mm 的钢管，外缠棉纱，用钢钎嵌入固定，钢管长 50cm，外露 20cm。埋管时，应确保钢管没有被水泥等堵塞。

（3）注浆材料应耐久、强度高。一般选择单液水泥浆或水泥砂浆。

（4）浆液应严格按照规定的配比进行配制，否则将无法保证注浆效果。

（5）注浆是整个回填注浆的关键。注浆的关键技术包括注浆方式、注浆压力与注浆顺序等，应遵循设计技术参数进行注浆。

（6）回填注浆应注意注浆压力的控制。当注浆压力达到 0.5MPa，且上部注浆孔出现冒浆，即可结束该孔注浆。

（7）注浆过程中如发生外漏，可采取嵌缝封堵、降低压力和加浓浆液等方式处理，必要时，可掺速凝剂凝固。

（8）注浆过程中如发现洞壁混凝土开裂、起包和脱落等异常现象时，应立即停止注浆，分析和查明原因，并及时采取应对措施进行处理。

4. 跟踪注浆

跟踪注浆的技术特点是在地下结构开挖的同时，在结构外一定范围内的土体中注入有一定特殊要求的注浆材料，补充土体位移产生的空隙量，增加土体强度，减小土体的孔隙率，从而减小地面建筑物或地下构筑物的沉降和变形。

跟踪注浆的施工要点有：

（1）跟踪注浆的主要材料是普通硅酸盐水泥和水玻璃。沉降处理采用水泥单液注浆；防止邻近建筑物沉降的止浆帷幕可采用双液浆或单双液混合注浆。

（2）双液浆凝胶时间一般控制在 1min 左右，单液浆凝胶时间尽可能调节到最短。

（3）从加固土体与扰动土体两方面考虑，注浆压力不宜过大，一般控制在 0.3MPa 左右。在相同的条件下，被动区注浆压力可适当增大，而主动区应尽量调小。

（4）注浆流量控制不大于 50L/min，注浆管应匀速提升。对于某一深度，比如围护墙变形增量较大的地方，注浆量应适当加大。某一注浆孔的注浆量一般应为该处地层损失量的两倍。

5. 径向注浆

径向注浆的施工要点有：

（1）在选择注浆材料时要综合考虑材料的耐久性、强度、收缩性和无污染性。一般选择普通硅酸盐水泥单液浆和超细水泥单液浆作为径向注浆材料。

（2）当地层孔隙小或裂隙不太发育时，采用钻孔后下入孔口管进行径向注浆的方法，一般以直径为42mm、长度为1m的焊接钢管作为孔口管；当地层孔隙较大或裂隙较发育时，或在溶洞间隔地段及溶洞区段，宜采用TSS管作为径向注浆管的孔口管。

（3）径向注浆采用全孔一次注浆方式进行施工。注浆顺序宜按两序进行，即先跳孔跳排注单序孔，然后注剩下的二序孔。

（4）一序孔注浆结束标准以定压和定量相结合的原则进行控制。在注浆施工过程中，以定压为第一控制原则。如果注浆压力长时间不上升，则应调整注浆材料配比；如果注浆一段时间后压力仍不上升，可按定量标准进行注浆控制。两序孔注浆结束的标准必须以达到设计注浆终压的原则进行控制。

（5）注浆效果检查及评定。径向注浆结束后，渗漏水量应达到设计规定的允许渗漏水量标准要求。

 思考题

11-1 什么叫冻结法？冻结法施工的原理与适用条件是什么？

11-2 冻结法的三大循环是什么？

11-3 简述冻结法的施工工艺。

11-4 注浆材料如何选择？

11-5 常用注浆浆液有哪些？

11-6 简述隧道小导管注浆的施工工艺及施工要点。

11-7 简述地下工程周边浅孔注浆施工工艺及施工要点。

11-8 简述初期支护背后回填注浆、跟踪注浆和径向注浆的施工要点。

第 **12** 章

基坑工程施工

本章知识点

【主要内容】基坑围护施工技术、地下连续墙施工技术。

【基本要求】掌握基坑围护施工技术，钻孔灌注桩、锚杆和地下连续墙的
　　　　　　施工工艺；了解基坑围护结构类型、基坑围护的土方开挖、
　　　　　　地下连续墙分类。

【重　　点】基坑围护施工技术、钻孔灌注桩和地下连续墙的施工工艺。

【难　　点】钻孔灌注桩的施工工艺、地下连续墙施工中的水下混凝土浇
　　　　　　筑与钢筋笼的加工与吊放的方法。

12.1 概述

根据土层条件和周边环境，基坑开挖主要分为以下四种类型：无支护开挖；支护开挖；逆作法或半逆作法开挖；其他形式，如综合法支护开挖（基坑部分放坡开挖、部分支护开挖）及坑壁、坑底土体加固开挖等。

根据制作方式分类，常用的围护结构主要包括简易支挡、钢管桩、灌注桩、水泥搅拌桩挡墙、地下连续墙、SMW（Soil mixed wall）工法、钢板桩和钢筋混凝土板桩等类型，如图12-1所示。

（1）简易支挡。它是一边自稳开挖、一边用木挡板和纵梁控制地层坍塌的基坑围护结构形式，一般用于局部开挖、短时期、小规模工程。它具有支挡刚性小、易变形和易透水等特点。

（2）钢管桩。它的截面刚度大于钢板桩，在软弱土层中开挖深度可较大，但需有防水措施相配合。

（3）钢筋混凝土板桩。板桩施工就是在建筑的深基础四周，考虑施工操作空间后，围绕基础一圈打入板桩，仅挖出板桩内侧土，用板桩形成封闭的挡土墙，然后施工相应的深基础。钢筋混凝土板桩可根据设计要求在预制厂预制或在施工现场制作，

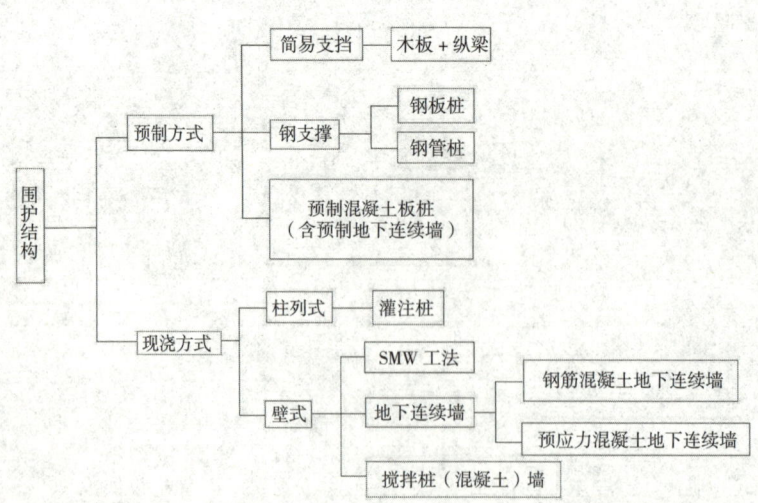

图 12-1 常用的围护结构类型

在合理的施工计划下，不会因混凝土养护而耽误工期，工程造价较钢板桩低。它具有施工简便、现场作业周期短等特点，但由于钢筋混凝土板桩的打入一般采用锤击方法，振动与噪声大，同时沉桩过程中挤土也较为严重，在城市工程中受到一定限制。此外，其制作一般在工厂预制，再运至工地，成本较灌注桩等略高。

灌注桩、水泥搅拌桩挡墙、地下连续墙、SMW工法、钢板桩等基坑围护结构形式及其施工技术和施工工艺详见本章后述。

用来支挡围护墙体，承受墙背侧土层及地面超载在围护墙上的侧压力，限制围护结构位移的，称为基坑支撑体系。支撑体系由支撑、围檩、立柱三部分组成，围檩、立柱是根据基坑具体规模、变形要求的不同而设置的。支撑材料应根据周边环境要求、基坑的变形要求、施工技术条件和施工设备的情况来确定。常用的有以下几类：

（1）钢支撑。它安装、拆除方便，且可施加预应力，但是其刚度小，墙体变位大，安装偏离会产生弯矩。

（2）钢筋混凝土支撑。它具有刚度大、变形小和平面布置灵活等优点；缺点是自重大，不能预加轴力，且达到强度需要一定的时间，拆除需要爆破，其制作与拆除时间比钢支撑长。

（3）钢与钢筋混凝土混合支撑。这种支撑同时具有钢与钢筋混凝土各自的优点，但是它不太适用于宽大的基坑。

12.2 基坑竖直与放坡开挖施工

放坡开挖是最简单的基坑开挖方法。与支护状态下的开挖相比较，放坡开挖更经济，并且其技术要求不高，施工难度较低，工程质量更易于得到保证。

12.2.1 土方边坡开挖不加支撑的深度和坡度要求

（1）不加支撑的深度要求

当地下水位低于基底，在湿度正常的土层中开挖基坑（槽），且裸露时间不长时，可做成直立壁不加支撑，但挖方的深度不宜超过下列规定：碎石土和砂土 1.0m，黏质粉土及粉质黏土 1.25m，黏土 1.5m，坚硬的黏性土 2m。

（2）不加支撑的坡度要求

当土的湿度、土质及其他地质条件较好且地下水位低于基底，基坑（槽）深度在 5m 以内且不加支撑时，其边坡的最大允许坡度如表 12-1 所示。

土的类别	边坡坡度（高：宽）		
	人工挖土并将土抛于坑（槽）上边	机械挖土	
		在坑（槽）底挖土	在坑（槽）上边挖土
黏质粉土	1：0.67	1：0.50	1：0.75
粉质黏土	1：0.50	1：0.33	1：0.75
黏土	1：0.33	1：0.25	1：0.67
中密碎石土	1：0.67	1：0.50	1：0.75

注：如人工挖土随时将土运往弃土场时，则应改用机械挖土的坡度；在有充足经验和足够资料时，可不受此表所限。

12.2.2 基坑边坡坡度的确定

确定基坑边坡坡度有三种方法，即计算法、图解法和查表法。在城市隧道施工中，一般在地质条件良好、土质较均匀而地下水位低或通过降水将地下水位维持在基底面以下时，常采用查表法确定基坑边坡的坡度。

特别需要指出的有：

（1）遇到下列情况之一时，应进行边坡稳定性验算：坡顶有堆积载荷；边坡高度超过已有表格中的允许值；存在具有松软结构面的倾斜地层；岩层层面或主要结构面的倾斜方向与边坡开挖面倾斜方向一致，且两者的走向小于 75°。

（2）均匀土质边坡稳定性分析宜采用圆弧滑动面条分法。

（3）放坡开挖时，应采取相应的坡面、坡顶和坡脚排水、降水措施。放坡宜对开挖坡面采取保护性构造措施。

12.3 基坑支护施工

在城市地下基坑施工中，应根据基坑深度、工程地质和水文地质条件、地面环境条件等，经综合比较后确定基坑支护措施。

12.3.1 工字钢板围护结构

工字钢板围护结构只适用于郊区距居民点较远的基坑施工中。作为基坑围护结构主体的工字钢，一般采用大型工字钢。基坑开挖前，在地面用冲击式打桩机沿基坑设计边线逐根打入地下，桩间距一般为 1.0~1.2m。若地层为饱和淤泥等松软土层，也可采用静力压桩机和振动打桩机进行沉桩。基坑开挖至一定深度后，若悬臂工字钢的刚度和强度都不够，就需要设置腰梁和横撑或锚杆（索），腰梁多采用大型槽钢、工字钢制成，横撑则可采用钢管或组合钢梁。

工字钢围护结构适用于黏性土、砂性土和粒径不大于 10cm 的砂卵石地层；当地下水位较高时，必须配合人工降水措施。

12.3.2 钢板桩围护结构

钢板桩由带锁口或钳口的热轧型钢制成，强度高，桩与桩之间的连接紧密，能形成钢板桩墙，隔水效果好。钢板桩一般为临时的基坑支护，在地下主体工程完成后即可将钢板桩拔出。

钢板桩用打入或振动打入法就位，施工简便，工程结束后钢板桩可回收，能重复使用。在软土地区使用钢板桩，打入时会产生挤土作用，常引起地面隆起，拔出时会带出土体形成比钢板桩大得多的孔洞，若不及时采取措施容易造成周围地面下沉。钢板桩的施工可能会引起相邻地基的变形并产生噪声、振动，对周围环境影响很大，在人口密集、建筑密度很大的地区，其使用常常会受到限制。钢板桩本身柔性较大，当基坑支护深度大于 7m 时，不宜采用。

钢板桩围护结构可分为单层钢板桩围堰、双层钢板桩围堰及帷幕等。在沿海城市隧道基坑较深大、地下水位较高的场地施工时，多采用此围护型式，如图 12-2 所示。钢板桩的边缘一般应设置通长锁口，使相邻板桩能相互咬合成既能截水又能共同承力的连续护壁。考虑到施工中的不利因素，在地下水位较高的地区，当环保要求较高时，应在钢板桩背面另外加设水泥土之类的隔水帷幕。

钢板桩围护墙可以用于圆形、矩形、多边形等各种平面形状的基坑。对于矩形和多边形基坑在转角处应根据转角平面形状施作相应的异型转角桩。

钢板桩通常采用锤击、静压或振动等方法沉入土中，这些方法可以单独或者相互配合使用。

当板桩长度不够时，可采用相同型号的板桩按等强度原则接长。打钢板桩应分段进行，不宜单块打入。封闭或半封闭围护墙应根据板桩规格和封闭段的长度事先计算好块数，第一块沉入的钢板桩应比其他的桩长 2~3m，并应确保它的垂直度。有

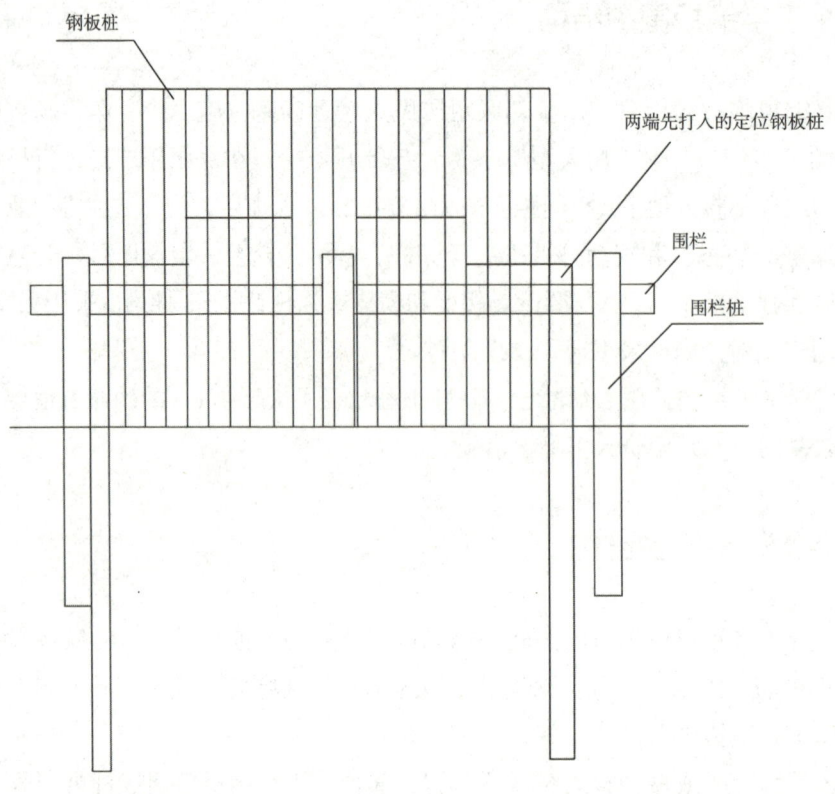

图 12-2 钢板桩围护结构

条件时，最好在打桩前在地面以上沿围护墙位置先设置导架，将一组钢板桩沿导架正确就位后逐根沉入土中。

12.3.3 水泥土搅拌桩挡墙

　　水泥土搅拌桩挡墙就是利用水泥作为固化剂，采用机械搅拌，将其和软土强制拌合，通过产生一系列物理化学反应而逐步硬化，形成具有整体性、水稳定性和一定强度的水泥土桩墙，作为支护结构，适用于淤泥、淤泥质土、黏土、粉质黏土、粉土、素填土等土层，基坑开挖深度不宜大于6m；对有机质土、泥炭质土，宜通过试验确定。

　　常用的有由水泥土搅拌桩组成的重力坝式挡墙和SMW工法两种。重力坝式水泥土挡墙如图12-3（a）所示，优点是不设支撑，不渗水，而且只用水泥不需钢材，较经济；但为保持稳定，其宽度较大，因此必须有足够的施工场地。SMW工法如图12-3（b）所示，是在单排搅拌桩内插入H型钢，再配以支撑系统，达到既挡土又挡水的目的，优点是强度大，止水性好，施工速度快，占地少，内插的型钢可拔出反复使用，经

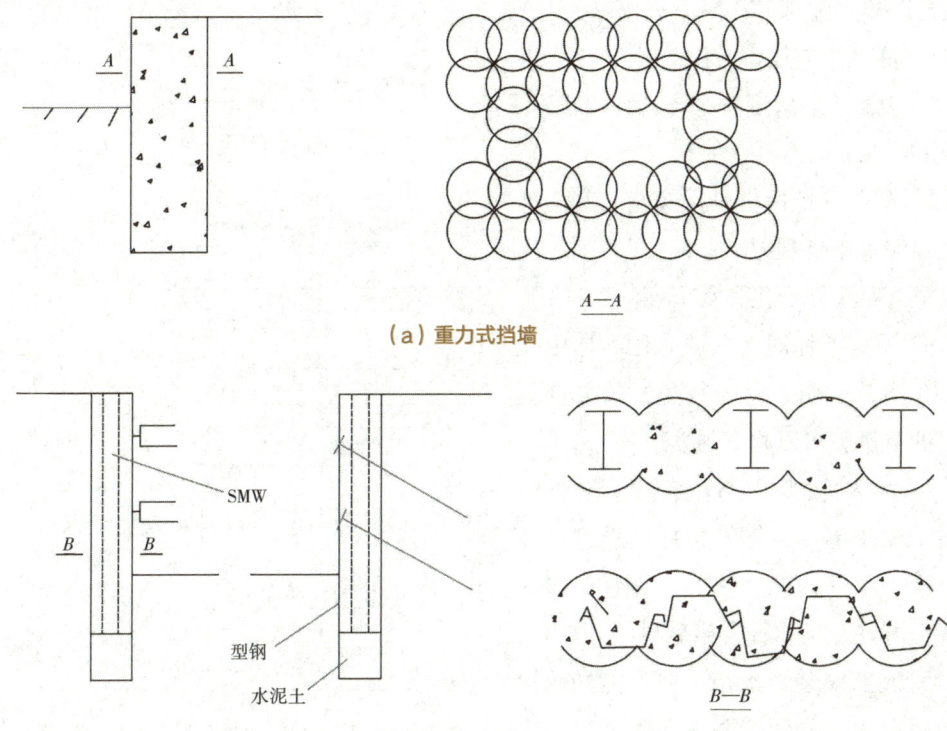

$A-A$

（a）重力式挡墙

SMW

型钢

水泥土

$B-B$

（b）SMW 工法

图 12-3 水泥土搅拌桩

济性好。

由于一般坑内无支撑，水泥搅拌桩挡墙便于机械化快速挖土。它具有挡土、止水的双重功能，一般情况下较经济，施工中无振动、无噪声、污染少、挤土轻微。缺点：首先是位移相对较大，尤其在基坑长度大时，为此可采取中间加墩、起拱等措施以限制过大的位移；其次是厚度较大，只有在红线位置和周围环境允许时才能采用，而且在水泥土搅拌桩施工时要注意防止影响周围环境。

12.3.4 钻孔灌注桩围护结构

钻孔灌注桩围护墙多用于坑深 7~15m 的基坑工程，一般采用机械成孔。明挖基坑中所用的成孔机械一般有螺旋钻机、钢丝绳冲击钻机和正反循环回转钻机。其中，正反循环回转钻机，成孔时噪声低，在地铁基坑和高层建筑深基坑施工中得到了广泛应用；螺旋钻机分为长螺旋钻机和短螺旋钻机两种，长螺旋钻机应用较广。螺旋钻机施工程序：钻孔至孔底→边压浆边提升钻杆→吊放钢筋笼→灌注混凝土→形成钢筋混凝土桩。

钻孔混凝土配制应满足下列要求：

（1）混凝土应按设计配合比配制。

（2）混凝土坍落度为：水下 18~22cm，干作业 12~18cm。

（3）基坑开挖后桩身无蜂窝、麻面、断桩及夹泥等不良现象。

混凝土灌注分干孔和水下灌注两种。

（1）干孔灌注时，一般采用直接由孔口倾倒的方法，由于桩身较长，依靠混凝土自身的重量就可以将其振实。

（2）水下灌注时，通常采用导管灌注。为方便混凝土灌注，导管顶部应设置一个漏斗。第一次灌注混凝土时，导管应事先在地面组装好，经检查合格后再吊入桩孔，并将导管底部安装隔水塞，但不能妨碍混凝土顺利排出。导管底距桩孔底高度不宜超过 50cm。

在灌注混凝土过程中，导管应保持埋入混凝土内 2~3m，并严格控制导管拆卸时间，一般不超过 15min，混凝土灌注要连续进行。在灌注混凝土的同时，应测量混凝土的上升高度，以便能及时提升和拆除导管。

钻孔灌注桩刚度大，可用于深大基坑。施工对周边地层、环境影响小，但需与止水措施配合使用。钻孔灌注桩围护结构适用于软黏土质和砂土地区，但是在砂砾层和卵石中施工困难应慎用；在重要地区的特殊工程及开挖深度很大的基坑中应用时需要特别慎重。

钻孔灌注桩干作业成孔施工工艺流程如图 12-4 所示。

灌注桩湿作业成孔的施工工艺流程如图 12-5 所示。其主要施工过程包括成孔施

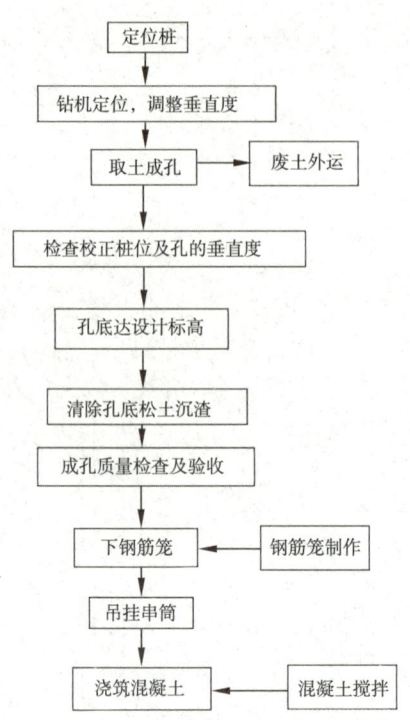

图 12-4 钻孔灌注桩干作业成孔施工工艺流程图

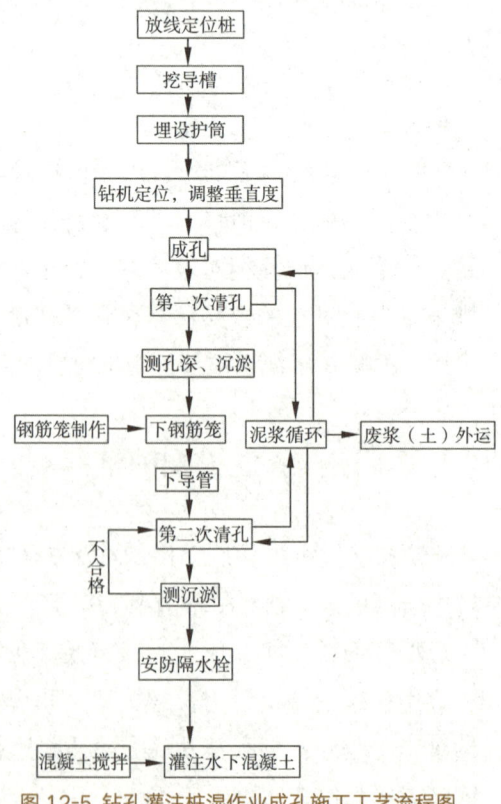

图 12-5 钻孔灌注桩湿作业成孔施工工艺流程图

工、清孔、钢筋笼施工和水下混凝土施工。

12.4 土层锚杆施工

土层锚杆简称土锚杆，可以多层设置，它是在地面或深开挖的地下室墙面（挡土墙、桩或地下连续墙）或未开挖的基坑立壁土层钻孔或掏孔，然后在孔中心放进钢筋、钢管或钢丝束、钢绞线或其他抗拉材料，灌入水泥浆或化学浆液，使之与土层结合成为抗拉（拔）力强的锚杆。为加强握裹力，可用特制的内部扩孔钻头将直径扩大 3~5 倍，或用炸药爆扩，扩大钻孔端头。

锚杆支护的优点：

（1）安全迅速地与岩土体结合在一起，承受很大的拉力，被广泛地应用于围岩的早期支护，尤其适用于多变的地质条件、块裂岩体以及形状复杂的地下洞室。

（2）可采用高强钢材，并施加预应力，可有效地控制建筑物的变形量。

（3）施工所需钻孔孔径小，不需要用大型机械，不占用作业空间。

锚杆支护的缺点：所提供的支护阻力较小，尤其不能防止小块塌落。

12.4.1 锚杆类型

土层锚杆一般由锚头、自由段和锚固段三部分组成，其中锚固段用水泥浆或水泥砂浆将杆体（预应力钢筋）与土体黏结在一起形成锚杆的锚固体。根据土体类型、工程特性与使用要求，土层锚杆的锚固体结构可设计为圆柱型、端部扩大头型或连续球体型三种，如图 12-6~ 图 12-8 所示。

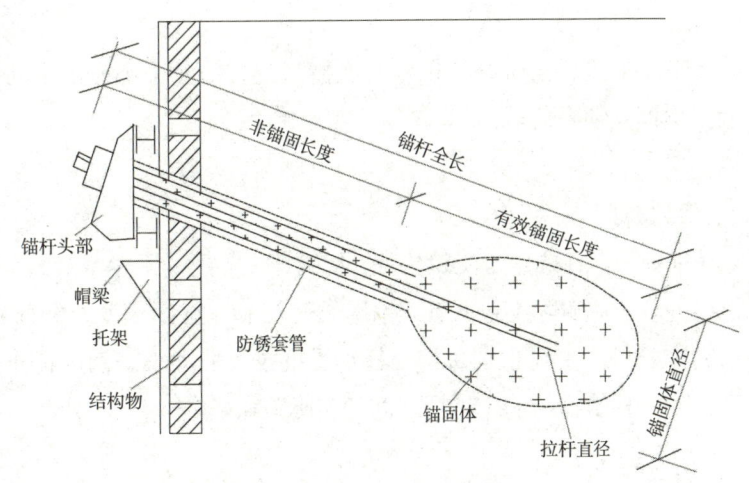

图 12-6 端部扩大头型锚杆

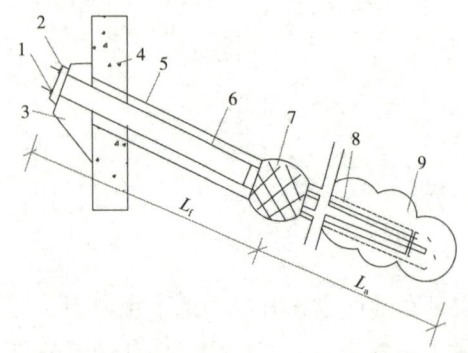

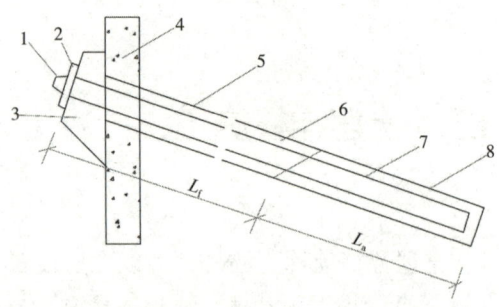

图 12-7 连续球体型锚杆
1- 锚具；2- 承压板；3- 台座；4- 支挡结构；
5- 锚孔；6- 二次注浆防腐处理；7- 可膨胀止浆塞；
8- 预应力筋；9- 多球锚固体；L_f- 自由段长度；
L_a- 锚固段长度

图 12-8 圆柱型锚固体锚杆
1- 锚具；2- 承压板；3- 台座；4- 支挡结构；5- 钻孔；
6- 二次注浆防腐处理；7- 预应力钢筋；8- 圆柱型锚固体；
L_f- 自由段长度；L_a- 锚固段长度

12.4.2 锚杆支护体系的构造

锚杆支护体系由挡土构筑物、腰梁、托架和锚杆等组成。

1. 挡土构筑物
包括各种类型的钢板桩、钢筋混凝土预制板桩、灌注桩、旋喷桩、挖孔桩、地下连续墙和喷锚支护网等挡土护壁结构。

2. 锚杆头部
锚杆头部是构筑物与拉杆的连接部分。锚杆头部需由下列几部分组成：台座、承压垫板、紧固器。

3. 拉杆
拉杆是锚杆的中心受拉构件，从锚杆头部到锚固体尾端的全长即是拉杆的长度。拉杆的全长 L 实际上包括有效锚固长度 L_a 和非锚固长度 L_f 两部分。有效锚固长度（即锚固体长度）主要根据每根锚杆承受抗拔力的大小来确定；非锚固长度亦称自由长度，应按构筑物与稳定地层之间的实际距离确定。

4. 锚固体
锚固体是锚杆尾端的锚固部分，通过锚固体与土之间的相互作用，将力传递给地层。锚固力能否保证构筑物的足够稳定，是锚杆加固处理成败的关键。根据不同的施工工艺，锚固体有简易灌浆、预压灌浆、化学灌浆等。

12.4.3 锚杆施工工艺

1. 施工准备

锚杆施工的准备工作内容有：

（1）根据地质勘察报告，摸清工程区域地质水文情况，同时查明锚杆设计位置的地下障碍物情况，以及钻孔、排水对邻近建（构）筑物的影响，按设计要求选定施工方法、施工机械和材料。

（2）制订施工方案或施工组织设计。

（3）将使用的水泥、砂按设计规定的配合比进行砂浆强度试验；锚杆对焊应做焊接强度试验，验证能否满足设计要求。

2. 锚杆的施工工艺

锚杆的施工工艺包括锚拉杆的制作与要求；钻机成孔；锚孔造好后，应尽快安放制作好的锚杆；张拉锚杆；采用锚孔口部（非底部）注浆时，锚杆上应安装排气装置；孔道注浆。

锚杆施工工艺流程图如图 12-9 所示。

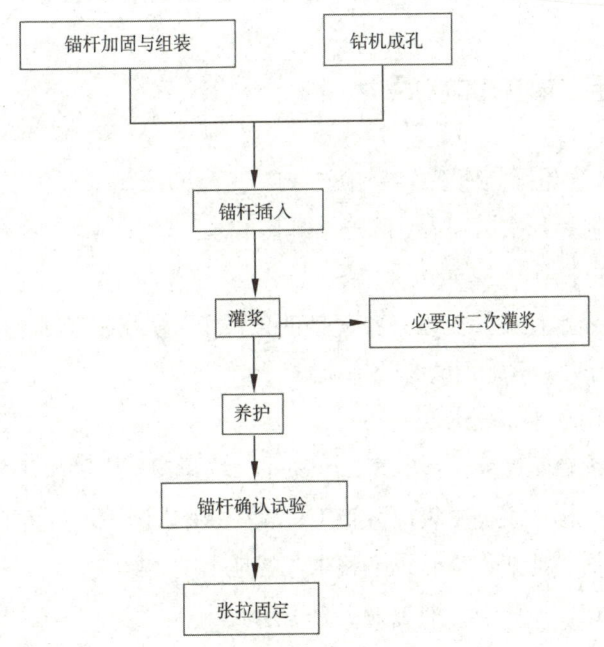

图 12-9 锚杆施工工艺流程图

12.5 地下连续墙施工

地下连续墙是指利用一定的设备，借助于泥浆的护壁作用，在地下挖出窄而深的沟槽，并在其内浇筑适当的材料，从而形成的一道具有防渗和挡土墙承重功能的连续的地下墙体。

12.5.1 地下连续墙的分类

地下连续墙可按成墙方式、墙的用途、墙体材料、开挖情况、挖槽方式和施工方法进行如下分类。

（1）按成墙方式可分为桩排式、壁板式、桩壁组合式。

（2）按墙的用途可分为防渗墙、临时挡土墙、永久挡土（承重）墙、可兼作永久的地下主体结构的地下连续墙。

（3）按墙体材料可分为钢筋混凝土墙、塑性混凝土墙、固化灰浆墙、自硬泥浆墙、预制墙、泥浆槽墙（回填砾石、黏土和水泥三合土）、后张预应力地下连续墙、钢制地下连续墙。

（4）按开挖情况可分为地下连续墙（开挖）、地下防渗墙（不开挖）。

（5）按挖槽方式大致可分为抓斗式、冲击式、回转式。

（6）按施工方法可分为现浇式、预制板式及二者组合成墙等。

12.5.2 地下连续墙的优缺点

与其他施工方法相比，地下连续墙施工工艺有以下优点。

（1）适用性强，开挖深度大。除岩溶地区和承压水头很高的砂砾层难以采用外，其他各种土质均可采用。

（2）防渗、隔水性能好。在一些复杂的条件下，如穿越富水砂层的海底隧道浅滩段，它几乎成为唯一可采用的有效施工方法。

（3）施工时振动小、噪声低。

（4）地下连续墙刚度大，强度高，变位小，能承载较大的水平荷载和垂直荷载。

（5）能在建（构）筑物密集地区施工，较少影响周围邻近的建（构）筑物。

（6）用途广泛，能兼作临时设施和永久的地下主体结构。

（7）可结合逆作法施工，缩短施工总工期。

地下连续墙施工方法的局限性和缺点为：

（1）对于岩溶地区承压水头很高的砂砾层或很软的黏土（尤其当地下水位很高时），如不采用其他辅助措施，目前尚难以采用地下连续墙工法。

（2）如施工现场组织管理不善，可能会造成现场潮湿和泥泞，影响施工条件，从而增加对废弃泥浆的处理工作。另外，施工时产生的废泥浆和挖出的渣土量较大，需经分离处理才能外运，施工成本增大。

（3）在复杂的地质条件下，如施工不当或土层条件特殊，容易出现不规则超挖和槽壁坍塌现象，施工难度大。

（4）现浇地下连续墙的墙面通常较粗糙，如果对墙面要求较高，墙面的平整处理增加了工期和造价。

（5）造价高。地下连续墙如仅用作施工期间的临时挡土结构，在基坑工程完成后就失去其使用价值。所以当基坑开挖不深时，不如采用其他方法经济。

（6）需有一定数量的专用施工机具和具有一定技术水平的专业施工队伍，使该项技术推广受到一定限制。

12.5.3 成槽机具

用于地下连续墙成槽施工的机械有挖斗式、冲击式和回转式三大类。挖斗式分为蛙式抓斗和铲斗式，其中最常用的是蛙式抓斗；冲击式分为钻头冲击式和凿刨式；回转式有单头钻和多头钻（亦称为垂直轴型回转式成槽机）两种类型。

12.5.4 地下连续墙施工工艺

地下连续墙的施工工艺流程，如图 12-10 所示。

12.5.5 修筑导墙

在地下连续墙成槽前，必须沿设计轴线开挖导沟，先浇筑导墙及施工便道。导墙的制作必须做到精心施工，导墙的质量好坏直接影响到地下连续墙的轴线和标高。常用导墙的断面：L 形（图 12-11a），多用于土质较差的土层；倒 L 形（图 12-11b），多用于土质较好的土层，开挖后略作修正即可将土体作侧模板，再立另一侧模板浇混凝土；匚字形（图 12-11c），多用于土质差的土层，先开挖导墙基坑，后两侧立模，待导墙混凝土达到一定强度，拆去模板，选用黏性土回填并分层夯实。

导墙施工还应符合下列要求：导墙要求分段施工时，段落划分应与地下连续墙

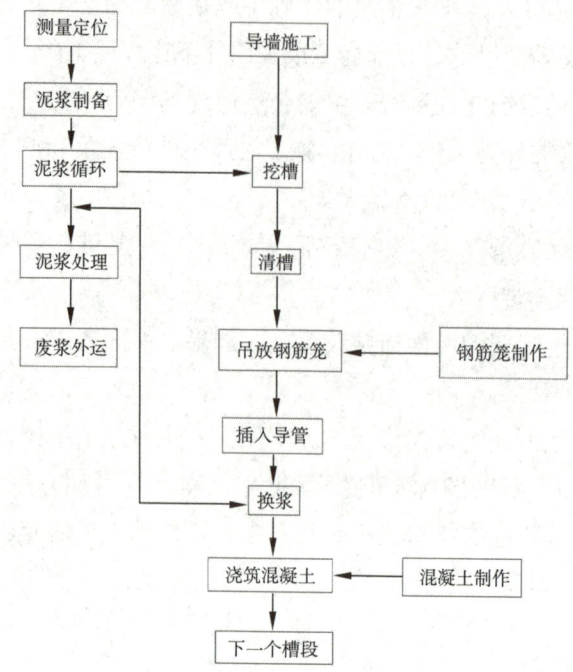

图 12-10 地下连续墙施工工艺流程图

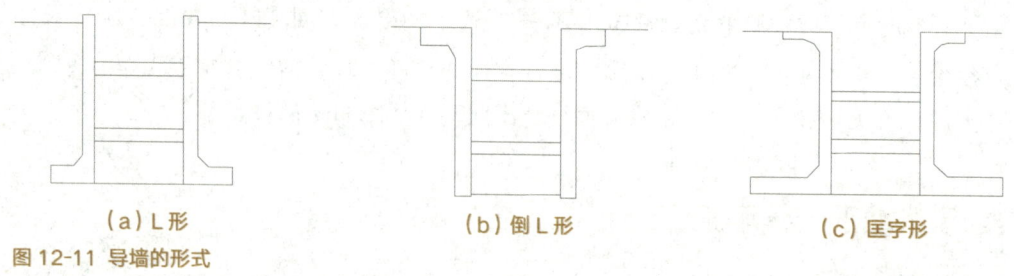

（a）L 形　　　　　　（b）倒 L 形　　　　　　（c）匚字形

图 12-11 导墙的形式

划分的节段错开；安装预制导墙块时，必须按照设计施工，保证连接处质量，防止渗漏；混凝土导墙在浇筑及养护时，重型机械、车辆不得在附近作业、行驶。

12.5.6 泥浆护壁

护壁泥浆的制备与管理是地下连续墙施工中的关键工序之一。泥浆的作用如下：（1）护壁作用；（2）携渣作用；（3）冷却和润滑作用。

控制泥浆的失水量和使泥浆具有产生良好的泥皮的性质，是泥浆护壁作用的重要因素。拌制泥浆应采用自来水。地下连续墙挖槽护壁用的泥浆除通常使用的膨润土泥浆外，还有聚合物泥浆、CMC 泥浆及盐水泥浆。泥浆性能应根据地质条件和施工机械等不同而有差异，通常应当做试验确定配合比，以满足工程的需要。

12.5.7 挖深槽

挖槽精度决定了墙体制作精度，开挖槽段是决定地下连续墙施工进度和质量的关键工序。地下连续墙施工的挖槽机械是在地面操作，穿过泥浆向地下深处开挖一条预定断面槽深的工程机械。由于地质条件不同、断面深度不同、技术要求不同，应根据不同要求选择合适的挖槽机械。

地下连续墙通常是分段施工的，每一段称为一个槽段，一个槽段是一次混凝土浇筑单位。

成槽过程中特殊情况处理措施有：

（1）在成槽过程中，若遇到缓慢漏浆现象（浆液用量与出渣量不一致，或发现浆液液面缓缓下降），则应往槽内倒入适量木屑、锯末或黏土球等填漏物，进行搅动，直至漏浆停止。同时足量补充泥浆，以免浆液液面过低，导致塌孔。

（2）在成槽过程中，若遇到严重漏浆的情况（浆液液面下降过快，浆液补充不及时），先采取投放填漏材料，如无效则分析原因，并采取处理措施，再进行成槽工程的施工。

（3）若遇特严重漏浆、槽壁坍塌，地表塌陷等情况则立即停止施工，向槽内回填优质黏土，并对槽段及周围进行注浆加固处理，待土层稳定后，再行施工。

（4）无论遇到哪种突发情况，都必须立即将挖槽机械从槽内提出，以免造成塌方埋斗的严重事故。

12.5.8 清底

在挖槽结束后，必须清除槽底沉淀物，这项作业称为清底。

12.5.9 钢筋笼的加工与吊放

根据地下连续墙墙体配筋和单元槽段的划分来制作钢筋笼，按单元槽段做成整体。若地下连续墙很深，或受起吊设备能力的限制，需分段制作，在吊放时再连接，则接头宜用绑条焊接。对于重量大的钢筋笼起吊部位采用加焊钢筋的办法进行加固。为防止钢筋笼变形，设置加劲撑。

钢筋笼通常在现场加工制作。但当现场作业场地狭窄、加工困难时，也可在其他场所加工。其制作程序如下：

（1）纵向钢筋的切断、焊接或压接，水平钢筋、斜拉补强钢筋、剪力连接钢筋等的切断加工。

（2）钢筋的架立，为便于配筋，可用角钢等在制作平台上设置靠模。

（3）设置保护垫块。

（4）安装钢板箱或泡沫苯乙烯等，用以保护后浇板或柱的连接钢筋。

（5）装贴罩布及其他作业。

钢筋笼端部与接头管或混凝土接头面间应有 15~20cm 的空隙。主筋保护层厚度为 7~8cm，保护层垫块厚 5cm，一般用薄钢板制作垫块，焊于钢筋笼上。制作钢筋笼时要预先确定浇筑混凝土使用导管的位置，由于这部分空间要求上下贯通，周围需增设箍筋和连接筋加固。为避免横向钢筋阻碍导管插入，纵向主筋放在内侧，横向钢筋放在外侧。纵向钢筋的底端距离槽底面 10~20cm，纵向钢筋底端应稍向内弯折，防止吊放钢筋笼时擦伤槽壁。

为保证钢筋笼的强度，每个钢筋笼必须设置一定数量的纵向桁架。桁架的位置要避开浇筑混凝土时下导管的位置，桁架与横向筋之间必须保证全部点焊，对于加劲撑与纵、横向钢筋相交点也应 100% 点焊，其余纵横钢筋交叉点焊不少于 50%。

钢筋笼加工场地尽量设置在工地现场，以便于运输，减少钢筋笼在运输中的变形或损坏的可能性。

钢筋笼的起吊、运输和吊放应制订周密的施工方案，不允许产生不能恢复的变形。钢筋笼的起吊应用横吊梁或吊梁，吊点布置和起吊方式要防止起吊时引起钢筋笼变形。

起吊时不能使钢筋笼下端在地面拖引，造成下端钢筋弯曲变形，同时防止钢筋笼在空中摆动。插入钢筋笼时，要使钢筋笼对准单元槽段的中心、垂直而又准确地插入槽内。钢筋笼进入槽内时，吊点中心必须对准槽段中心缓慢下降，要注意防止因起重臂摇动或因风力而使钢筋笼横向摆动，造成槽壁坍塌。

钢筋笼插入槽内后，检查顶端高度是否符合设计要求，然后将其搁置在导墙上。如钢筋笼是分段制作，吊放时需连接，下段钢筋笼要垂直悬挂在导墙上，将上段钢筋笼垂直吊起，上下两段钢筋笼呈直线连接。

如果钢筋笼不能顺利插入槽内，应重新吊出，查明原因。若需要，则在修槽后再吊放，不能强行插放，否则会引起钢筋笼变形或槽壁坍塌，产生大量沉渣。

12.5.10 混凝土的浇筑

在成槽工作结束后，根据设计要求安设墙段接头构件，或在对已浇好的墙段的端部结合面进行清理后，尽快进行墙段钢筋混凝土的浇筑。浇筑混凝土之前，要进行清底工作。一般有沉淀法和置换法两种。沉淀法是在土渣基本都沉淀到槽底之后再清底；置换法是在挖槽结束之后，对槽底进行认真清理，在土渣还没有沉淀之前用新泥浆把槽内的泥浆置换出来，使槽内泥浆的相对密度在 1.15 以下。清槽结束后 1h，测定槽底沉淀物淤积厚度不大于 20cm、槽底 20cm 处的泥浆相对密度不大于 1.2 为合格。

为保证地下连续墙的整体性，划分单元槽段时必须考虑槽段之间的接头位置。一般接头应避免设在转角处以及墙内部结构的连接处。接头构造可分为接头管接头和接头箱接头。接头管接头是地下连续墙最常用的一种接头，槽段挖好后在槽段两端吊入接头管；接头箱接头使地下连续墙形成更好的整体，接头处刚度好。接头箱与接头管施工相似，单元槽开挖后，吊接头箱，再吊钢筋笼。

地下连续墙混凝土是用导管在泥浆中灌注的，导管的数量与槽段长度有关。导管内径约为粗骨料粒径的 8 倍，不得小于粗骨料粒径的 4 倍。导管间距根据导管直径决定，导管应尽量靠近接头。

在混凝土浇筑过程中，导管下口插入混凝土深度不宜过深或过浅。插入深度太深，容易使下部沉积过多的粗骨料，而混凝土面层聚积较多的砂浆；导管插入太浅，则泥浆容易混入混凝土，影响混凝土的强度。只有当混凝土浇筑到地下连续墙墙顶附近、导管内混凝土不易流出时，方可将导管的埋入深度减为 1m 左右，并可将导管适当地上下运动，促使混凝土流出导管。

施工过程中，混凝土要连续灌注，不能长时间中断，否则，应掺入适当的缓凝剂。

在灌注过程中，要经常量测混凝土灌注量和上升高度。量测混凝土上升高度可用测锤。因混凝土上升面一般都不水平，应在三个以上位置量测。浇筑完成后的地下连续墙墙顶存在浮浆层，混凝土顶面需比设计标高超高 0.5m 以上。凿去浮浆层后，地下连续墙墙顶才能与主体结构或支撑相连成整体。

地下连续墙施工质量应满足表 12-2 要求。

地下连续墙施工质量要求　　　　　　　　　　表 12-2

序号	要求项目	允许偏差
1	墙面垂直度应符合设计要求	$H/200$
2	墙面中心线	±30mm
3	裸露墙面应平整，在均匀黏土中局部突出	100mm
4	接头处相邻两槽段的挖槽中心线，在任一深度的偏差值	$b/3$

注：H——墙深（m）；b——墙厚（m）；裸露墙面在非均匀性黏土层中或其他土层中的平整度要求，由设计、施工单位研究确定；混凝土的抗压、抗渗等级及弹性模量应符合设计要求。

12.5.11 地下连续墙施工存在的主要问题及防治措施

地下连续墙施工存在的主要问题有槽壁坍塌、导墙破坏或变形、钢筋笼制作尺寸不准或变形、钢筋笼上浮、墙体出现夹层现象。

（1）槽壁坍塌

在槽壁成孔、下钢筋笼和浇筑混凝土时，槽段内局部孔壁坍塌，出现水位突然下降、孔口冒细密的水泡，钻进时出土量增加而不见进尺，钻机负荷显著增加的现象。

防治措施：对严重坍孔的槽段，提出抓斗斗头，回填较好的黏性土，再重新成槽施工。如有大面积坍塌，用优质黏土（掺入20%水泥）回填至坍塌处以上1~2m，待沉积密实后再行成槽；当局部坍塌时，可加大泥浆相对密度。

（2）导墙破坏或变形

当导墙刚度和强度不足，或者作用在导墙上的荷载过大、过于集中，或者导墙内侧未设置足够的支撑时，导墙就会出现坍塌、不均匀下沉、变形等现象。

处置措施：对于大部分或局部已严重破坏、变形的导墙应拆除，并用优质土（或再掺入适量水泥、石灰）分层回填夯实加固地基，重新建造导墙。

（3）钢筋笼制作尺寸不准或变形

钢筋笼尺寸偏差过大，或发生扭曲变形，造成难以安装和入槽。

防治措施：如因成槽质量不达标影响钢筋笼难以顺利入槽，应在修整槽壁后，再行吊放，严禁强行入槽；如因钢筋笼制作原因，则需部分或全部拆除，重新制作钢筋笼。

（4）钢筋笼上浮

当钢筋笼重量太轻，槽底沉渣过多时，钢筋笼会被托浮起；当混凝土浇灌导管埋入深度过大或混凝土浇筑速度过慢，钢筋笼也会被托出槽孔外，出现上浮现象。

防治措施：为阻止钢筋笼上浮，一般在导墙上设置锚固点固定钢筋笼。

（5）墙体出现夹层现象

墙体浇筑后，地下连续墙墙壁混凝土内存在局部积泥层。

处置措施：如导管已提出混凝土面以上，则立即停止浇筑，改用混凝土堵头，将导管插入混凝土中重新开始浇筑；遇坍孔，可将沉积在混凝土上的泥土吸出，继续浇筑，同时采取提高护壁泥浆质量、加大水头压力等措施；地下连续墙墙壁开挖中发现夹层，在清除夹层后采取压浆补强方法处理。

思考题

12-1 基坑围护结构类型有哪些?

12-2 简述钻孔灌注桩的施工工艺流程。

12-3 简述锚杆的类型及其施工工艺。

12-4 简述地下连续墙的优缺点。

12-5 简述地下连续墙的施工工艺。

12-6 简述地下连续墙施工存在的主要问题及防治措施。

第 **13** 章

施工辅助工作

本章知识点

【主要内容】施工通风与防尘、压缩空气供应、供水与排水、供电与照明。

【基本要求】熟悉通风方式和通风机械设备的选择、空压机站与压风管道的布置、供水与排水的机械设备选择、变压器的选择；掌握供风能力的计算与空压机选择、施工供水与排水的计算和布置、施工用电量的计算；了解施工通风的目的，防尘工作、施工照明及安全用电的工作内容。

【重　　点】施工通风与防尘，施工供水、排水和供电。

【难　　点】供风能力的计算与空压机选择、施工供水量的计算、施工用电量的计算。

地下工程施工中，除了钻爆、出渣、支护和衬砌等基本作业外，还必须借助一些辅助系统为基本作业提供必要条件才能完成工程任务，这些系统的工作称为辅助工作。辅助工作主要包括通风防尘、压气供应、施工供水与排水、供电、照明等。

13.1 施工通风与防尘

任何地下工程施工时都需要通风，采用钻眼爆破法施工时尤为重要。爆破时，炸药分解产生大量余热和有害气体，同时隧道内空气中氧气的含量相对下降；机械设备也将排出大量废气和热量；隧道穿过煤层或某些地层还会放出 CH_4、H_2S 等气体。另外，由于钻眼、爆破、出渣、喷射混凝土等作业均会产生大量粉尘，这些有害气体及粉尘对施工人员危害极大。因此，施工通风应达到以下目的：供给新鲜空气；冲淡与排出有害气体；降低粉尘浓度；降低地下空间内温度；CH_4 浓度不得大于 0.5%（按体积计），否则必须按煤炭行业现行的《煤矿安全规程》之规定办理。

13.1.1 通风方式的选择

施工通风方式应根据隧道的长度、掘进隧道的断面大小、施工方法和设备条件等诸多因素综合确定。在施工中，有自然通风和强制机械通风两类。其中，自然通风是利用洞内外的温差或风压来实现通风的一种方式，一般仅限于短直隧道（如500m 以下）、浅埋地下工程，且受洞外气候条件影响极大；绝大多数地下工程施工应采用强制式机械通风。

根据通风机的作用范围，机械通风分为主机通风和局部扇风机通风。当主机通风不能满足隧道掘进要求时，应设置局部通风系统，风机间隔串联或加设另一路风管增大风量；如有辅助坑道，应尽量利用坑道通风。竖井及隧道施工时，可用主扇或局扇或主、局扇结合式通风。

通风方式应根据隧道长度、施工方法和设备条件等确定。通风方式应针对污染源的特性，尽量避免成洞地段的二次污染，且有利于快速施工。因此，在选择通风方式时应注意以下几个问题：

（1）自然通风因其影响因素较多，通风效果不稳定且不易控制，除短直隧道外，应尽量避免采用。

（2）压入式通风能将新鲜空气直接输送至工作面，有利于工作面施工，但污浊空气将流经整个坑道。

（3）抽出式通风的风流方向与压入式正好相反，但其排烟速度慢，且易在工作面形成炮烟停滞区，故一般很少单独使用。

（4）混合式通风集压入式和抽出式的优点于一身，但管路、风机等设施增多，在管径较小时可采用；若有大管径、大功率风机时，其经济性不如压入式。

（5）利用平行导洞作隧道通风，其通风效果主要取决于通风管理的好坏；若无平行导洞、断面较大，可采用风墙式通风。

（6）选择通风方式时，一定要选用合适的设备（通风机和风管），同时要解决好风管的连接，尽量降低漏风率。

（7）搞好施工中的通风管理，对设备要定期检查、及时维修，加强环境监测，使通风效果更加经济合理。

实施机械通风必须具有通风机和风道。按照风道的类型和通风机安装位置，机械通风可分为管道式、巷道式和风墙式三种。

1. 管道式通风

管道通风也称风管通风。根据隧道内空气流向的不同，又可分压入式（送风式）、抽出式（排风式）和混合式三种（图13-1），其中以混合式的通风效果较好；根据通风机的台数及其设置位置，风管的连接方式可分为集中式和串联式；还可根据风管内的压力来分，分为正压型和负压型。

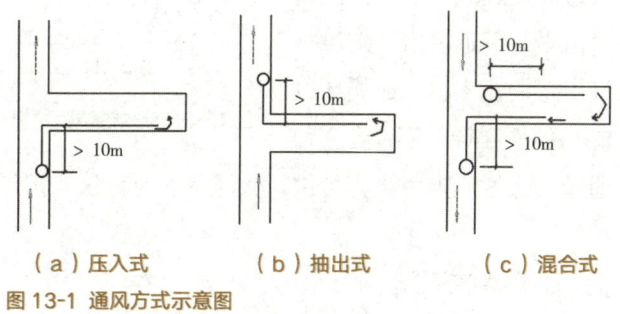

（a）压入式　　　（b）抽出式　　　（c）混合式

图13-1 通风方式示意图

（1）压入式通风

由通风机吸入新鲜空气，通过风管压入工作面，吹走工作面上有害气体和粉尘，使之沿隧道排出。隧道施工时，由于洞口直通外界，扇风机可安置在洞口外一定距离。为了尽快排除工作面的炮烟，风管口距工作面的距离一般不宜大于15m。压入式通风能较快排除工作面的污浊空气，可采用柔性风管，重量轻，拆装简单；但污浊空气排出时流经全洞，排烟时间较长，污染整个隧道。单机可用于400m内的独头隧道，多机串联可用于 800m 以内的独头隧道。

（2）抽出式通风

使用通风机将工作面爆破所产生的有害气体通过风管吸出，新鲜风流则由隧道进入工作面。风管的排风口必须设在主要隧道风流方向的下方，距掘进隧道口 10m 以上。抽出式通风一般需用刚性风管，由于风管吸入口附近的风速随着远离吸入口而急剧降低，有效吸程小，工作面排烟时间长，污浊风流通过局部通风机，安全性差；其优点是不污染隧道，但新鲜空气流经全洞，到达工作面时已不太新鲜，适合用于长度在 400m 以内的独头隧道。

（3）混合式通风

混合式通风是压入式和抽出式的联合应用，它具有压入式通风和抽出式通风两者的优点，适用于长度在 1.5km 以上的独头隧道。抽出式、压入式风口的布置要错开 20~30m，以免在洞内形成循环风流，抽出式风机能力要大于压入式风机 20%~30%。隧道施工时，还可采用两路风管并列的通风方式，包括两台主扇集中式和多台小型风机串联式。压入式风机功率比抽出式风机大，风管随开挖面推进而接长。

2. 巷道式通风

当两条巷道或有平行导洞的隧道同时施工时，可采用巷道式通风方式。其特点是通过最前面的横洞使正洞和平行巷道组成一个风流循环系统，在平行巷道口附近安装通风机，将污浊空气由平行巷道抽出，新鲜空气由正洞流入，形成循环风流，如图 13-2 所示。这种

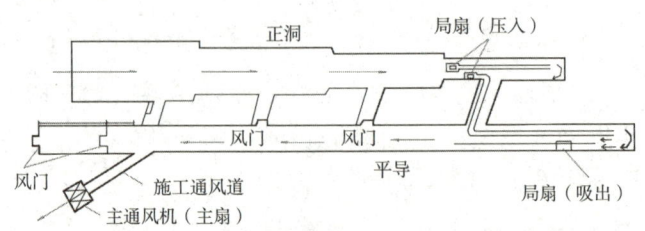

图 13-2 巷道式通风

通风方式通风阻力小，可供较大风量，是解决长隧道施工通风比较有效的方法。

3. 风墙式通风

风墙式通风适用于无平行导坑可利用的较长隧道施工。它利用隧道成洞部分空间，用砖砌或木板隔出一条风道，以缩短风管长度，增大通风量。

13.1.2 通风机械设备的选择

通风机主要根据施工需要的风量及风压选择。

1. 风量计算

目前地下工程施工中一般按洞内同时工作的最多人数、同时爆破的最多炸药量、洞内允许的最小风速、内燃机械作业废气稀释的需要四个方面计算，并以其中最大值作为计算风量。

1）按洞内同时工作的最多人数计算

$$Q = kmq \qquad (13-1)$$

式中　Q——工作面所需风量（m^3/min）；

　　　k——风量备用系数，常取 1.1~1.25；

　　　m——洞内同时工作的最多人数；

　　　q——洞内每人每分钟所需新鲜空气（m^3），其中，公路、铁路隧道按 $3m^3$ 计算。

2）按同时爆破的最多炸药量计算

（1）管道式通风

① 压入式通风

$$Q = 7.8\sqrt[3]{AS^2L^2/t} \qquad (13-2)$$

式中　A——一次爆破的总炸药量（kg）；

　　　S——隧（巷）道净断面面积（m^2）；

　　　L——隧（巷）道长度（m）；

　　　t——隧道爆破后的通风时间（min）。

② 抽出式通风（当 $L_吸 \leqslant 1.5\sqrt{S}$）

$$Q = 18\sqrt{ASL_散/t} \qquad (13-3)$$

式中　$L_吸$——风管口至开挖面距离（m）；

　　　$L_散$——爆破后炮烟的扩散长度（m），非电起爆时 $L_散 = 15+A$，电雷管起爆时 $L_散 = 15+A/5$。

③ 混合式通风

$$Q_{混压} = 7.8\sqrt[3]{AS^2L_{入口}{}^2/t} \qquad (13-4)$$

$$Q_{混吸} = (1.2\sim1.3)Q_{混压} \qquad (13-5)$$

式中　$Q_{混压}$——压入风量（m^3/min）；

　　　$Q_{混吸}$——抽出风量（m^3/min）；

　　　$L_{入口}$——压入风口至工作面的距离（m），一般按 25m 计算。

（2）巷道式通风

$$Q = 5Ab/t \qquad (13-6)$$

式中　b——1kg炸药爆炸时产生的有害气体折合成CO的体积（L），一般地，
　　　　　$b=40L$。

3）按洞内允许的最小风速计算

$$Q = 60VS \qquad (13-7)$$

式中　V——洞内允许的最小风速（m/s）；
　　　　S——隧（巷）道开挖断面面积（m²）。

4）按内燃机械作业废气稀释的需要计算

$$Q = n_i P \qquad (13-8)$$

式中　n_i——洞内同时使用内燃机械作业的总千瓦数（kW）；
　　　　P——洞内内燃机械每千瓦所需的风量（m³/min）。

按上述四种情况计算后，取其中最大者为计算风量，则要求通风机提供的风量如下。

$$Q_{供} = pQ \qquad (13-9)$$

式中　$Q_{供}$——通风机需提供的风量（m³/min）；
　　　　Q——前述四种通用风量计算结果的最大值（m³/min）；
　　　　p——管路的漏风系数，p 值与通风形式、风管直径、总长、接头形式及安装质量、风压、大气压强、风管材料等因素有关。

2. 通风机选择

通风机按构造分有轴流式和离心式两种。轴流式又分普通轴流式和对旋式轴流式。轴流式通风机主要由叶轮、电动机、筒体、底座、集流器和扩散器主要部件组成；对旋式轴流式通风机与普通轴流通风机的不同之处是没有静叶，仅由动叶构成，两级动轮分别由两个不同旋转方向的电机驱动。地下工程施工一般为独头掘进，多使用轴流式通风机。

通风机选型的依据是隧（巷）道的通风阻力、要求的通风量以及其他一些条件。通风机所要达到的风量和风压按式（13-10）计算。

$$Q_{机} = 1.1 Q_{供} \qquad (13-10)$$

$$h_{机} \geqslant ph_{总阻}Q^2 \qquad (13-11)$$

式中　$Q_{机}$ ——通风机所要达到的风量（m³/min）；

　　　$Q_{供}$ ——通风机需提供的风量（m³/min）；

　　　1.1 ——风量储备系数；

　　　p ——管路的漏风系数；

　　　$h_{机}$ ——通风机所具有的风压（Pa）；

　　　$h_{总阻}$——风流所受到的总阻力（Pa）；

　　　Q ——风道流量（m³/s）。

$$h_{总阻} = \sum \frac{\alpha LU}{S^3}Q^2 + 0.612 \sum \xi \frac{Q^2}{S^2} + 0.612 \sum \varphi \frac{S_m Q^2}{(S-S_m)^3} \qquad (13-12)$$

$$h_{摩} = \sum \frac{\alpha LU}{S^3}Q^2 \qquad (13-13)$$

式中　$h_{摩}$——沿途阻力（Pa），气流经过各种断面的隧（巷）道时，隧（巷）道周
　　　　　壁与风流相互摩擦以及风流中空气分子间的扰动和摩擦而产生的阻力；

　　　α ——风道摩擦阻力系数（N·s²/m⁴），与风道材料性质、表面粗糙程度有关，
　　　　　可在有关施工、设计手册中查得；

　　　L ——风道长度（m）；

　　　U ——风道周长（m）；

　　　S ——风道断面面积（m²）；

　　　Q ——风道流量（m³/s）；

　　　ξ ——局部阻力系数（N·s²/m⁴），可在有关手册中查得；

　　　φ ——正面阻力系数（N·s²/m⁴）；

　　　S_m ——阻塞物最大迎风面积（m²）。

　　根据式（13-10）和式（13-11）求出风量和风压后，查通风机的特性曲线或技术特征表，即可选择出通风机的型号（以风量为横坐标，以风压为纵坐标作曲线图）。选择时，按计算的风量和风压在图中找出其交点，离交点较近且大于交点值的那条曲线所对应的风机型号即为所要选用的风机。

　　选用通风机时，除合理选择通风机的型号外，还需确定通风机的台数。当隧（巷）道较长、断面较大，单机不能满足风量要求时，应选多机并联或串联运转；在隧（巷）道通风阻力小，而要求风量大的情况下，采用通风机并联运转能够取得较好的效果。通风机联合运转的效果取决于多台风机联合运转的综合特性曲线。两台通风机并联运转时，通风量明显增加，一般可比单机通风量增大 70% 左右；但随并联风机台数的增多，风量增加的效果会减小，所以并联风机以 2~3 台为宜。在需风量较小、风

地下工程施工技术（第二版）　第13章　施工辅助工作

阻大时，可进行串联运转。串联运转时，风量变化不大，风压明显提高。风机并联或串联运转时，各台风机的型号宜相同，这样选型、管理、维修都比较方便。

3. 风管的选择

风管是地下工程施工通风系统的重要组成部分，其性能的优劣、安装及维护的质量对通风效果有着直接的影响。

（1）风管的种类

常用的风管分刚性风管和柔性风管两类。刚性风管主要有金属（铁皮、镀锌钢板或铝合金板）风管和玻璃钢风管；柔性风管有胶皮风管、塑料（聚氯乙烯）风管和维尼龙风管。风管一般都是圆形的，刚性风管在必要时也可制成矩形。柔性风管原则上只能用于压入式通风，但用弹簧钢做螺旋形骨架的柔性风管也可用于抽出式通风；刚性风管既可用于压入式通风也可用于抽出式通风。

（2）风管直径的选择

风管直径根据需通过的风量、通风的长度等条件确定。送风量大、距离长，风管直径应大些。长隧道采用全断面开挖越来越多，选用大口径风管进行施工通风可大大简化隧道施工工序，有利于全断面开挖的推广使用，是解决长隧道施工通风的主要途径。

风管直径应通过计算确定。在由式（13-13）计算风阻时，先初选风管直径，待风机选定后，风管直径同时被确定。

（3）风管的安设与管理

风管一般应设在不妨碍出渣运输作业和衬砌作业的空间处，同时要牢固地安装，以免因受到振动、冲击而发生移动、掉落。风管一般均用夹具等安装在支撑构件上，可挂设在隧道拱顶中央、中部或靠边墙墙角等处，一般在拱顶中央处通风效果较佳。

风管的漏风率是影响管道通风的主要因素之一，要做到防止漏风，减少通风巷道阻力，防止主流风回风、短路等，这与隧道施工管理水平有很大关系，要经常定期检查、测试以提高通风效果，达到安全、卫生的目的。风管的安装要平顺、接头严密、弯曲半径不得小于风管直径的3倍。风管的连接应密贴，一般硬管用密封带或垫圈，软管用紧固件连接。风管如有破损，必须及时修理或更换。

13.1.3 防尘工作

在地下工程施工中，凿岩、爆破、装岩、喷射混凝土等作业都有粉尘产生，粉尘对人体危害极大。因此，必须采取多种措施把粉尘控制在国家规定的标准之内。

地下工程施工中的防尘措施应是综合性的，应做到"四化"，即湿式凿岩标准化、机械通风经常化、喷雾洒水制度化和人人防护普遍化。

13.2 压缩空气供应

在隧道施工中，常用的凿岩机、凿岩机台车、风镐、混凝土喷射机、压浆机、气压盾构机等风洞机具均是以压缩空气为动力，它们所需要的压缩空气均由空气压缩机（简称空压机）提供。其流程为自由空气经滤清器进入空压机，通过汽缸加压后进入储气罐（俗称风包），然后通过管路输送到各用风机具。

压缩空气的供应主要应考虑供应足够的风量以及必需的工作风压，同时还应尽量减小压缩空气在管路输送中的风量和风压损失，从而达到节约能源、降低能耗的目的。

13.2.1 空压机站与压风管道的布置

1. 空压机站布置

在地下工程施工中，一般都需在地面设置空压机站，将空压机安装在站房内，如图 13-3 所示。隧道施工时，空压机站应设在洞口附近，并宜靠近变电站，应有防水、降温、保温和防雷击设施。如有多个洞口共用一个空压机站时可选在适中位置，但也应靠近用风量较大的洞口。

空压机站外应设冷却水池，以给空压机降温。空压机站外设有风包，主要是储存压缩空气，缓和因压缩机活塞的不连续性而引起的压力波动，分离压缩空气中油和水。风包有立式和卧式两种，一般随机成套供应。

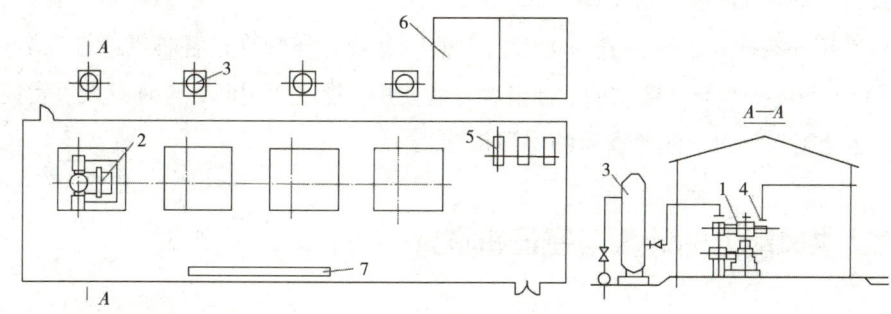

图 13-3 空压机站布置

1- 空压机；2- 电动机；3- 风包；4- 过滤器；5- 水泵；6- 水池；7- 电控设备

2. 压风管道布置

（1）管径选择

压风管的选择应满足工作风压不小于 0.5MPa 的要求。空压机生产的压缩空气在输送过程中，由于管壁摩擦、接头、阀门等产生阻力，其压力会减小，一般称为压力损失。

压风管一般采用无缝钢管，管内径根据工作面的需风量计算。

$$d=146\sqrt{\frac{Q}{v}} \tag{13-14}$$

式中　d——压风管内径（mm）；

　　　Q——通过压风管的风量（m³/min）；

　　　v——压风管内平均压力状态下的压缩空气流速（m/s）。

实际施工中，有时也按经验选择压风管径。

（2）管道安装注意事项

管道安装注意事项包括：

① 管道在洞内应敷设在电缆、电线的另一侧，并与运输管道有一定距离，管道高度一般不应超过运输轨道的轨面，若管径较大而超过轨面，应适当增加距离，如与水沟同侧不应影响水沟排水。

② 管道敷设要求平顺，接头密封、防止漏风，凡有裂纹、创伤、凹陷等现象的差质管材不能使用。洞外地段，风管长度超过500m、温度变化较大时，宜安装伸缩器；靠近空压机 150m 以内，风管的法兰盘接头宜用耐热材料制成垫片，如石棉衬垫等。

③ 压风管道在总输出管道上，必须安装总闸阀以便控制和维修管道；主管上每隔一定距离应分装闸阀；按施工要求，在适当地段加设一个三通接头备用；管道前端至开挖面距离宜保持在 30m 左右，并用高压软管接分风器；分部开挖法通往各工作面的软管长度不宜大于 50m，与分风器连接的胶皮软管长度不宜大于 10m。

④ 主管长度大于 1km 时，应在管道最低处设置油水分离器，定期放出管中累积的油水，以保持管内清洁与干燥。

⑤ 管道安装前应进行检查，钢管内不得留有残杂和脏物；各种闸阀在安装前应拆开清洗，并进行水压强度试验，合格者方能使用。管道使用时，应有专人负责检查、养护；冬期施工时，应注意管道的保温措施。

13.2.2 供风能力的计算与空压机选择

1. 空压机站的供风能力

空压机站供风能力取决于各种风动机具耗风量的大小，耗风量应包括地下工程内同时工作的各种风动机具工作时所需耗风量和储气罐到风动机具沿途的损失，并考虑一定的备用系数。地下工程施工时，空压机站的供风能力计算值要满足施工高峰期的最大用风量要求。

空压机站的供风能力（生产能力）可按式（13-15）计算。

$$Q=(1+K_备)(\sum qK+q_漏)k_m \qquad （13-15）$$

式中　Q　——空压机站供风能力（m^3/min）；

　　　$K_备$——空压机的备用系数，一般为 0.75~0.9；

　　　$\sum q$——风动机具所需风量（m^3/min）；

　　　$q_漏$——管路及附件的漏耗损失（m^3/min），$q_漏 = \alpha \sum L$；

　　　α　——每千米的漏风量（m^3/min），平均为 1.5~2.0m^3/min；

　　　$\sum L$——管路总长（km）；

　　　K　——同时工作系数，可查表 13-1；

　　　k_m——空压机站所处海拔高度对空压机供风能力的影响系数，一般可按海拔每高 100m 增加 1.0%~1.2% 计算。

同时工作系数 K　　表 13-1

机具类型	凿岩机		装渣机		锻钎机	
同时工作台数	1~10	11~30	1~2	3~4	1~2	3~4
K	1.0~0.85	0.85~0.75	1.0~0.75	0.7~0.5	1.0~0.75	0.65~0.5

2. 空压机选择

空压机按可移动性分为固定式和移动式两种；按动力来源分为电动和内燃两种；按工作原理分为活塞式、螺杆式、滑片式、离心式、隔膜式等。短隧道施工多采用移动式内燃空气压缩机，长隧道施工多采用固定式大型电动空气压缩机。

地下工程施工使用最多的是活塞式电动空压机。空压机的排气压力一般为 0.7~0.8MPa，空压机的具体型号应根据工作面所需的压气量选择。

根据计算确定空压机站的供风能力后，可选择合适的空压机和适当容量的储气罐。当一台空压机的排气量不能满足供风需要时，可选择多台空压机组成空压机组。为了便于操作、维修和管理，一个工地应尽量选用同类型的空压机。考虑到施工中用风量的不均匀性，可选用容量大小不同的空压机进行组合。另外，还要考虑 20% 以上的富余量。隧道施工内燃、电动式压风机混合使用，隧道长度小于 1km 时，宜以内燃式为主；超过 1km 时，宜以电动式为主。

13.3 施工供水与排水

13.3.1 供水

地下工程施工中，由于凿岩、防尘、灌注衬砌及混凝土养护、洞外空压机冷却、泥水盾构渣土分离设备、施工人员的生活等都需要大量用水，因此要设置相应的供水设施。施工供水主要应考虑水质要求、水量的大小、水压及供水设施等方面的问题。

1. 供水方式

地下工程施工用水均由地面供给，供给方式有：

（1）利用已有供水系统供水。所建工程如在城区、乡镇或企业附近，可充分利用已有的供水系统直接供水，但易受供水单位的限制。

（2）利用临时水源供水。临时水源有地表水源和地下水源，如山间溪流、河水、泉水、地下水、溶洞水、水库水等，由上述来源自流引导或用水泵压至蓄水池存储，并通过供水管路供到使用地点。山岭隧道施工用水量较小，多利用地表水源。

（3）个别缺水地区，则用汽车运水或长距离管路供水。

2. 水质要求

凡无臭味、不含有害矿物质的洁净天然水，都可以作为施工用水；饮用水的水质则要求新鲜、清洁。无论是施工用水还是生活用水，均应做好水质化验工作，符合相应的国家水质标准。

3. 用水量估算

（1）施工用水

施工用水与工程规模、机械化程度、施工进度、人员数量和气候条件等有关，因而用水量的变化幅度较大，很难估计精确，一般根据经验估计再加一定储备。

（2）生活用水

随着隧道工程及地下工程工地卫生要求的提高，生活设施配置增多，耗水量也相应增多。因而，生活用水量也有一定的变化，但幅度不大。

（3）消防用水

除消防要求在设计、施工及临时住房布置等方面做好防火工作以外，还应按国家消防安全规范的要求计算地下工程施工工地的临时建筑房屋的消防用水贮备量。

4. 取水与储水

（1）取水

从江河湖泊取水时，如水深大于 1m，可用水泵直接抽水；如果自山溪、浅水河流取水，可通过引水廊道汇集水量取水或在河流中设坝提高水位用水泵取水。如果地下水位较浅，可在地下挖砌大口井，直接用水泵取水；地下水位较深时，可用钻机大孔径钻孔，用深井泵取水，深度视地下水位和地下水含量而定，可为数十米或数百米。

（2）储水

从水源取出的水，一般是先送往储水池或水塔，然后再送往各用水地点。山岭隧道施工时多利用修建在洞口附近上方的山坡或山顶上的储水池储水，但应避免储水池设在地下洞室顶上或其他可危及地下工程安全的部位。使用期限较短的临时水池，构造力求简单不漏水，基础应置于坚实地层上，一般可用石砌，根据地形条件用埋置式或半埋置式；当地形条件受限制不能埋置时，也可采用修建水塔等方式；深埋地下工程施工，由于地面与施工地点具有压力差，可在地面设水池供水；平坦地区地面供水则需建造水塔或者高位水池供水。水池的容积大小应与抽水设备、集中用水量相配合，以满足施工的要求。

设置水池或水塔的相对标高应能保证最高用水点的水压要求，以确保供水压力。水池位置至地下工作面的高差 H 可按式（13-16）进行计算。

$$H \geqslant 1.2h + \alpha h_{\mathrm{f}} \tag{13-16}$$

式中　h ——配水点要求水头（m）；

　　　α ——水头损失系数，按管道水头损失 5%~10% 计算；

　　　h_{f} ——管道内水头损失（m），确定用水量后，选择钢管管径，按钢管水力计算而得。

5. 水泵和管路

供水水泵要满足供水系统保持所需水量和水压，故水泵选择首先要计算水泵的扬程。水泵的扬程 H 按式（13-17）计算。

$$H = h' + \alpha h_{\mathrm{f}} \tag{13-17}$$

式中　h' ——水池与水源之间的高差（m）；

　　　α ——水头损失系数，按管道水头损失 5%~10% 计算；

　　　h_{f} ——管道内水头损失（m），确定用水量后，选择钢管管径，按钢管水力计算而得。

供水水泵要安装在水泵房内。水泵房可按临时房屋的有关规定办理。水泵在安装前，应按图纸检查基础位置、预留管道孔洞等各部分尺寸是否符合要求，水泵底座位置经校核后，方能灌注水泥砂浆并固定地脚螺栓。

供水管一般用铸铁管或钢管。供水管的布置要注意以下几点。

（1）管道敷设要求平顺、短直且弯头少，干路管径尽可能一致，接头严密不漏水。

（2）给水管道应安设在电力线路的一侧，不应妨碍运输和行人，并设专人负责检查、养护（可与压风管道共同组织一个维修、养护工班）。

（3）管道前端至开挖面，一般保持30m的距离，用高压软管接分水器，中间预留异径三通，至其他工作面供水使用软管连接，其长度不宜超过50m。

（4）管道沿山顺坡敷设悬空距较大时，应根据计算来设立支柱承托，支撑点与水管之间加木垫；严寒地区应采用埋置或包扎等防冻措施。

（5）水池的输出管应设总闸阀，干路管道每隔一定距离应安装一个闸阀。管道闸阀布置还应考虑一旦发生管道故障（如断管）能够及时由水池或水泵房供水的布置方案。

（6）如果利用高山水池或者地下工程埋深很大，其自然压头超过所需水压时，应进行减压，一般是在管路中段设中间水池作为过渡站，也可直接利用减压阀来降低管道中水流的压力。

13.3.2 排水

地下工程施工排水包括平洞排水和斜洞排水等。

1. 平洞排水

平洞施工的排水比较简单，排水方式应按水量多少、线路坡度等因素确定。

（1）上坡施工排水

上坡施工可采用顺坡自然排水方式，排水沟坡度与线路坡度一致。隧道施工有平行导坑时，因平行导坑标高一般较正洞低，可将正洞之水通过横通道引入平行导坑排出。

（2）下坡施工排水

下坡施工时，水向工作面汇集，需用机械排水。在隧道较短、坡度较小时，可采用分段开挖反坡水沟，分段处设集水坑，每个集水坑配备一台水泵，由水泵把水逐段排出洞外。该方法排水，工作面无积水，不需排水管，但需水泵多，且需开挖反坡水沟。

在隧道较长、涌水较大时，可采用长距离开挖集水坑，工作面积水用辅助小水泵排到近处集水坑内，再用水泵将水排出洞外。该方法排水，需水泵数量少，但需安设排水管，且主水泵需随工作面的掘进而拆迁前移。此外，施工前需修筑洞口（井口）的防洪及排水设施，以免雨季到来时山洪或地面水流入洞（井）内。

2. 斜洞排水

对于斜洞（斜井、斜巷）由下向上施工时，水可自流，不必采取排水措施；当由上向下施工时，水流向并集聚在掘进工作面。采用该种方式施工时，可根据已掘洞段及工作面积水情况，采用如下排水措施：潜水泵排水、喷射泵排水、离心泵排水、分段截排水。

13.4 地下工程施工供电与照明

13.4.1 供电

1. 供电方式

对于地下工程施工，常用以下两种供电方式。

（1）利用当地现有电网供电。如果有条件，应尽量利用现有电网供电。

（2）自发电供电。在当地供电不能满足要求或施工现场距离地方电网太远时，可采用自设发电站供电，自发电也可作为备用电源；在地方电网供电不稳定或者重要场所，还需设置双回路供电网。

2. 总用电量估算

在施工现场，电力供应首先要确定总用电量。确定工地施工用电量时，常采用估算公式进行计算。

（1）同时考虑施工现场的动力和照明

$$S_{总}=K\left(\frac{\sum P_1 K_1}{\eta\cos\phi} \cdot K_2 + \sum P_2 K_3 \right) \qquad （13-18）$$

式中　$S_{总}$ ——施工总用电量（kW）；

　　　K ——备用系数，一般取 1.05~1.1；

　　　K_1 ——动力设备同时使用系数，通风机同时用电时，K_1 一般取 0.8~0.9；施工电动机械同时用电时，K_1 取 0.65~0.75；一般 10 台以下取下限，10 台以上取上限；

　　　K_2 ——动力负荷系数，主要考虑不同类型设备带负荷工作时的情况，一般取 0.75~1.0；

K_3 ——照明设备同时使用系数，一般取 0.6~0.9；

$\sum P_1$ ——整个工地动力设备的额定输出功率总和（kW）；

$\sum P_2$ ——整个工地照明用电量总和（kW）；

η ——动力设备的平均效率，一般取 0.85；

$\cos\phi$ ——平均功率因数，通常取 0.5~0.7。

（2）只考虑动力负荷

当照明电量相当于总用电量而言所占比例较小时，为简化计算，可在动力用电量之外再加上 10%~20% 作为总用电量。

3. 变压器选择

地下工程施工一般都采用地方电网进行供电，供电时应注意变压器的选择及变压器的安设位置。选择变压器安设位置时，应考虑运输、运行和检修方便，同时应选择安全可靠的地方。

选择变压器时一般根据估算的施工用电量，其容量应等于或略大于施工总用电量，且在施工过程中，一般使变压器的用电负荷达到额定容量的 60% 左右最佳。可按下列方式进行确定。

（1）配属电动机械的单台最大容量占总用电量的 20% 及以下时，变压器最大容量 $S_e = \dfrac{\sum P_1 K_1}{\eta \cos\phi}$；

（2）配属电动机械的单台最大容量占总用电量的 20% 及以上时，变压器最大容量 $S_e = \dfrac{5 \sum P_1 K_1 \mu}{\eta \cos\phi}$。式中，$\mu$ 为配属机械中最大一台的容量与总用电量的比值；其他符号的含义详见式（13-18）。

根据以上计算，从变压器产品目录中选择适当型号的配电变压器即可。

4. 供电线路电压等级

隧道供电电压一般采用 400/230V 三相四线系统两端供电；对于长大隧道，考虑低压输电因线路过长电压降损失，可采用高压送电，在洞内适当地点设变电站，将高压电变为低压电后送至工作地段。动力设备宜采用三相 380V，成洞段和不作业地段照明用 220V，瓦斯地段不得超过 110V，一般作业地段不宜大于 36V，手提作业灯为 12~24V。

选用的导线截面应使线路末端的电压降不大于 10%，24V 及 36V 线不得大于 5%。

5. 变电站位置的选择

隧道施工时，变压器位置应设在便于运输、运行、检修和地基稳固的地方。隧道洞外变电站宜设在洞口附近，靠近负荷集中地点和设在电源来线同一侧，变压器应安设在供电范围的负荷中心。当配电电压在 380V 时，供电半径一般以 500m 为宜。洞内变压器应安设在干燥的避车洞或不用的横向通道内。

13.4.2 照明

施工照明分使用普通光源施工照明和新光源施工照明两种。普通光源一般使用白炽灯或荧光灯管；新光源一般使用低压卤钨灯、高压钠灯、钪钠灯、钠铊铟灯、镝灯等，具有大幅度增加施工工作面和场地的照度，为施工人员创造一个明亮的作业环境，提高施工质量，安全性能好，节电效果明显，使用寿命长，维修方便，减少电工的劳动强度等优点。

13.4.3 安全用电

安全用电是地下工程安全施工的一项重要检查内容，也是保证人身安全、高速度和高质量完成施工任务的重要措施之一。通常采用绝缘、屏护遮拦、保证安全距离、保护接零和使用安全电压等技术措施和健全的规章制度防止触电事故的发生。有关安全作业处除应遵守电工安全作业规程外，还应重点注意以下几点。

（1）电工人员操作时必须戴绝缘手套和穿绝缘胶靴。

（2）在需要触及导电部分时，必须先用测电器检查，确认无电后，才能开始工作，并事先将有关的开关切断封锁，以防误合闸。

（3）线路及接头不许有裸露，要经常检查，发现裸露应立即包扎。

（4）各种过电流保护装置不应加大其容量，不能用任何金属丝代替熔丝。

（5）一切电气设备的金属外壳或构架都必须妥善进行接地。

 思考题

13-1 地下工程施工通风方式如何进行选择？

13-2 地下工程施工通风机械设备如何进行选择？

13-3 简述供风能力的计算与空压机选择。

13-4 施工供水量如何计算？

13-5 简述地下工程施工总用电量的计算及变压器的选择。

第 **14** 章

高地应力隧道
（含深部地下空间）
施工

本章知识点

【主要内容】高地应力大变形隧道的施工技术类型、应力释放小导洞的施工工艺流程和施工方案、不同强度的岩爆段落对应的施工方法、岩爆型硬岩隧道的基本施工技术。

【基本要求】熟悉高地应力大变形隧道施工技术类型和不同强度的岩爆段落施工方法的选择、高地应力大变形隧道和岩爆型硬岩隧道施工方案。

【重　　点】超前导洞＋圆形断面多层支护扩挖施工技术和岩爆型硬岩隧道的基本施工技术。

【难　　点】高地应力大变形隧道施工技术类型和不同强度的岩爆段落施工方法的选择。

14.1 概述

对于高地应力的定义，不同国家有不同的标准。依据《岩土工程勘察规范》GB 50021—2001（2009 年版）：岩体的抗压强度与地应力的比值不大于 7 时，就称为高地应力。

由于岩石的矿物成分等性质不同，其弹性模量也不相同，导致岩体的储能性能也会不同。依据《岩土工程勘察规范》GB 50021—2001（2009 年版）：当 $R_c / \sigma_{max} <$ 4 时，岩体所受的初始地应力为极高初始地应力；当 $R_c / \sigma_{max} = 4 \sim 7$ 时，岩体所受的初始地应力为高初始地应力。其中，R_c 为岩石单轴饱和抗压强度；σ_{max} 为垂直隧洞轴线方向的最大初始地应力。

深埋、长大隧道的开挖过程中常遇到高地应力问题。在较高地应力作用下，质量较好的硬岩岩体可能会发生脆性岩爆，而软岩、破碎的岩体则可能发生大变形。岩爆型隧道和大变形隧道的施工技术存在很大的差别，本章主要介绍这两种类型隧道的关键施工技术。

14.2 大变形软岩隧道施工技术

高地应力大变形隧道的施工技术主要有以下四种类型：单层支护 + 系统注浆及锚杆加固、双层支护 + 临时仰拱 + 长锚索加固、三层支护 + 长锚索施工、超前导洞 + 圆形断面多层支护扩挖施工。

14.2.1 单层支护 + 系统注浆及锚杆加固

（1）开挖

对于需要爆破的围岩，应本着"尽量减小对围岩的扰动"的原则，采用小药量掏槽爆破和不耦合光面爆破，配合人工修整洞周或风镐直接开挖。

（2）超前小导管

采用直径为 42mm 的小导管，打设在拱部 120° 范围内。施工时，小导管纵向以 10°~15° 仰角钻孔打入拱部围岩，导管外露长度不大于 15cm，并尽量与型钢、锚杆焊接牢固，使之共同受力。拱部小导管每 2 榀钢架施作一环，沿隧道轴线两环小导管间保持 1m 以上的水平搭接长度。隧道开挖后，检查注浆段浆液固结连成一片，形成帷幕护拱，阻止了围岩的掉落、滑塌，确保开挖的顺利进行。

（3）型钢拱架

型钢拱架间距一般为 0.5~0.7m。钢架应在初次喷射混凝土后及时架设，其底部需坐落在稳定的基岩面上，钢架各单元间用钢板和螺栓连接牢固，型钢单元连接垫板间应无空隙，有空隙时必须三面焊接、垫死；拱架安设时必须圆顺，弧度满足设计要求，不得有突变、弯折等情况发生。相邻钢架之间，按规定设置纵向拉杆，使钢架与喷射混凝土形成一体；钢架与围岩间的间隙用喷射混凝土充填密实，喷射混凝土应完全覆盖钢架，保护层厚度不得小于 4cm；拱部、边墙及仰拱型钢组成一闭合结构体，以便共同承受围岩压力，抑制围岩变形。

（4）锚杆

锚杆将围岩若干层组合成厚层，将节理发育的岩体串联在一起，阻止岩块沿裂隙面滑移，从而在洞室周边形成一定厚度的承载环，充分发挥围岩自承能力，防止围岩因过大变形而坍塌，起着组合、悬吊、挤压加固围岩的作用。

对于软岩大变形段施工，宜将锚杆加长至 3~5m，并保证锚杆长度能超过围岩塑性变形范围。径向系统锚杆、锁脚锚杆与拱架焊接在一起，能更好地起到加固的作用。

系统锚杆：采用自进式锚杆或让压锚杆，在锚杆体内注入水泥砂浆，起到固结、连结拱部的作用，并将洞身承受的较大荷载传递至深部围岩，提高其稳定性。

锁脚锚杆：设置在墙脚和拱脚部位，将型钢锁住，起临时支座的作用。

（5）钢筋网喷射混凝土

喷射混凝土宜采用湿喷作业。钢筋网喷射混凝土形成受力结构层，一方面，封闭围岩、密合裂隙，保证下一步序的施工安全；另一方面，增加抗拉、抗压强度，提高结构的整体稳定性，其施工质量对于控制围岩的变形起着非常重要的作用。在软岩变形较严重地段，围岩开挖后变形较快，一次喷射混凝土往往厚度不足或质量不佳，无法提供有效的结构抗力，而且二次喷射混凝土与第一次喷射混凝土的黏结因不密实而形成缝隙，容易造成混凝土剥落、掉块。所以，在软岩变形较严重段落必须尽量一次喷射混凝土到位。

（6）系统注浆加固

当初期支护变形大时，为保证施工及结构安全，初期支护施工后需及时进行径向注浆补强，一方面加强支护结构的承载力，另一方面加固支护背后的松动围岩，使其形成固结圈，提高围岩自身承载力，达到围岩与支护共同承受荷载。

14.2.2 双层支护 + 临时仰拱 + 长锚索加固

极高地应力软岩隧道大变形，一般以侧向收敛变形为显著特征，变形速率快且变形时间长，宜采用三台阶双层支护 + 自进式长锚杆并辅以系统注浆加固的方法（图 14-1）。主要是先开挖上、中台阶，施作第一层支护，然后施作自进式长锚杆加强支护，及时进行上、中台阶径向注浆后，滞后第一层支护 3~6 榀钢架施作第二层支护，再开挖下台阶，施作第一、二层支护及径向注浆。

施工顺序为：拱部超前支护→上、中、下台阶第一次开挖、支护→径向注浆加固→自进式长锚杆加强支护→上、中、下台阶第二层支护→仰拱开挖、支护→仰拱、衬砌紧跟。

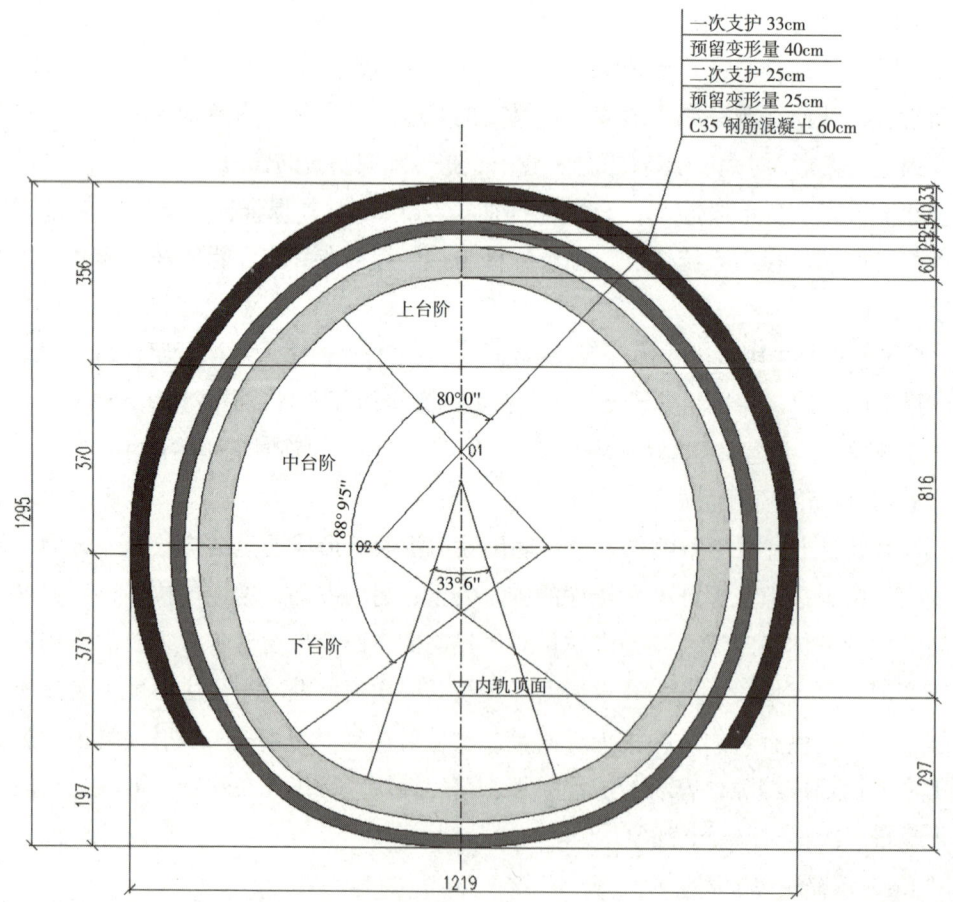

一次支护 33cm
预留变形量 40cm
二次支护 25cm
预留变形量 25cm
C35 钢筋混凝土 60cm

图 14-1 三台阶双层支护 + 长锚杆施工断面图（单位：cm）

（1）超前支护

采用超前小导管配合钢架支护。利用上一循环架立的钢架施作隧道超前支护，拱部120°范围设直径为42mm的超前注浆小导管；每2榀钢架施作1个循环小导管；外插角控制在10°~15°，可根据实际情况调整。

（2）开挖

软弱破碎围岩隧道且开挖断面较大时，必须遵循"少扰动、强支护"的原则，对开挖施工工艺进行调整和优化。宜采用三台阶弱爆破和不耦合光面爆破开挖，必要时采用挖掘机配合人工手持风镐进行开挖。

（3）第一层初期支护

施作型钢钢架进行拱墙第一层初期支护，纵向连接采用直径为22mm的钢筋，每台阶钢架衔接处采用工字钢、"M"字型连接；上中、中下台阶钢架连接处和下台阶与仰拱连接处均设置锁脚锚杆；拱墙设置直径为8mm的钢筋网片并喷射混凝土。

（4）径向注浆加固

在第一层支护完成后，拱墙设置直径为42mm的小导管径向注浆，小导管注水泥浆液。径向注浆小导管可在第一层支护封闭前进行，与锁脚锚杆等一起施作。

（5）自进式长锚杆

为提高支护体系整体抗变形能力，使钢架均匀受力，初期支护结构不被高地应力破坏，在第一层支护的每榀钢架左右侧各设有自进式长锚杆，作为钢架锁固锚杆，设置在中台阶。现场可根据变形情况及钢架接头位置适当调整锁固锚杆位置。

（6）第二层初期支护

第二层支护滞后第一层支护3~5榀进行施作，全环设置型钢钢架，与第一层钢架交错布置；纵向连接采用直径为22mm的钢筋；每榀钢架均设置直径为42mm的小导管锁脚；拱墙设置直径为8mm的钢筋网片，全环喷射混凝土。

（7）仰拱开挖、支护

仰拱开挖应在完成边墙锁脚锚杆施作后进行，采用人工配合挖掘机全断面施工，每循环开挖进尺宜控制在3m以内；开挖完成后，及时施作初期支护。仰拱钢架与第二层支护钢架采用型钢钢架连接，纵向连接采用直径为22mm的钢筋，喷C30混凝土。

14.2.3 三层支护 + 长锚索施工

如果采取双层支护+临时仰拱+长锚索加固施工后，虽形成了全环拱墙初期支护，但二次衬砌未施作前就已经出现初期支护侵限，那么必须采取三层支护+长锚索进行支护。此时，需要采取台架全断面拆换，拆除双层初支，然后恢复双层初支，再

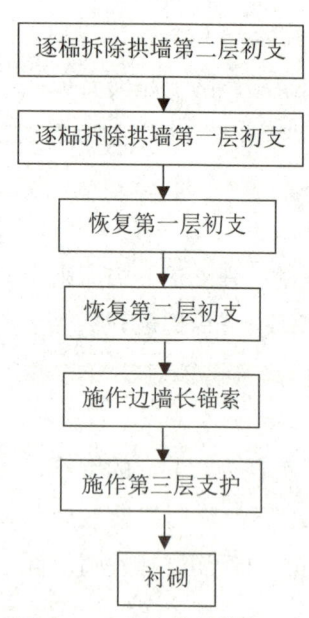

逐榀拆除拱墙第二层初支

↓

逐榀拆除拱墙第一层初支

↓

恢复第一层初支

↓

恢复第二层初支

↓

施作边墙长锚索

↓

施作第三层支护

↓

衬砌

图14-2 三层支护总体施工工艺图

增设第三层支护，第三层支护稳定后再施作二次衬砌。

三层支护总体施工工艺如图14-2所示。

（1）拱墙第二层初支拆除

对变形侵限段的拆除既要分部分节拆除又要及早封闭。因此，双层支护的拆除需先进行第二层支护拆除，连续拆除4榀后暂停施工。利用原有第一层初期支护与第二层初期支护间4榀拱架的间距作为操作空间，既不一次较大扰动围岩，又可保护重新恢复的第一层初期支护。拆除从上至下，分段分节逐步进行，先弱爆破配合人工凿除混凝土；后机械配合人工，切割拱架、松动螺栓，形成全环工作面。

（2）拱墙第一层初支拆除

拱墙第二层初支拆除4榀后开始拆除拱墙第一层初支。此时，需要采用人工配合机械进行混凝土凿除，机械配合人工进行拱架拆除。拆除仍从上至下，分段分节以原有的连接板为分界点；安全拆除完成后，开始进行围岩扩挖，先采用液压破碎锤进行围岩扩挖，后采用人工进行修整。施工要快，封闭要早。针对拆换拱，松动圈已形成，松动圈内的围岩强度已降低，极易在扰动过程中出现塌方现象，因此扩挖围岩至设计断面后，必须及时进行初次喷射混凝土处理。

（3）拱墙第一层初支恢复

全断面拆除后需要全断面恢复。恢复第一层支护拱架需要从下至上逐步进行，两侧分开，形成先后顺序，以避免施工中拱架衔接不到位，出现接拱、隔拱现象，影响结构受力。

（4）拱墙第二层初支恢复

全环恢复5榀第一层初支后，开始同步施工第二层初支。第二层初支2榀拱架同时支护后才能喷浆封闭。第二层支护与第一层支护相同，均逐榀施工。

（5）边墙长锚索施工

拆换后，一般需要在边墙施作长锚索（图14-3）。宜采用履带式潜孔钻车进行钻孔，在5m内高度的锚索施工需要在钻机底部垫渣形成作业平台。利用台架法拆除，锚索在仰拱上施作，可与其他工序同步作业。

（6）第三层支护施工

第三层支护一般采用钢筋格栅喷射混凝土。利用台架绑扎钢筋，湿喷机械手进行喷射混凝土作业（图14-4）。湿喷机械手作业过程中，会影响交通，作业道路不通畅，为不影响其他工序施工，需要挑选没有车辆通过的时间段进行第三层支护施工。

图 14-3 边墙长锚索施工

图 14-4 湿喷机械手作业

图 14-5 衬砌钢筋现场施工

（7）衬砌施工

第三层支护完成后，如果 7d 内平均变形速率小于 1mm/d，一般可进行二次衬砌施工，与第三层支护使用同一个台架（图 14-5），采用整体式模板台车施工。

14.2.4 超前导洞 + 圆形断面多层支护扩挖施工

如果通过实施双层支护 + 长锚杆、双层支护 + 临时仰拱、双层支护 + 临时仰拱 + 长锚索、三层支护加固方案后，却未能有效地控制大变形，出现长大段落的拆换拱、大面积的衬砌开裂、仰拱隆起现象，那么需要采取超前导洞 + 圆形断面多层支护扩挖施工。为杜绝结构破坏、确保后期结构的安全，可采用小导洞施工，将极高地应力进行提前释放，这样可极大地减小支护结构承载的围岩压力；小导洞施工完成后，经过一段时间的蠕变后，塑性圈应力重新分布，内侧围岩应力减小，此时，通过前期的加强支护后再次扩挖，可确保结构的稳定。

小导洞底面宜与正洞铺底面平齐，仰拱须封闭，采用两台阶法施工。

应力释放小导洞施工的工艺流程如图 14-6 所示。

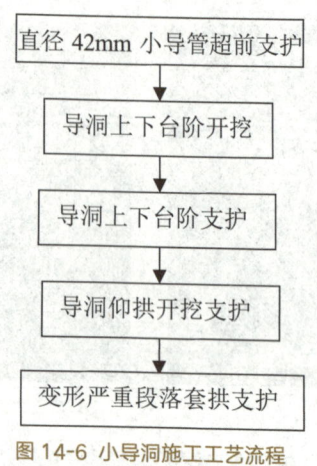

直径42mm小导管超前支护

↓

导洞上下台阶开挖

↓

导洞上下台阶支护

↓

导洞仰拱开挖支护

↓

变形严重段落套拱支护

图 14-6 小导洞施工工艺流程

（1）掌子面封闭及导洞上方加固方案

超前导洞采用两台阶法施工。施工时利用正洞原有台阶作为平台，导洞上台阶设置在原有中台阶处，导洞拱部为原有上台阶的核心土。导洞上台阶开挖时，极易造成原有上台阶初期支护失稳塌方，因此，在导洞开挖施工前，必须封闭原有初期支护掌子面并在上台阶设置临时仰拱，减少后期的变形，确保施工安全。

应力释放小导洞施工前，宜采用砂浆锚杆、钢筋网片喷射混凝土封闭外露台阶掌子面。在上台阶设置型钢，纵向连接采用直径为22mm的钢筋，浇筑C30混凝土，施作临时仰拱。

（2）导洞开挖与支护

超前小导洞施工如图14-7所示。采用两台阶法开挖，上台阶一次开挖长度宜为1榀拱架，下台阶一次开挖长度为1~2榀拱架，上台阶长度一般为5m，仰拱安全步距一般为30m。开挖采用弱爆破或不耦合光面爆破，必要时采取挖掘机配合人工手

图 14-7 超前小导洞施工

持风镐开挖。导洞一般较小，无法并排错车，所有机械设备宜摆放在导洞外的正洞范围内。单工作面开挖后，挖掘机进入扒渣，完成后，挖掘机退出，装载机倒运拱架至工作面并进行出渣作业，每次出渣车辆宜在导洞口倒入至掌子面，在导洞外横通道或错车道错车。支护作业与普通两台阶施工相同。

（3）导洞严重变形地段加固

导洞前期单层支护下围岩应力得到了一定释放，但如果释放过程中围岩的挤压变形大，伴有初期支护开裂掉块，钢架扭曲变形，为确保现场施工安全，在大变形段落需要增设套拱支护。套拱施工前，必须先对已变形的初期支护断面进行扫描，加工相应尺寸的拱架进行加固。

（4）导洞扩挖施工方案

超前小导洞施工完成后，开始从导洞口回填渣体形成三台阶，逐步对导洞进行扩挖施工（图14-8），可采用三台阶法扩挖（图14-9），并运用前期使用的控制变形的所有有效加固措施，以形成强有力的支护体系保证后期结构稳定。导洞扩挖段宜采用圆形断面，设置三层支护＋系统注浆＋长锚杆＋长锚索＋仰拱桁架＋衬砌的支护措施。

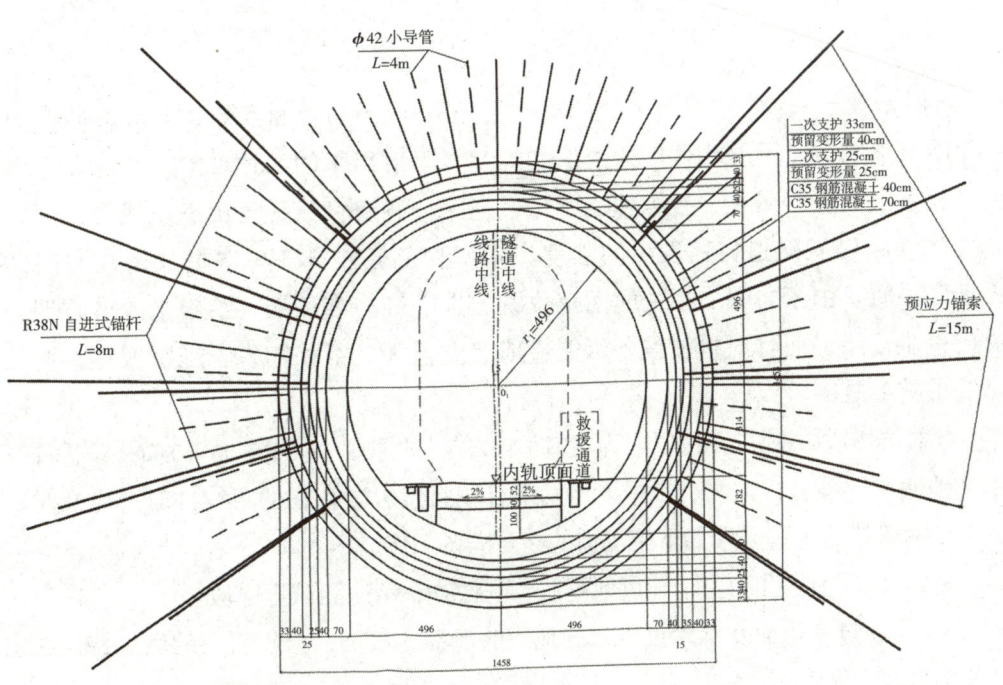

图14-8 扩挖圆形断面示意图（单位：cm）

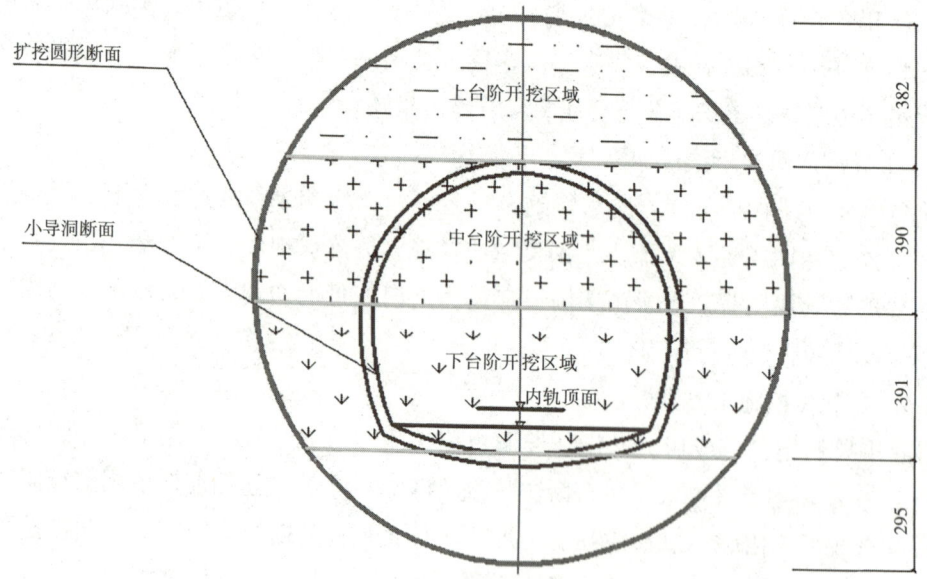

图 14-9 扩挖圆形断面三台阶示意图（单位：cm）

14.3 岩爆硬岩隧道施工技术

岩爆是处于较高地应力地区的岩体，由于外界活动等因素导致其内部储存的应变能突然释放，围岩块体以猛烈的方式突然弹射出来的一种现象，对地下工程施工危害极大。岩爆是岩石被积压变形，毫无征兆地突然弹射出来，威力巨大，如拉林铁路巴玉隧道岩爆发生的强度、频率和形态多样，单次最长持续时间达二十多小时。由于岩爆出现的时间、位置、强度等均难预测，给施工人员心理上造成畏难情绪，而且对机械设备可能造成严重损坏，不仅加大了施工成本，而且降低了施工效率。

针对岩爆段，必须遵循"以防为主、防治结合"的原则。对开挖面前方的围岩特性、水文地质情况等进行预测、预报，当发现有较强烈岩爆存在的可能性时，应及时研究施工对策措施，可采取如下施工前的必要准备工作。

（1）以超前探孔为主，辅以地震波、电磁波、钻速测试等手段。

（2）通过掌子面及其附近围岩的地质的观察、素描，分析岩石的动态特性，主要包括岩体内部发生的各种声响和局部岩体表面的剥落、岩面颜色泛白等，进行预警预报。

（3）采用工程地质类比法进行宏观预报。

对不同强度的岩爆段落，必须采取不同的施工方法。

（1）轻微岩爆：向开挖揭露的岩体喷射高压水；锚网喷支护，必要时可安设格栅拱架加强支护。

（2）中等岩爆：在侧壁及拱部，钻设注水孔，并向孔内喷灌高压水，软化围岩，加快围岩内部的应力释放；采用钢拱架＋锚杆＋钢筋网＋应急喷浆的支护。

（3）强烈岩爆：采用钻机施作超前钻孔，然后往孔内注水或者进行微爆破，提前释放部分地应力；采用新型材料的锚杆与直径20mm以上钢筋网排，全圆钢拱架联合支护，防止或者减弱岩爆的发生及造成的影响。

岩爆硬岩隧道的基本施工技术如下。

（1）开挖爆破前，对岩面喷洒高压水软化围岩，并在岩壁上开凿释放孔，在孔内注射高压水，劈裂岩体或装药弱爆破松动围岩，提前释放应力，降低岩体刚性，减小地应力爆发强度。

（2）针对不同岩性、破碎程度、地下水和高地应力等工况，在爆破技术上，必须反复优化爆破方案，通过5~8个断面的现场爆破试验，确定包括掏槽方式的最佳爆破参数，配合水压爆破技术，先将液态水渗透到岩体裂隙，实现软爆破，提高光面爆破效果，减轻爆破应力对围岩的扰动。

（3）在初次喷射混凝土支护时，加强锚网喷支护技术。使用钢纤维混凝土增大强度，提高整体支护强度。初期支护后采用涨壳式预应力中空锚杆，将锚杆和钢纤维混凝土紧密结合在一起，增强围岩支护强度，减少地应力冲击空间。

（4）在钻孔和初期支护过程中，应尽量通过机械化配套施工，降低安全风险。采用凿岩台车，实现超前钻孔、加深炮孔、锚杆及开挖作业一体化，尽量减少现场作业人数；采用湿喷机，快速完成喷锚作业，缩短人员在洞内停留时间。

（5）在人员和机具防护方面，必须配备防岩爆设备，如多功能移动防护台车，在工作面形成保护伞，作业人员在防护伞下施工，特别是在爆破装填药作业时，可有效防止岩块掉落飞出，保护人员及设备安全。

（6）对进洞作业的人员和机械，必须"全副武装"。人员全部佩戴安全防护用品，穿戴防爆服；主要施工设备上在关键部位架设防护网、防护钢板等安全防护措施，可抵挡岩爆飞射，有效保护人员和机械的安全。

（7）设置专职安全人员全天候巡视警戒、找顶、监测。听到围岩内部有闷雷似的声响时，应立即通知人员和设备撤离。

（8）为提高作业人员防护意识，必须严格执行有关技术和安全操作规程，并经常开展防岩爆应急演练，定期常态化进行强化作业人员安全和纪律教育，学习岩爆常识、防护知识，提高险情应对意识。同时，在施工现场危险地段增设照明并设置醒目警示标志，做好应急材料储备工作，确保现场安全。

 思考题

14-1 高地应力大变形隧道的施工技术主要有哪几种类型？

14-2 简述应力释放小导洞施工的工艺流程。

14-3 简述应力释放小导洞的施工方案。

14-4 简述不同强度的岩爆段落对应的施工方法。

14-5 简述岩爆硬岩隧道的基本施工技术。

参考文献

[1]   姜玉松.地下工程施工技术 [M]. 2.版武汉：武汉理工大学出版社，2015.

[2]   任建喜.地下工程施工技术 [M].西安：西北工业大学出版社，2012.

[3]   周传波，陈建平，罗学东，等.地下建筑工程施工技术 [M].北京：人民交通出版社，2008.

[4]   韩选江.大型地下顶管施工技术原理及应用 [M].北京：中国建筑工业出版社，2008.

[5]   关宝树，杨其新.地下工程概论 [M].成都：西南交通大学出版社，2009.

[6]   杨其新，王明年.地下工程施工与管理 [M]. 3版.成都：西南交通大学出版社，2015.

[7]   朱永全，宋玉香.隧道工程 [M]. 4版.北京：中国铁道出版社，2021.

[8]   于书翰，杜谟远.隧道工程 [M].北京：人民交通出版社，1999.

[9]   吴焕通，崔永军.隧道施工及组织管理指南 [M].北京：人民交通出版社，2005.

[10] 施仲衡.地下铁道设计与施工 [M].西安：陕西科学技术出版社，1997.

[11] 张凤祥，朱合华，傅德明.盾构隧道 [M].北京：人民交通出版社，2004.

[12] 刘建航，侯学渊.盾构法隧道 [M].北京：中国铁道出版社，1991.

[13] 孙钧，侯学渊.地下结构 [M].北京：科学出版社，1987.

[14] 张彬，郝凤山.地下工程施工技术 [M].徐州：中国矿业大学出版社，2009.

[15] 蒋洪胜.盾构法隧道管片接头的理论研究及应用 [D].上海：同济大学，2000.

[16] 吴波，杨军生.岩石隧道全断面掘进机施工技术 [M].合肥：安徽科学技术出版社，2008.

[17] 赛云秀.现代矿山井巷施工技术 [M].西安：陕西科学技术出版社，2000.

[18] 陈礼仪，胥建华.岩土工程施工技术 [M].成都：四川大学出版社，2008.

[19] 陈忠汉，程丽萍.深基坑工程 [M].北京：机械工业出版社，1999.

[20] 丛霭森.地下连续墙的设计施工与应用 [M].北京：中国水利水电出版社，2001.

[21] 刘国彬，王卫东.基坑工程手册 [M]. 2版.北京：中国建筑工业出版社，2009.

[22] 建筑施工手册编写组.建筑施工手册 [M]. 5版.北京：中国建筑工业出版社，2013.

[23] 张勤，李俊奇.水工程施工 [M]. 2版.北京：中国建筑工业出版社，2018.

[24] 中国非开挖技术协会.顶管施工技术及验收规范（试行）[S].北京：人民交通出版社，2006.

[25] 叶建良，蒋国盛，窦文武.非开挖铺设地下管线施工技术与实践 [M].武汉：中国地质大学出版社，2000.

[26] 张凤祥.沉井与沉箱 [M].北京：中国铁道出版社，2002.

[27] 陈韶章.沉管隧道设计与施工 [M].北京：科学出版社，2002.

[28] 李大建.广州地铁超长水平冻结施工设计 [J].都市快轨交通，2007，20（2）：55-59.

[29] 叶观宝.地基处理 [M]. 4版.北京：中国建筑工业出版社，2020.

[30] 刘斌.地下特殊施工技术 [M].北京：冶金工业出版社，1994.

[31] 夏明耀，曾进伦.地下工程设计施工手册 [M]. 2版.北京：中国建筑工业出版社，2014.

[32] 上海隧道工程股份有限公司.软土地下工程施工技术 [M].上海：华东理工大学出版社，
2001.

[33] 黄成光.公路隧道施工 [M].北京：人民交通出版社，2001.

[34] 中华人民共和国交通运输部.公路隧道设计规范　第一册　土建工程：JTG 3370.1-
2018[S].北京：人民交通出版社，2019.

[35] 国家铁路局.铁路隧道设计规范：TB 10003—2016[S].北京：中国铁道出版社，2017.

[36] 中华人民共和国交通运输部.公路隧道施工技术规范：JTG/T 3660-2020[S].北京：人
民交通出版社，2020.

[37] 中华人民共和国水利部.水工隧洞设计规范：SL 279—2016[S].北京：中国水利水电出
版社，2016.

[38] 中华人民共和国住房和城乡建设部.煤矿井巷工程质量验收规范：GB 50213—2010
（2022 年版）[S].北京：中国计划出版社，2010.

[39] 中华人民共和国住房和城乡建设部.岩土锚杆与喷射混凝土支护工程技术规范：GB
50086—2015[S].北京：中国计划出版社，2016.

[40] 黄日恒.悬臂式掘进机 [M].徐州：中国矿业大学出版社，1996.

[41] 《岩石隧道掘进机（TBM）施工及工程实例》编撰委员会.岩石隧道掘进机（TBM）施
工及工程实例 [M].北京：中国铁道出版社，2004.

[42] 唐经世.隧道与地下工程机械——掘进机 [M].北京：中国铁道出版社，1998.

[43] 侯学渊，钱达仁，杨林德.软土工程施工新技术 [M].合肥：安徽科学技术出版社，1999.

[44] 周爱国.隧道工程现场施工技术 [M].北京：人民交通出版社，2004.

[45] 刘招伟，赵运臣.城市地下工程施工监测与信息反馈技术 [M].北京：科学出版社，2006.

[46] 张庆贺.地下工程 [M].上海：同济大学出版社，2005.

[47] 余彬泉，陈传灿.顶管施工技术 [M].北京：人民交通出版社，1998.

[48] 张凤祥，傅德明，杨国祥，等.盾构隧道施工手册 [M].北京：人民交通出版社，2005.

[49] 周文波.盾构法隧道施工技术及应用 [M].北京：中国建筑工业出版社，2004.

[50] 赵忠杰.公路隧道机电工程 [M].北京：人民交通出版社，2007.

[51] 郑道访.公路长隧道通风方式研究 [M].北京：科学技术文献出版社，2000.

[52] 关宝树，国兆林.隧道及地下工程 [M].成都：西南交通大学出版社，2000.

[53] 陈小雄.现代隧道工程理论与隧道施工 [M].成都：西南交通大学出版社，2006.

[54] 颜纯文，D.Stein.非开挖地下管线施工技术及其应用 [M].北京：地震出版社，1999.

[55] 于亚伦.工程爆破理论与技术 [M].北京：冶金工业出版社，2004.

[56] 陈建平，吴立.地下建筑工程设计与施工 [M].武汉：中国地质大学出版社，2000.

[57] 刘志刚，赵勇.隧道施工地质技术 [M].北京：中国铁道出版社，2001.

[58] 夏才初，李永盛.地下工程测试理论与监测技术 [M].上海：同济大学出版社，1999.

[59] 钱东升. 公路隧道施工技术 [M]. 北京：人民交通出版社，2003.

[60] 中华人民共和国冶金工业部. 建筑基坑工程技术规范：YB 9258—1997[S]. 北京：冶金工业出版社，1998.

[61] 余志成，施文华. 深基坑支护设计与施工 [M]. 北京：中国建筑工业出版社，1997.

[62] 赵志绪，等. 简明深基坑工程设计施工手册 [M]. 北京：中国建筑工业出版社，2001.

[63] 马保松，DStein，蒋国盛. 顶管和微型隧道技术 [M]. 北京：人民交通出版社，2004.

[64] 中华人民共和国住房和城乡建设部. 建筑基坑支护技术规程：JGJ 120—2012[S]. 北京：中国建筑工业出版社，2012.

[65] 崔江余. 建筑基坑工程设计计算与施工 [M]. 北京：中国建材工业出版社，1999.

[66] 王海亮，蓝成仁. 工程爆破 [M]. 2 版. 北京：中国铁道出版社，2018.

[67] 张正宇，张文煊，吴新霞，等. 现代水利水电工程爆破 [M]. 北京：中国水利水电出版社，2003.

[68] 杨军. 现代爆破技术 [M]. 2 版. 北京：北京理工大学出版社，2020.

[69] 关宝树. 隧道工程设计（要点集）[M]. 北京：人民交通出版社，2003.

[70] 筑龙网. 隧道与地下工程施工技术案例精选 [M]. 北京：中国电力出版社，2009.

[71] 杨晓东. 锚固与注浆技术手册 [M]. 2 版. 北京：中国电力出版社，2009.

[72] 秦汉礼. 盾构隧道钢筋混凝土管片制作技术 [J]. 隧道建设，2006，26（Sup.）：28-31，54.

[73] 李涛. 盾构隧道混凝土管片预制工艺及质量控制 [J]. 工程材料与设备，2011，29（3）：125-127.

[74] 黄绪泉，彭艳周，杨雄利. 地铁隧道混凝土管片蒸汽养护恒温期研究 [J]. 铁道建筑，2013，（11）：70-72.

[75] 陈凯. 地铁免蒸养盾构隧道管片混凝土的设计与制备及其工程应用 [D]. 武汉：武汉理工大学，2010.

[76] 林作雷. 长距浅埋大跨不良地质 CRD 工法施工技术 [M]. 福州：福建科学技术出版社，2010.

[77] 林作雷. 施工关键技术要点 [M]. 福州：福建科学技术出版社，2010.

[78] 林作雷. 厦门翔安海底隧道施工关键技术 [M]. 北京：人民交通出版社，2011.

[79] 林作雷. 超浅埋大断面长距离富水软弱围岩双侧壁工法施工技术 [M]. 福州：福建科学技术出版社，2010.

[80] 孙丽梅. 软土地层泥水平衡盾构施工数值模拟分析 [D]. 成都：四川大学，2006.

[81] 孙大为，徐建成. 基于苏州轨道交通的管片流水线生产工艺应用研究 [J]. 施工技术，2014，43（1）：118-123.

[82] 李仕森，茅承觉，叶定海. 护盾式全断面岩石掘进机——全断面岩石掘进机技术讲座之四

[J]. 建筑机械，1998，（12）：29-33.

[83] 茅承觉，叶定海，董苏华. 支撑式全断面岩石掘进机——全断面岩石掘进机讲座之三 [J]. 建筑机械，1998，（11）：32-36.

[84] 黎伟. 沉管隧道地基砂流法加固的足尺试验及其机理研究 [D]. 广州：华南理工大学，2013.

[85] 梁懋天. 佛山市汾江路南延线沉管隧道关键施工技术研究 [D]. 广州：华南理工大学，2013.

[86] 李吉林. 广州地铁三号线水平冻结法施工数值分析 [D]. 重庆：重庆交通大学，2013.

[87] 宋迪. 浅谈新意法隧道施工理念及主要施工方法 [J]. 北方交通，2022，（4）：73-75.

[88] 李开庆，唐天龙. 新意法概述及其应用建议 [J]. 山西建筑，2013，39（28）：170-172.

[89] 赵录学. 关于新意法隧道设计的几点建议 [J]. 现代隧道技术，2012，49（01）：50-52，59.

[90] 任伟明，彭丽云. 新意法及其预约束施工技术 [J]. 施工技术，2013，42（1）：83-87.

[91] 翟进营，唐静. 新意法在法国里昂 马赛高速铁路 Tartaiguille 隧道建设中的应用 [J]. 隧道建设，2009，29（2）：208-215.

[92] 陶琦，丁云飞，李慧，等. 大埋深高地应力硬脆性围岩隧道施工工艺研究 [J]. 四川建材，2022，48（3）：69-70，107.

[93] 曹家骐. 新意法在高家坪隧道施工中的应用研究 [D]. 石家庄：石家庄铁道大学，2019.

[94] 贾涛. 基于新意法的隧道工程施工原理及其应用研究 [D]. 西安：长安大学，2016.

[95] 黄彦波. 基于新意法的高地应力软岩隧道施工技术研究 [D]. 西安：西安科技大学，2019.

[96] 嵇晓晔，支彦锋，王玉富，等. 新意法和新奥法下隧道力学行为的对比分析 [J]. 现代隧道技术，2020，57（S1）：805-812.

[97] 王亚鹏. 高地应力软岩大变形隧道施工技术分析 [J]. 工程建设与设计，2022（12）：146-149.

[98] 陶琦，丁云飞，李慧，等. 大埋深高地应力硬脆性围岩隧道施工工艺研究 [J]. 四川建材，2022，48（03）：69-70，107.

[99] 吴军国，高飞. 川藏铁路高地应力软岩大变形隧道施工方法分析 [J]. 安徽建筑，2021，28（03）：140-145.

[100] 戈玉龙. 高地应力软岩大变形隧道施工技术 [J]. 中华建设，2021，（3）：96-97.

[101] 徐贵荣. 高地应力软岩大变形隧道施工技术阐述 [J]. 黑龙江交通科技，2018，41（2）：143-144.

[102] 王明慧，张忠爱，张桥. 渝黔铁路极高地应力隧道施工控制技术 [J]. 铁道工程学报，2015，32（11）：93-97.

[103] 邵广宁. 高地应力下板岩隧道施工工法探讨 [J]. 兰州交通大学学报，2014，33（1）：

83-86.

[104] 王志杰，许瑞宁，袁晔，等．高地应力条件下隧道施工方法研究 [J]. 铁道建筑，2015，(9)：50-52.

[105] 夏孝维，黄志军，陈阳．高地应力软岩隧道施工方法与监测 [J]. 铁道建筑，2013，（9）：48-51.

[106] 吴广明．高地应力软岩大变形隧道施工技术 [J]. 现代隧道技术，2012，49（4）：94-98.

[107] 刘成杰．高地应力软岩隧道超前导洞施工 [J]. 甘肃科技，2014，30（4）：97-99，137.

[108] 夏才初，金天垚，徐晨，等．软岩隧道超前导洞应力释放力学机制及适用性 [J]. 隧道建设（中英文），2020，40（S2）：1-9.

[109] 卢媛媛．铁路特长隧道施工岩爆的防治技术 [J]. 中国高新科技，2019，（12）：59-61.

[110] 解琦，鲁志伟．山岭隧道高地应力岩爆处治分析 [J]. 公路，2018，63（7）：67-70.

[111] 刘渺．巴玉隧道岩爆防治技术研究 [J]. 建筑工程技术与设计，2017，（4）：125，317.

[112] 白国峰．高原深埋硬岩隧道岩爆特征及施工方法研究 [J]. 施工技术，2020，49（1）：87-92，104.

[113] 国家能源局．水工建筑物地下工程开挖施工技术规范：DL/T 5099—2011[S]. 北京：中国电力出版社，2011.

高等学校土木工程学科专业指导委员会规划教材
（按高等学校土木工程本科专业指南编写）

征订号	书名	作者	定价
V40569	高等学校土木工程本科专业指南	教育部高等学校土木工程专业教学指导分委员会	30.00
V39805	土木工程概论（第二版）（赠课件）	周新刚等	48.00
V32652	土木工程制图（第二版）（含习题集、赠课件）	何培斌	85.00
V35996	土木工程测量（第二版）（赠课件）	王国辉	75.00
V34199	土木工程材料（第二版）（赠课件）	白宪臣	42.00
V20689	土木工程试验（含光盘）	宋 彧	32.00
V35121	理论力学（第二版）	温建明	58.00
V23007	理论力学学习指导（赠课件素材）	温建明 韦 林	22.00
V38861	材料力学（第二版）（赠课件）	曲淑英	58.00
V39895	结构力学（第三版）（赠课件）	祁 皑	68.00
V31667	结构力学学习指导	祁 皑	44.00
V36995	流体力学（第二版）（赠课件）	吴 玮 张维佳	48.00
V23002	土力学（赠课件）	王成华	39.00
V22611	基础工程（赠课件）	张四平	45.00
V41255	工程地质（第二版）（赠教师课件及配套数字资源）	王桂林	48.00
V22183	工程荷载与可靠度设计原理（赠课件）	白国良	28.00
V23001	混凝土结构基本原理（赠课件）	朱彦鹏	45.00
V39655	钢结构基本原理（第三版）（赠课件）	何若全 李启才	66.00
V20827	土木工程施工技术（赠课件）	李慧民	35.00
V39483	土木工程施工组织（第二版）（赠课件）	赵 平	38.00
V34082	建设工程项目管理（第二版）（赠课件）	臧秀平	48.00
V39520	建设工程法规（第三版）（赠课件）	李永福 孙晓冰	52.00
V37807	建设工程经济（第二版）（赠课件）	刘亚臣	45.00
V26784	混凝土结构设计	金伟良	25.00
V26758	混凝土结构设计示例	金伟良	18.00

征订号	书名	作者	定价
V26977	建筑结构抗震设计	李宏男	38.00
V29079	建筑工程施工（赠课件）	李建峰	58.00
V29056	钢结构设计（赠课件）	于安林	33.00
V25577	砌体结构（赠课件）	杨伟军	28.00
V25635	建筑工程造价（赠课件）	徐 蓉	38.00
V30554	高层建筑结构设计（赠课件）	赵 鸣 李国强	32.00
V25734	地下结构设计（赠课件）	许 明	39.00
V40926	地下工程施工技术（第二版）（赠教师课件）	许建聪	54.00
V27594	边坡工程（赠课件）	沈明荣	28.00
V35994	桥梁工程（赠课件）	李传习	128.00
V32235	道路勘测设计（赠课件）	张 蕊	48.00
V25562	路基路面工程（赠课件）	黄晓明	66.00
V28552	道路桥梁工程概预算	刘伟军	20.00
V26097	铁路车站	魏庆朝	48.00
V39650	车站工程	魏庆朝	65.00
V27950	线路设计（赠课件）	易思蓉	42.00
V35604	路基工程（赠课件）	刘建坤 岳祖润	48.00
V30798	隧道工程（赠课件）	宋玉香 刘 勇	42.00
V31846	轨道结构（赠课件）	高 亮	44.00

注：本套教材均被评为《住房和城乡建设部"十四五"规划教材》。